数据库开发实战丛书

达梦数据库开发实战

付　强◎编著

清华大学出版社
北　京

内 容 简 介

达梦数据库是一款非常优秀的国产数据库。本书从实用角度,通过对达梦数据库的体系结构、运行机制的讲解,以及与其他数据库相似功能的对比,帮助读者掌握达梦数据库的基本操作。

本书第1章讲解达梦数据库的安装部署;第2章讲述达梦数据库的体系结构,并与Oracle的体系结构进行对比;第3章讲解数据库中最重要的两部分redo和undo;第4章介绍用户管理,重点讲述用户创建和权限;第5章讲解表和索引,并对普通表和堆表的应用场景进行分析;第6~8章介绍达梦数据库的SQL、视图和物化视图的使用,以及JSON数据的操作和正则表达式的应用;第9章讲解DMSQL程序设计的基本知识;第10章讲解达梦数据库的备份和恢复操作。

本书可用作达梦数据库的入门教程,也可供数据库管理员和程序开发人员参考。

本书封面贴有清华大学出版社防伪标签。无标签者不得销售。

版权所有,侵权必究。举报:010-62782989,beiqinquan@tup.tsinghua.edu.cn。

图书在版编目(CIP)数据

达梦数据库开发实战 / 付强编著. —北京:清华大学出版社,2023.7
(数据库开发实战丛书)
ISBN 978-7-302-63767-7

Ⅰ.①达… Ⅱ.①付… Ⅲ.①关系数据库系统—教材 Ⅳ.①TP311.138

中国国家版本馆CIP数据核字(2023)第101695号

责任编辑:袁金敏
封面设计:杨玉兰
责任校对:徐俊伟
责任印制:杨 艳

出版发行:清华大学出版社
    网   址:http://www.tup.com.cn,http://www.wqbook.com
    地   址:北京清华大学学研大厦A座   邮 编:100084
    社 总 机:010-83470000   邮 购:010-62786544
    投稿与读者服务:010-62776969,c-service@tup.tsinghua.edu.cn
    质 量 反 馈:010-62772015,zhiliang@tup.tsinghua.edu.cn
    课 件 下 载:http://www.tup.com.cn,010-83470236
印 装 者:三河市科茂嘉荣印务有限公司
经 销:全国新华书店
开 本:185mm×260mm   印 张:18.25   字 数:446千字
版 次:2023年9月第1版   印 次:2023年9月第1次印刷
定 价:79.00元

产品编号:101859-01

前　言

数据库是信息系统的核心，也是影响系统运行性能的关键因素。多年以来，国内的数据库市场基本是以Oracle、SQL Server、MySQL等为主导。可喜的是，国产数据库经过多年的发展，已经取得了巨大的进步，达梦数据库就是国产数据库的优秀代表。

达梦数据库集众家之长，吸取了Oracle、SQL Server、MySQL的特点：SQL在语法方面兼容Oracle数据库，图形化操作界面可以和SQL Server相媲美，文件目录结构像MySQL一样简单实用。

本书对达梦数据库的知识体系进行详细阐述，并列举大量的操作示例供读者参考学习。同时对达梦数据库与其他数据库相似的功能进行对比，帮助读者更好地理解各项功能。

数据库领域近几年风起云涌、发展迅速，云计算、分布式、NoSQL等技术方兴未艾。技术的更新换代也给广大IT人士带来了巨大的挑战，技术人员唯有迎头赶上，不断地学习、探索，才能跟上技术的进步，这样的人生才有意义。正如作家王小波先生所说："我活在世上，无非想要明白些道理，遇见些有趣的事。倘能如我所愿，我的一生就算成功"。

最后，要感谢曾经在一起奋斗过的同事：段玉红、王凯、梁海波、沈鸿铨、左建芬、席小峥、吴星、潘万民等，感谢他们曾经对我的大力支持和帮助。

由于本人水平有限，接触达梦数据库时间不长，错误之处在所难免，欢迎读者批评指正。

付强

2023年3月10日

目　录

第10章　备份和恢复

附录

达梦数据库

第 1 章
安装和配置

　　达梦数据库分为标准版、企业版、安全版三种，其中标准版不支持扩展组件（各种集群、DMHS同步），不支持DBLINK、HUGE表、分区表、并行查询，不支持小型机，不支持多于2个CPU的平台，单表记录不超过1亿条，总空间不超过500GB，并发不超过25个。企业版则支持所有的高级特性。安全版除了拥有企业版的所有功能外，还增加了很多安全特性：引入强制访问控制功能，采用数据库管理员（DBA）、数据库审计员（auditor）、数据库安全员（SSO）三权分立安全机制，支持Kerberos、操作系统用户等多种身份鉴别与验证，支持透明、半透明等存储加密方式，以及审计控制、通信加密等辅助安全手段，使达梦数据库安全级别达到B1级。

　　另外，达梦公司还提供可以免费下载的开发试用版供用户学习。开发试用版包含所有功能。为方便读者学习，本书使用DM8开发试用版进行讲解，具体下载可以登录达梦公司的官方网站查看。

1.1 安装

达梦数据库支持多种操作系统，下面以常见的Windows和Linux（Red Hat系列）操作系统为例讲解安装流程。

▶ 1.1.1 Windows 操作系统中的安装

进入安装包目录后，双击"setup.exe"安装程序，程序将检测系统中是否已经安装其他版本的达梦数据库。如果存在，将弹出确认对话框，如图1-1所示。

单击"确定"按钮继续安装，弹出"选择语言与时区"对话框，如图1-2所示。一般使用默认值进行安装。

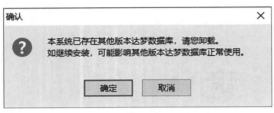

图 1-1

图 1-2

单击"确定"按钮，弹出"达梦数据库安装程序"界面，单击"下一步"按钮进入许可证协议界面，如图1-3所示。选中"接受"单选按钮，单击"下一步"按钮进入选择组件界面。

达梦数据库安装程序提供四种安装方式，如图1-4所示。

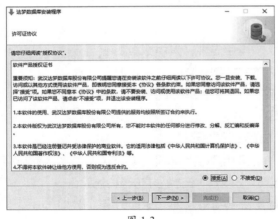

图 1-3

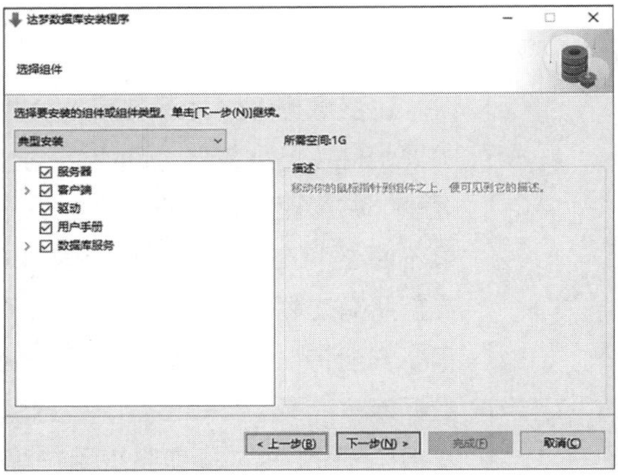

图 1-4

（1）典型安装：包括服务器、客户端、驱动、用户手册、数据库服务。

（2）服务器安装：包括服务器、驱动、用户手册、数据库服务。

（3）客户端安装：包括客户端、驱动、用户手册。

（4）自定义安装：用户根据需求勾选组件，可以是服务器、客户端、驱动、用户手册、数据库服务中的任意组合。

选择组件后单击"下一步"按钮，进入选择安装位置界面，如图1-5所示。单击"浏览"按钮可以选择数据库的安装目录。

目录选择完成后单击"下一步"按钮，进入安装前的确认界面，显示系统和安装信息，如图1-6所示。单击"安装"按钮开始进入安装过程。

图 1-5   图 1-6

注意 安装路径里的目录名不要包含空格和中文字符。

如用户在选择安装组件时选中服务器组件，数据库安装过程结束时，会提示是否初始化数据库，如图1-7所示。

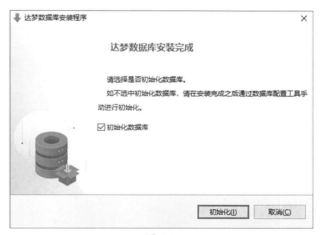

图 1-7

单击"初始化"按钮进入数据库配置助手界面。单击"取消"按钮将完成安装，关闭对话框。

▶1.1.2 Linux 操作系统中的安装

1. 环境准备

Linux操作系统中的安装比Windows操作系统中的安装稍麻烦一些，需要事先创建好达梦数据库专用用户组和用户，并对系统环境进行检查，使其符合达梦数据库的要求。

创建用户组和用户的步骤可以参考达梦用户手册的示例。

（1）创建安装用户组dinstall。

```
groupadd -g 12349 dinstall
```

（2）创建安装用户dmdba。

```
useradd -u 12345 -g dinstall -m -d /home/dmdba -s /bin/bash dmdba
```

（3）初始化用户密码。

```
passwd dmdba
```

Linux系统中，会对程序使用操作系统资源进行限制。为了使达梦数据库实例能够正常运行，使用ulimit -a命令进行查询，如图1-8所示。

对操作系统参数使用限制进行如下设置。

（1）设定数据段的最大值，单位为KB。

```
data seg size (kbytes, -d)
```

```
[dmdba@dbserver root]$ ulimit -a
core file size          (blocks, -c) 0
data seg size           (kbytes, -d) unlimited
scheduling priority             (-e) 0
file size               (blocks, -f) unlimited
pending signals                 (-i) 6301
max locked memory       (kbytes, -l) 64
max memory size         (kbytes, -m) unlimited
open files                      (-n) 65536
pipe size            (512 bytes, -p) 8
POSIX message queues     (bytes, -q) 819200
real-time priority              (-r) 0
stack size              (kbytes, -s) 8192
cpu time               (seconds, -t) unlimited
max user processes              (-u) 6301
virtual memory          (kbytes, -v) unlimited
file locks                      (-x) unlimited
[dmdba@dbserver root]$
```

图 1-8

建议设置为1048576（即1GB）以上或unlimited（无限制），此参数过小将导致数据库启动失败。

（2）设定Shell所能建立的最大文件大小，单位为区块。

```
file size(blocks, -f)
```

建议设置为unlimited（无限制），此参数过小将导致数据库安装或初始化失败。

（3）设置系统打开的最大文件数。

```
open files(-n)
```

建议设置为65536以上或unlimited(无限制)。

（4）指定可使用的虚拟内存上限，单位为KB。

```
virtual memory (kbytes, -v)
```

建议设置为1048576（即1GB）以上或unlimited（无限制），此参数过小将导致数据库启动失败。

如果用户需要为当前安装用户更改ulimit的资源限制，可修改文件/etc/security/limits.conf。

2. 图形化安装

图形化安装需要使用达梦数据库用户登录Linux的图形化界面（如果是其他用户登录，在图形化界面中使用su命令切换至达梦数据库用户进行安装，有可能会出现图形化安装程序启动失败），双击DMInstall.bin，或在命令行方式下进入安装包目录，执行以下命令：

```
./DMInstall.bin
```

安装过程与Windows操作系统中的基本相同，唯一不同的地方是在安装完成时会弹出对话框，提示使用root用户执行相关命令，如图1-9所示。

图 1-9

用户根据对话框的说明完成相关操作后可关闭此对话框，单击"完成"按钮结束安装。

3. 命令行安装

如果Linux系统没有图形化界面，达梦数据库提供了命令行的安装方式。达梦数据库用户在终端进入安装程序所在文件夹，执行以下命令进行命令行安装：

```
./DMInstall.bin -i
```

安装过程如下。

（1）选择安装语言。

请根据系统配置选择相应的语言，如图1-10所示。输入选项，按回车键进行下一步。

图 1-10

（2）输入时区。

开始设置时区，如图1-11所示。用户可以在此处选择达梦数据库的时区信息。

（3）选择安装类型。

安装类型选择如图1-12所示。用户选择安装类型需要手动输入，默认是典型安装。如果用户选择自定义安装，将打印全部安装组件信息。用户通过命令行窗口输入要安装的组件序号，选择多个安装组件时需要使用空格进行间隔。输入结束后按回车键，将打印安装选择组件所需要的存储空间大小。

```
是否设置时区? (Y/y:是 N/n:否) [Y/y]:y
设置时区:
[ 1]: GTM-12=日界线西
[ 2]: GTM-11=萨摩亚群岛
[ 3]: GTM-10=夏威夷
[ 4]: GTM-09=阿拉斯加
[ 5]: GTM-08=太平洋时间 (美国和加拿大)
[ 6]: GTM-07=亚利桑那
[ 7]: GTM-06=中部时间 (美国和加拿大)
[ 8]: GTM-05=东部时间 (美国和加拿大)
[ 9]: GTM-04=大西洋时间 (美国和加拿大)
[10]: GTM-03=巴西利亚
[11]: GTM-02=中大西洋
[12]: GTM-01=亚速尔群岛
[13]: GTM=格林威治标准时间
[14]: GTM+01=萨拉热窝
[15]: GTM+02=开罗
[16]: GTM+03=莫斯科
[17]: GTM+04=阿布扎比
[18]: GTM+05=伊斯兰堡
[19]: GTM+06=达卡
[20]: GTM+07=曼谷, 河内
[21]: GTM+08=中国标准时间
[22]: GTM+09=汉城
[23]: GTM+10=关岛
[24]: GTM+11=所罗门群岛
[25]: GTM+12=斐济
[26]: GTM+13=努库阿勒法
[27]: GTM+14=基里巴斯
请选择设置时区 [21]:21
```

图 1-11

```
安装类型:
1 典型安装
2 服务器
3 客户端
4 自定义
请选择安装类型的数字序号 [1 典型安装]:4
1 服务器组件
2 客户端组件
  2.1 DM管理工具
  2.2 DM性能监视工具
  2.3 DM数据迁移工具
  2.4 DM控制台工具
  2.5 DM审计分析工具
  2.6 SQL交互式查询工具
3 驱动
  3.1 ODBC驱动
  3.2 JDBC驱动
4 用户手册
5 数据库服务
  5.1 实时审计服务
  5.2 作业服务
  5.3 实例监控服务
  5.4 辅助插件服务
请选择安装组件的序号 (使用空格间隔) [1 2 3 4 5]:1 2 3 4 5
所需空间: 733M
```

图 1-12

（4）选择安装路径。

安装路径的选择如图1-13所示。用户可以输入达梦数据库的安装路径，不输入则使用默认路径，默认为$HOME/dmdbms（如果安装用户为root，则默认安装目录为/opt/dmdbms）。

（5）安装小结。

安装程序将打印用户之前输入的部分安装信息，用户对安装信息进行确认。不确认，则退出安装程序；确认，则进行安装。如图1-14所示。

```
请选择安装目录 [/home/dmdba/dmdbms]:/home/dmdba/dmdbms
可用空间: 7963M
是否确认安装路径? (Y/y:是 N/n:否)  [Y/y]:y
```

图 1-13

```
安装前小结
安装位置: /home/dmdba/dmdbms
所需空间: 733M
可用空间: 7963M
版本信息: 企业版
有效日期: 无限制
安装类型: 典型安装
是否确认安装 (Y/y, N/n) [Y/y]:y
```

图 1-14

（6）开始安装。

安装过程如图1-15所示。

安装完成后，终端提示"请以root系统用户执行命令"。需要切换到root用户（su-root），手动执行相关命令，根据提示完成相关操作。

```
2016-08-09 04:20:27
[INFO] 安装达梦数据库...
2016-08-09 04:20:27
[INFO] 安装 default 模块...
2016-08-09 04:20:37。
[INFO] 安装 server 模块...
2016-08-09 04:20:37
[INFO] 安装 client 模块...
2016-08-09 04:20:47
[INFO] 安装 drivers 模块...
2016-08-09 04:20:47
[INFO] 安装 manual 模块...
2016-08-09 04:20:47
[INFO] 安装 service 模块...
2016-08-09 04:20:52
[INFO] 移动ant日志文件。
2016-08-09 04:20:52
[INFO] 安装达梦数据库完成。

请以root系统用户执行命令:
mv °/home/dmdba/dmdbms/bin/dm_svc.conf /etc/dm_svc.conf

安装结束
```

图 1-15

4. 静默安装

静默安装通过事先将数据库安装参数写入配置文件，实现非交互式的安装，这在某些特殊场景会用到。

达梦数据库用户在命令行方式下进入安装包目录，执行命令：

```
./DMInstall.bin -q 配置文件全路径
```

安装过程如图1-16所示。

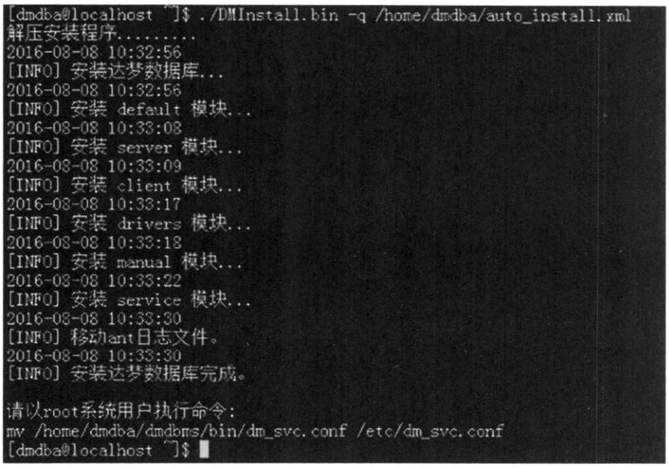

图 1-16

静默安装完成后，终端仍然会提示"请以root系统用户执行命令"。此时跟命令行安装过程一样，需要切换到root用户手动执行相关命令，根据提示完成相关操作。

静默安装的配置文件为XML格式，安装前要编辑好，具体格式可以参考达梦公司用户手册中提供的模板，XML模板文件内容示例如下：

```
<?xml version="1.0"?>
<DATABASE>
<!--安装数据库的语言配置，安装中文版配置zh，英文版配置en，不区分大小写。不允许为空-->
<LANGUAGE>zh</LANGUAGE>
<!--安装程序的时区配置，默认值为+08:00，范围：-12:59～+14:00-->
<TIME_ZONE>+08:00</TIME_ZONE>
<!-- key 文件路径-->
<KEY></KEY>
<!--安装程序组件类型，取值为0、1、2，0表示安装全部，1表示安装服务器，2表示安装客户
端。默认为0-->
<INSTALL_TYPE>0</INSTALL_TYPE>
<!--安装路径，不允许为空-->
<INSTALL_PATH></INSTALL_PATH>
<!--是否初始化库，取值为Y/N、y/n，不允许为空-->
<INIT_DB></INIT_DB>
```

```
<!--数据库实例参数-->
<DB_PARAMS>
<!--初始数据库存放的路径，不允许为空-->
<PATH></PATH>
<!--初始化数据库名字，默认是DAMENG，不超过128个字符-->
<DB_NAME>DAMENG</DB_NAME>
<!--初始化数据库实例名字，默认是DMSERVER，不超过128个字符-->
<INSTANCE_NAME>DMSERVER</INSTANCE_NAME>
<!--初始化时设置dm.ini中的PORT_NUM，默认为5236，取值范围：1024～65534-->
<PORT_NUM>5236</PORT_NUM>
<!--初始数据库控制文件的路径，文件路径长度最大为256个字符-->
<CTL_PATH></CTL_PATH>
<!--初始化数据库日志文件的路径，文件路径长度最大为256个字符，LOG_PATH值为空则使用默
认值，如果使用非默认值，LOG_PATH节点数不能少于2个-->
<LOG_PATHS></LOG_PATH>
<LOG_PATH></LOG_PATHS>
<!--数据文件使用的簇大小，只能是16页或32页，默认使用16页-->
<EXTENT_SIZE>16</EXTENT_SIZE>
<!--数据文件使用的页大小，默认使用8KB，只能是4KB、8KB、16KB或32KB之一-->
<PAGE_SIZE>8</PAGE_SIZE>
<!--日志文件使用的簇大小，默认是256，取值范围为64～2048的整数-->
<LOG_SIZE>256</LOG_SIZE>
<!--标识符大小写敏感，默认值为Y。只能是'Y' 'y' 'N' 'n' '1' '0'之一-->
<CASE_SENSITIVE>Y</CASE_SENSITIVE>
<!--字符集选项，默认值为0。0代表 GB18030,1代表 UTF-8,2代表韩文字符集 EUC-KR-->
<CHARSET>0</CHARSET>
<!--设置为1时，所有VARCHAR类型对象的长度以字符为单位，否则以字节为单位。默认值为0
-->
<LENGTH_IN_CHAR>0</LENGTH_IN_CHAR>
<!--字符类型在计算HASH值时所采用的HASH算法类别。0: 采用原始HASH算法；1: 采用改进的
HASH算法。默认值为1-->
<USE_NEW_HASH>1</USE_NEW_HASH>
<!--初始化时设置SYSDBA的密码，默认为 SYSDBA，长度为9～48个字符-->
<SYSDBA_PWD></SYSDBA_PWD>

<!--初始化时设置SYSAUDITOR的密码，默认为SYSAUDITOR，长度为9～48个字符-->
<SYSAUDITOR_PWD></SYSAUDITOR_PWD>
<!--初始化时设置SYSSSO的密码，默认为SYSSSO，长度为9～48个字符，仅在安全版本下可见和
可设置-->
<SYSSSO_PWD></SYSSSO_PWD>
<!--初始化时设置SYSDBO的密码，默认为SYSDBO，长度为9～48个字符，仅在安全版本下可见和
```

可设置-->

    `<SYSDBO_PWD></SYSDBO_PWD>`

    `<!--初始化时区，默认是东八区。格式为±小时：分钟，范围为-12:59～+14:00-->`

    `<TIME_ZONE>+08:00</TIME_ZONE>`

    `<!--是否启用页面内容校验，0：不启用；1：简单校验；2：严格校验（使用CRC16算法生成校验码）。默认为0-->`

    `<PAGE_CHECK>0</PAGE_CHECK>`

    `<!--设置默认的加密算法，不超过128个字符-->`

    `<EXTERNAL_CIPHER_NAME></EXTERNAL_CIPHER_NAME>`

    `<!--设置默认的HASH算法，不超过128个字符-->`

    `<EXTERNAL_HASH_NAME></EXTERNAL_HASH_NAME>`

    `<!--设置根密钥加密引擎，不超过128个字符-->`

    `<EXTERNAL_CRYPTO_NAME></EXTERNAL_CRYPTO_NAME>`

    `<!--全库加密密钥使用的算法名。算法可以是达梦数据库内部支持的加密算法，或者是第三方的加密算法。默认使用AES256_ECB算法加密，最长为128字节-->`

    `<ENCRYPT_NAME></ENCRYPT_NAME>`

    `<!--指定日志文件是否加密。取值为Y/N，y/n，1/0，默认值为N-->`

    `<RLOG_ENC_FLAG>N</RLOG_ENC_FLAG>`

    `<!--用于加密服务器根密钥，最长为48字节-->`

    `<USBKEY_PIN></USBKEY_PIN>`

    `<!--设置空格填充模式，取值为0或1，默认为0-->`

    `<BLANK_PAD_MODE>0</BLANK_PAD_MODE>`

    `<!--指定system.dbf文件的镜像路径，默认为空-->`

    `<SYSTEM_MIRROR_PATH></SYSTEM_MIRROR_PATH>`

    `<!--指定main.dbf文件的镜像路径，默认为空-->`

    `<MAIN_MIRROR_PATH></MAIN_MIRROR_PATH>`

    `<!--指定roll.dbf文件的镜像路径，默认为空-->`

    `<ROLL_MIRROR_PATH></ROLL_MIRROR_PATH>`

    `<!--是否是四权分立，默认值为0（不使用）。仅在安全版本下可见和可设置。只能是0或1-->`

    `<PRIV_FLAG>0</PRIV_FLAG>`

    `<!--指定初始化过程中生成的日志文件所在路径。合法的路径，文件路径长度最大为257（含结束符），不包括文件名-->`

    `<ELOG_PATH></ELOG_PATH>`

    `</DB_PARAMS>`

    `<!--是否创建数据库实例的服务，值为Y/N，y/n，不允许为空，不初始化数据库将忽略此节点。非root用户不能创建数据库服务-->`

    `<CREATE_DB_SERVICE>Y</CREATE_DB_SERVICE>`

    `<!--是否启动数据库，值为Y/N，y/n，不允许为空，不创建数据库服务将忽略此节点-->`

    `<STARTUP_DB_SERVICE>N</STARTUP_DB_SERVICE>`

    `</DATABASE>`

1.2 配置

达梦数据库的配置包括数据库实例的创建、注册、删除等。达梦数据库提供图形化和命令行两种方式进行数据库的配置。

▶1.2.1 图形化配置

达梦数据库的图形化配置工具跟Oracle数据库一样，也叫dbca（database configuration assistant），存放在安装目录下的tool文件夹下。Windows操作系统中的文件名为dbca.exe，Linux操作系统中的文件名是dbca.sh。

Windows操作系统中可以单击运行dbca.exe，也可以在程序菜单中选择"达梦数据库"下的"DM数据库配置助手"，单击运行。

Linux操作系统中需要先用达梦数据库用户登录Linux图形界面，然后在终端下进入tool文件夹，运行命令./dbca.sh，即可出现达梦数据库配置助手界面，如图1-17所示。

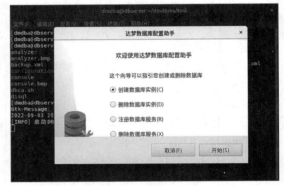

图 1-17

1. 创建数据库实例

打开"DM数据库配置助手"界面后，选择"创建数据库实例"，单击"开始"按钮，进入"创建数据库模板"界面，如图1-18所示。达梦数据库提供三套数据库模板供用户选择：一般用途、联机分析处理和联机事务处理，对应Oracle数据库的一般用途、数据仓库、事务处理三种类型。用户可根据自身的用途选择相应的模板。

选择完数据库模板后单击"下一步"按钮，进入"指定数据库所在目录"界面，如图1-19所示，单击"浏览"按钮可以选择数据库目录。

图 1-18

图 1-19

单击"下一步"按钮，进入"数据库标识"界面，可输入数据库名、实例名、端口号等参数，如图1-20所示。

单击"下一步"按钮,进入"数据库文件所在位置"界面,如图1-21所示。可通过选择或输入确定数据库控制文件、数据文件、日志文件和初始化日志文件的位置,并可通过功能按钮对文件进行添加或删除。

图 1-20

图 1-21

此时可以直接单击"完成"按钮,开始创建数据库,其他初始化参数、口令等按照默认值进行设置。

如果不想使用默认值,可以单击"下一步"按钮,进入初始化参数设置界面,如图1-22所示。

数据文件使用的簇大小,即每次分配新的段空间时连续的页数,只能是16页、32页或64页,默认为16页。

数据文件使用的页大小,可以为4KB、8KB、16KB或32KB,选择的页大小越大,则数据库支持的元组长度也越长,但同时空间利用率可能下降,默认为8KB。

图 1-22

日志文件使用的大小,默认是256MB,范围为64~2048的整数,单位为MB。

时区设置,默认是+08:00,范围为-12:59~+14:00。

页面检查,默认是不启用,选项包括不启用、简单检查和严格检查。

字符集,默认是GB18030,选项包括GB18030、UTF-8和EUC-KR。

GB 18030是国家标准GB 18030—2022《信息技术中文编码字符集》,是我国目前最新的内码字集,是GB 18030—2005的修订版。

GB 18030是GBK的超集,同时支持UTF-8及EUC-KR。

一个中文字符使用GB 18030占用2字节,使用UTF-8占用3字节,EUC-KR是韩文字符集。

单击"完成"按钮开始创建数据库,单击"下一步"按钮进入口令设置界面,如图1-23所示。为了数据库管理安全,提供为数据库的SYSDBA和SYSAUDITOR系统用户指定新口令的功能，如果安装版本为安全版，将会增加SYSSSO和SYSDBO用户的密码修改。用户可以选择为每个系统用户设置不同口令，留空表示使用默认口令（口令与用户名一致），也可以为所有系统用户设置同一口令。口令必须是合法的字符串，长度不能少于9位或多于48位。

单击"完成"按钮开始创建数据库。如果要创建示例数据库，则单击"下一步"按钮，进入"创建示例库"界面，如图1-24所示。

图 1-23   图 1-24

单击"完成"按钮开始创建数据库，单击"下一步"按钮进入"创建数据库摘要"界面，如图1-25所示。列举创建数据库概要，会列举创建时指定的数据库名、实例名、数据库目录、端口、控制文件、数据文件、日志文件、ELOG、簇大小、页大小、日志文件大小、标识符大小写是否敏感等信息，方便用户确认创建信息是否符合自己的需求，如需修改，单击"上一步"按钮，回到相应的参数设置界面进行修改。

单击"完成"按钮开始创建数据库。如果数据库配置工具运行在Linux（UNIX）系统中，单击"完成"按钮时，将弹出提示框，提示当前ulimit的相关参数和修改建议，如图1-26所示。

图 1-25   图 1-26

单击"确定"按钮开始创建数据库并初始化。

如果数据库配置工具运行在Linux操作系统中，非root系统用户初始化数据库完成时，将弹出提示框，提示应以root系统用户执行以下命令，用来创建数据库的开机启动服务。

2. 注册数据库服务

通过配置助手dbca创建的数据库实例会自动注册成系统服务，并实现开机自动启动，方便用户管理与控制。使用命令行工具生成的数据库，需要重新注册成系统服务。配置助手提供了注册数据库服务的功能。

选中配置助手的"注册数据库服务"单选按钮，如图1-27所示。

单击"开始"按钮，进入如图1-28所示的注册界面。用户选择dm.ini文件注册相应的数据库，并可修改相应的端口和实例名，也可以选择是否"以配置状态启动数据库"。

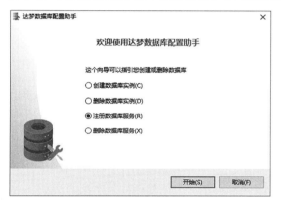

图 1-27

图 1-28

单击"完成"按钮开始注册服务。注册完成之后将显示对话框，提示注册信息或错误反馈信息，如图1-29所示。

图 1-29

3. 删除数据库

通过配置助手可以将数据库实例及相应的文件夹和文件进行删除，同时将系统服务进行删除。删除之前需要先将数据库实例停止。

选中"删除数据库实例"单选按钮，如图1-30所示。

单击"开始"按钮进入删除界面，如图1-31所示。选择要删除的数据库。也可以通过指定数据库配置文件（dm.ini）删除数据库。

图 1-30

图 1-31

单击"下一步"按钮，确认要删除的数据库信息，如图1-32所示。

单击"完成"按钮开始删除。删除完成后将显示对话框，提示完成信息或错误反馈信息，如图1-33所示。

图 1-32

图 1-33

如果是在Linux操作系统中，达梦数据库用户删除数据库完成时，将弹出提示框，提示应以root系统用户执行命令删除数据库的开机启动服务。

4. 删除数据库服务

删除数据库实例会同时将数据库服务和数据库文件删除。如果想仅删除数据库服务，保留数据库文件，可以在配置助手里选中"删除数据库服务"单选按钮，如图1-34所示。

单击"开始"按钮，进入删除数据库服务界面，如图1-35所示。可以选择要删除的数据库服务名称，也可以通过指定数据库配置文件删除数据库服务。

单击"下一步"按钮，显示将删除的数据库服务信息，如图1-36所示。

单击"完成"按钮，开始删除数据库服务。删除完成之后将显示对话框，提示完成信息或错误反馈信息，如图1-37所示。

图 1-34

图 1-35

图 1-36

图 1-37

如果是在Linux操作系统中，达梦数据库用户删除数据库完成时，将弹出提示框，提示应以root系统用户执行以下命令，用来删除数据库的开机启动服务。

▶ 1.2.2 命令行配置

除了图形化界面，达梦数据库也可以使用命令行的方式进行数据库配置。

1. 创建数据库实例

在安装达梦数据库的过程中，可以选择不创建数据库实例，安装完成后再使用图形化工具配置助手（dbca）来创建，也可以利用存放在安装路径下的bin目录下的初始化库工具dminit创建。Windows操作系统中的文件名为dminit.exe，Linux操作系统中的文件名为dminit。dminit的初始化参数如表1-1所示。

表 1-1

参 数	含 义	取 值
INI_FILE	已有ini文件的路径，此ini文件用于将其所有参数值作为当前新生成ini文件的参数值	合法的路径。文件路径长度最大为257（含结束符），不包括文件名
PATH	初始数据库存放的路径，默认路径为dminit.exe所在的工作目录	合法的路径。文件路径长度最大为257（含结束符），不包括文件名

（续表）

参　数	含　义	取　值
CTL_PATH	初始数据库控制文件的路径，Windows操作系统中的默认值是PATH**DB_NAME\dm.ctl，Linux操作系统中的默认值是/**PATH/DM_NAME/dm.ctl	合法的路径。文件路径长度最大为257（含结束符），不包括文件名
LOG_PATH	初始数据库日志文件的路径，Windows操作系统中的默认值是PATH*DB_NAME\DB_NAME01.log和PATH*\DB_NAME\DB_NAME02.log，Linux操作系统中的默认值是PATH**/DB_NAME/DB_NAME01.log和PATH/DB_NAME/DB_NAME02.log	合法的路径。文件路径长度最大为257（含结束符），不包括文件名。日志文件路径个数不超过10个
EXTENT_SIZE	数据文件使用的簇大小，即每次分配新的段空间时连续的页数	只能是16页、32页或64页，默认为16页
PAGE_SIZE	数据文件使用页的大小，可以为4KB、8KB、16KB或32KB，选择的页越大，则支持的元组长度也越大，但同时空间利用率可能会下降，默认为8KB	只能是4KB、8KB、16KB或32KB之一
LOG_SIZE	日志文件使用的簇大小，以MB为单位，默认每个日志文件大小为256MB	64～2048的整数
CASE_SENSITIVE	标识符大小写敏感，默认值为Y。当大小写敏感时，小写的标识符应用双引号括起，否则被转换为大写；当大小写不敏感时，系统不自动转换标识符的大小写，在标识符比较时也不区分大小写	只能是Y、y、N、n、1、0之一
CHARSET/UNICODE_FLAG	字符集选项。0代表GB 18030，1代表UTF-8，2代表韩文字符集 EUC-KR	取值为0、1或2之一，默认值为0
AUTO_OVERWRITE	0为不覆盖，表示建库目录下如果没有同名文件，直接创建。如果遇到同名文件时，屏幕提示是否需要覆盖，由用户手动输入是与否（y/n，1/0）；1为部分覆盖，表示覆盖建库目录下所有同名文件；2为完全覆盖，表示先清理建库目录下所有文件再重新创建。默认值为0	只能是0、1、2之一
LENGTH_IN_CHAR	VARCHAR类型对象的长度是否以字符为单位。1：是，设置为以字符为单位时，定义长度并非真正按照字符长度调整，而是将存储长度值按照理论字符长度进行放大。所以会出现实际可插入字符数超过定义长度的情况，这种情况也是允许的。同时，存储的字节长度8188上限仍然不变，也就是说，即使定义列长度为8188字符，实际能插入的字符串占用总字节长度仍然不能超过8188；0：否，所有VARCHAR类型对象的长度以字节为单位	取值0或1，默认值为0

（续表）

参　　数	含　　义	取　　值
USE_NEW_HASH	字符类型在计算HASH值时所采用的HASH算法类别。0：原始HASH算法；1：改进的HASH算法。默认值为1	取值为0或1
SYSDBA_PWD	初始化时设置SYSDBA的密码，默认为SYSDBA	合法的字符串，长度为9～48字符
SYSAUDITOR_PWD	初始化时设置SYSAUDITOR的密码，默认为SYSAUDITOR	合法的字符串，长度为9～48字符
DB_NAME	初始化数据库名字，默认是DAMENG	有效的字符串，不超过128字符
INSTANCE_NAME	初始化数据库实例名字，默认是DMSERVER	有效的字符串，不超过128字符
PORT_NUM	初始化时设置dm.ini中的PORT_NUM，默认为5236	取值范围为1024～65534
BUFFER	初始化时设置系统缓存大小，单位为MB，默认为100	取值范围为8～1024×1024
TIME_ZONE	初始化时区，默认是东八区	格式为[正负号]小时[：分钟]（正负号和分钟为可选）。时区设置范围为-12:59～+14:00
PAGE_CHECK	是否启用页面内容校验，0：不启用；1：简单校验；2：严格校验（使用CRC16算法生成校验码）。默认为0	取值范围为0～2
DSC_node	高性能集群的节点数目	取值范围为2～16，单站点时不写
EXTERNAL_CIPHER_NAME	设置默认的加密算法	有效的字符串，不超过128字符
EXTERNAL_HASH_NAME	设置默认的HASH算法	有效的字符串，不超过128字符
EXTERNAL_CRYPTO_NAME	设置根密钥加密引擎	有效的字符串，不超过128字符
ENCRYPT_NAME	全库加密密钥使用的算法名。算法可以是达梦数据库内部支持的加密算法，或者是第三方的加密算法。默认使用AES256_ECB算法加密	合法的字符串，最长为128字节
RLOG_ENC_FLAG	设置联机日志文件和归档日志文件是否加密	取值Y/N、y/n、1/0，默认为N
USBKEY_PIN	用于加密服务器根密钥	合法的字符串，最长为48字节
PAGE_ENC_SLICE_SIZE	数据页加密分片大小	可配置大小为0、512或4096，单位为字节。默认值为4096。其中，0表示不按分片进行加解密
BLANK_PAD_MODE	设置字符串比较时，结尾空格填充模式是否兼容ORACLE	取值为0或1。0不兼容，1兼容，默认为0

（续表）

参　　数	含　　义	取　　值
SYSTEM_MIRROR_PATH	指定system.dbf文件的镜像路径	绝对路径，默认为空
MAIN_MIRROR_PATH	指定main.dbf文件的镜像路径	绝对路径，默认为空
ROLL_MIRROR_PATH	指定roll.dbf文件的镜像路径	绝对路径，默认为空
MAL_FLAG	初始化时设置dm.ini中的MAL_INI	取值为0或1，默认为0
ARCH_FLAG	初始化时设置dm.ini中的ARCH_INI	取值为0或1，默认为0
MPP_FLAG	Mpp系统内的库初始化时设置dm.ini中的mpp_ini	取值为0或1，默认为0
CONTROL	指定初始化配置文件路径。初始化配置文件是一个保存了各数据文件路径设置等信息的文本。使用CONTROL初始化时，若文件已存在，系统会在屏幕显示提示，然后直接覆盖	主要用于将数据文件放在裸设备或DSC环境下
SYSSSO_PWD	初始化时设置SYSSSO的密码，默认为SYSSSO，仅在安全版本下可见和可设置	合法的字符串，长度为6~48个字符
SYSDBO_PWD	初始化时设置SYSDBO的密码，默认为SYSDBO，仅在安全版本下可见和可设置	合法的字符串，长度为6~48个字符
PRIV_FLAG	是否是四权分立。默认值为0（不使用），四权分立的具体权限见《DM8安全管理》。默认情况下使用三权分立。仅在安全版本下可见和可设置	只能是0或1
ELOG_PATH	指定初始化过程中生成的日志文件所在路径	合法的路径。文件路径长度最大为257（含结束符），不包括文件名
HUGE_WITH_DELTA	是否仅支持创建事务型HUGE表	取值：1是；0否。默认值为1
RLOG_GEN_FOR_HUGE	是否生成HUGE表REDO日志	取值：1是；0否。默认值为0
PSEG_MGR_FLAG	是否仅使用管理段记录事务信息	取值：1是；0否。默认值为0
HELP	显示帮助信息	

dminit的参数较多，如果没有带参数，系统就会引导用户设置。另外，参数、等号和值之间不能有空格。例如：

```
[root@dbserver bin]# ./dminit path=/home/dmdba/dmdbms/data port_num=5238
db_name=DAMENG3
   initdb V8
   db version: 0x7000c
   file dm.key not found, use default license!
   License will expire on 2023-05-25
   Normal of FAST
   Normal of DEFAULT
```

```
Normal of RECYCLE
Normal of KEEP
Normal of ROLL
 log file path: /home/dmdba/dmdbms/data/DAMENG3/DAMENG301.log
 log file path: /home/dmdba/dmdbms/data/DAMENG3/DAMENG302.log
write to dir [/home/dmdba/dmdbms/data/DAMENG3].
create dm database success.
```

2. 注册服务

数据库实例通常都是以系统服务的行式运行。Windows系统和安装了图形化界面的Linux系统可以使用dbca工具进行数据库服务注册，十分方便。

没有安装图形化界面的Linux系统可以使用注册服务脚本将数据库实例注册为Linux系统服务。注册服务脚本为dm_service_installer.sh，存放在安装路径下的script/root目录。注册服务脚本参数如表1-2所示。

表 1-2

标志	参数	说　　明
-t	服务类型	注册服务类型，支持以下服务类型：dmap、 dmamon、dmserver、dmwatcher、dmmonitor、dmasmsvr、dmcss、dmcssm、dmdrs、dmdras、dmdcs、dmdss
-p	服务名后缀	指定服务名后缀，生成的操作系统服务名为"服务脚本模板名称+服务名后缀"。此参数只针对5~14服务脚本有效
-dm_ini	INI文件路径	指定服务所需要的dm.ini文件路径
-watcher_ini	INI文件路径	指定服务所需要的dmwatcher.ini文件路径
-monitor_ini	INI文件路径	指定服务所需要的dmmonitor.ini文件路径
-dcr_ini	INI文件路径	指定服务所需要的dmdcr.ini文件路径
-cssm_ini	INI文件路径	指定服务所需要的dmcssm.ini文件路径
-dss_ini	INI文件路径	指定服务所需要的dss.ini文件路径
-drs_ini	INI文件路径	指定服务所需要的drs.ini文件路径
-dras_ini	INI文件路径	指定服务所需要的dras.ini文件路径
-dcs_ini	INI文件路径	指定服务所需要的dcs.ini文件路径
-dfs_ini	INI文件路径	指定服务所需要的dfs.ini文件路径
-server	连接信息	指定服务器的连接信息（IP:PORT）
-m	open或mount	指定数据库的启动模式为open或mount。此参数只针对dmserver服务类型生效，可选
-s	服务脚本文件路径	指定服务脚本全路径，如果设置此参数，则忽略除-y以外的其他所有参数
-y	服务名	设置依赖服务，此选项只针对systemd服务环境下的dmserver和dmasmsvr服务有效
-h		帮助

注册服务需要使用root权限，所以要事先切换到root账号下，然后执行命令。例如：

```
[root@dbserver root]# ./dm_service_installer.sh -t dmserver -dm_ini /
home/dmdba/dmdbms/data/DAMENG3/dm.ini -p DMSERVER3
 Created symlink /etc/systemd/system/multi-user.target.wants/DmService-
DMSERVER3.service → /usr/lib/systemd/system/DmServiceDMSERVER3.service.
```

创建服务（DmServiceDMSERVER3）完成。

1.3 卸载

达梦数据库提供了图形化和命令行两种方式卸载数据库。

1.3.1 图形化卸载

图形化卸载工具存放在安装路径下，Windows操作系统中的文件名为uninstall.exe，Linux操作系统中的文件名为uninstall.sh，进入安装路径，执行卸载命令：./uninstall.sh，程序将会弹出提示框确认是否卸载数据库，如图1-38所示。

单击"确定"按钮，进入卸载界面，如图1-39所示。

单击"卸载"按钮，开始卸载数据库并显示进度。

在Linux操作系统中，使用非root用户卸载完成时，将会弹出对话框，提示使用root用户执行相关命令，如图1-40所示。

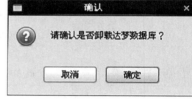

图 1-38

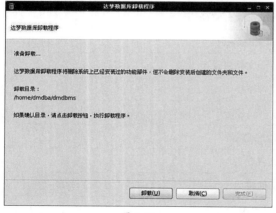

图 1-39

图 1-40

根据对话框的说明完成相关操作之后，关闭对话框，单击"完成"按钮，结束卸载。

1.3.2 命令行卸载

没有安装图形化界面的Linux系统执行uninstall.sh命令时需要加参数–i：

```
./uninstall.sh -i
```

终端窗口将提示是否卸载程序，如图1-41所示。输入"n/N"退出卸载程序，输入"y/Y"开始卸载。

```
[dmdba@localhost dmdbms]$ ./uninstall.sh -i
请确认是否卸载达梦数据库 [y/Y 是 n/N 否]:
```

图 1-41

在Linux操作系统中，使用非root用户卸载完成时，终端提示"使用root用户执行命令"，如图1-42所示。

```
使用root用户执行命令:
/home/dmdba/dmdbms/root_all_service_uninstaller.sh
rm -f /etc/dm_svc.conf
```

图 1-42

在终端中切换到root用户下（su–root），手动执行相关命令即可。

1.4 实例启动与关闭

Oracle数据库可以通过start、shutdown命令启动和关闭数据库实例。达梦数据库也可以通过命令、服务查看器或系统服务实现实例的启动和关闭。

▶ 1.4.1 dmserver 命令

dmserver命令存放在达梦数据库安装路径下的bin目录下，Windows操作系统中的命令文件名为dmserver.exe，Linux操作系统中的文件名为dmserver.sh。

以Windows操作系统为例，输入以下命令：

```
C:\Users\fuqiang>dmserver help
```

格式：

```
dmserver.exe [ini_file_path] [-noconsole] [mount] [path=ini_file_path]
[dcr_ini=dcr_path] [dpc_mode=mode]
```

例程：

```
dmserver.exe path=d:\dmdbms\bin\dm.ini
```

关键字说明如下。
- **path**：dm.ini的绝对路径或者dmserver当前目录的dm.ini。
- **dcr_ini**：如果使用CSS集群环境，指定dmdcr.ini文件路径。
- **-noconsole**：以服务方式启动。
- **mount**：配置方式启动。
- **dpc_mode**：指定DPC中的实例角色，0：无，1：MP，2：BP，3：SP，取值1、2、3时也可以用MP、BP、SP代替。

- **upd_lic**：升级服务器安全版本信息。
- **Help**：打印帮助信息。

参数文件dm.ini的路径是必需的，最好是绝对路径。如果dm.ini文件在执行dmserver命令的当前目录下，可以省略路径。

dmserver命令正常执行后，数据库实例开始运行。此时可以在dmserver控制台执行以下特定的操作命令。

- **EXIT**：退出服务器。
- **LOCK**：打印锁系统信息。
- **TRX**：打印等待事务信息。
- **CKPT**：设置检查点。
- **BUF**：打印内存池中缓冲区的信息。
- **MEM**：打印服务器占用内存大小。
- **SESSION**：打印连接个数。
- **DEBUG**：打开DEBUG模式。

注意 dmserver控制台窗口关闭后，数据库实例也同时关闭。

如果增加了"-nonconsole"选项，则数据库实例以后台服务方式运行，dmserver控制台不接受命令。如果要退出，只能关闭窗口或使用Ctrl+C组合键强制退出。

Linux操作系统中dmserver命令的操作与Windows操作系统完全一致。

▶1.4.2 服务查看器工具

达梦数据库的服务查看器程序存放在安装路径下的tool文件夹，Windows操作系统中的文件名为dmservice.exe，Linux操作系统中的文件名为dmservice.sh。双击或在命令行运行后即可看到服务查看器界面，如图1-43所示。

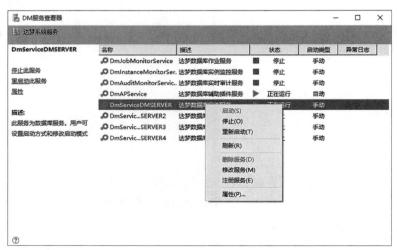

图 1-43

选择相应的服务即可进行启动、停止等操作。

▶1.4.3 操作系统服务

在Windows操作系统中可以直接打开服务管理界面对达梦数据库服务进行启动、停止等操作，如图1-44所示。

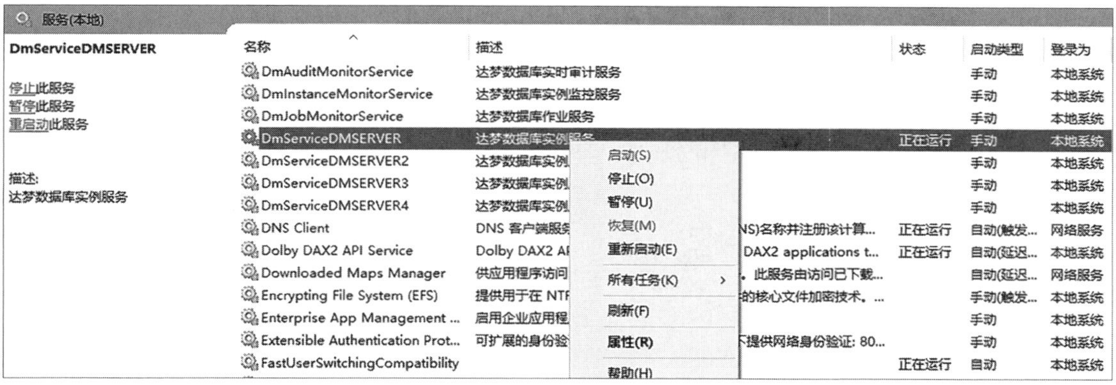

图 1-44

Linux操作系统中可以使用systemctl命令对达梦数据库服务进行start、stop、restart等操作。

1.5 常用管理工具介绍

达梦数据库的日常管理工具分为图形化的DM管理工具和命令行的DISQL两种。

▶1.5.1 DM 管理工具

DM管理工具存放在安装路径下的tool文件夹中，是达梦数据库厂商提供的管理工具，功能强大、操作简单，是达梦数据库日常运维的首选工具。

1.注册连接

启动DM管理工具后单击工具左侧的"注册连接"图标，弹出"新建服务器连接"窗口，如图1-45所示。

输入对应DM实例的主机名（或IP地址）、端口、用户名、口令等信息，单击"确定"按钮即可登录。如果勾选"添加到连接组"复选框，并输入"连接名"，还可以将连接信息保存，方便下次登录。

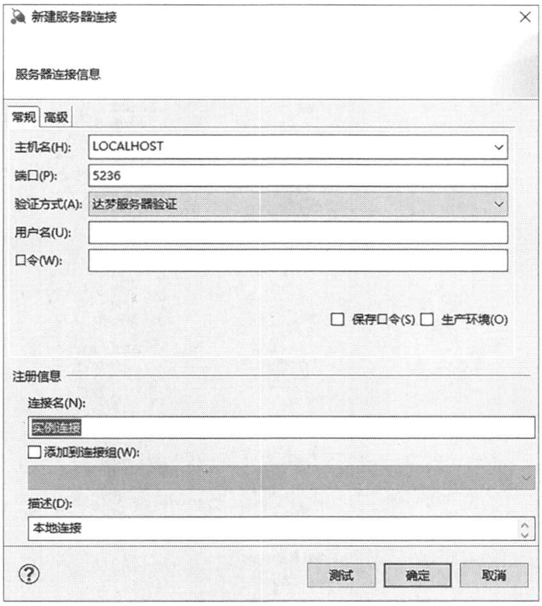

图 1-45

2. 管理服务器

右击连接名，弹出如图1-46所示的快捷菜单。

选择"管理服务器"选项，即可进入管理界面，如图1-47所示。

图 1-46

图 1-47

"系统概览"界面展示数据库实例的一部分参数设置信息。

"系统管理"界面提供状态转换和模式切换功能，其中的"配置"相当于Oracle数据库的mount状态，数据库还原、恢复以及归档配置等特殊操作需要先转换到"配置"状态，如图1-48所示。

图 1-48

3. 启用 SQL 输入助手

DM管理工具的编辑窗口默认不启用提示功能，这给操作带来了一定的难度。可以通过DM管理工具窗口的选项→查询分析器→编辑器下的选项启用SQL输入助手功能，如图1-49所示。

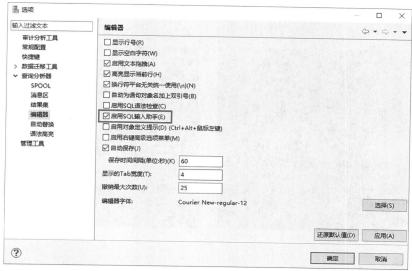

图 1-49

▶ 1.5.2 disql

disql是达梦数据库自带的一个命令行客户端工具，类似于Oracle数据库的SQLPLUS工具。通过disql可以和达梦数据库实例进行交互式操作。

1. 连接数据库实例

disql文件存放在达梦数据库安装路径下的bin文件夹。如图1-50所示，在数据库服务器的命令行模式下直接运行，按照提示输入用户名、密码等信息，即可连接到本地数据库实例。

图 1-50

如果本地服务器安装了多个数据库实例，或者需要连接远程的数据库，在disql命令后面需附加上要连接的数据库实例的用户名、密码和数据库实例的IP地址+端口号。达梦数据库通过不同的端口号区分不同的数据库实例，默认端口为5236。例如：

```
C:\Users\fuqiang>disql sysdba/SYSDBA@172.24.98.147:5236
```

2. 执行语句

disql下除了可以直接执行SQL语句，还可以执行事先写好的SQL脚本文件。例如，先在D盘编辑好文本文件sql_script.sql，输入两行SQL语句，每条语句以分号结束：

```
select sysdate from dual;
select now();
```

在disql中使用start命令（注意，start命令行末尾不要加分号），如图1-51所示。

也可以使用"·"键（键盘Esc下方的按键）代替start，如图1-52所示。

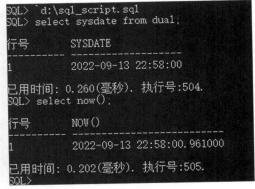

图 1-51   图 1-52

3. 使用操作系统认证登录

在Oracle数据库服务器上，可以通过修改配置文件sqlnet.net中的用户认证方式，实现管理员免密码登录。达梦数据库不仅可以实现管理员在服务器端免密码登录，也可以让普通用户在服务器端免密码登录。

达梦数据库的操作系统认证很简单，主要分以下两个步骤。

步骤01 将允许本机操作系统认证的ENABLE_LOCAL_OSAUTH参数设置为1（默认为0）：

```
SQL> SP_SET_PARA_VALUE(2,'ENABLE_LOCAL_OSAUTH',1);
```

该参数是静态参数，修改后需要重启数据库实例才能生效。

使用DM 8之前的版本可以直接修改参数文件dm.ini，添加ENABLE_LOCAL_OSAUTH=1即可。但这样的方式存在安全隐患。DM 8版本开始将此参数改为了隐含参数，存放在内部数据字典表中，不再保存在参数文件中，但通过视图V\$DM_INI仍然可以查到这个参数。

步骤02 在服务操作系统上创建dmdba和dmusers两个用户组，dmdba用户组中的用户可以不用密码，以管理员（sysdba）身份登录数据库；dmusers用户组中的用户需要事先在数据库中创建同名的账号，即可实现免密码登录。

Windows操作系统中的步骤如下。

步骤01 创建dmdba、dmusers两个用户组。

步骤02 将操作系统账号加入这两个用户组，如图1-53所示。

步骤03 在数据库中创建账号tuqiang：

```
SQL> create user fuqiang identified by password;
```

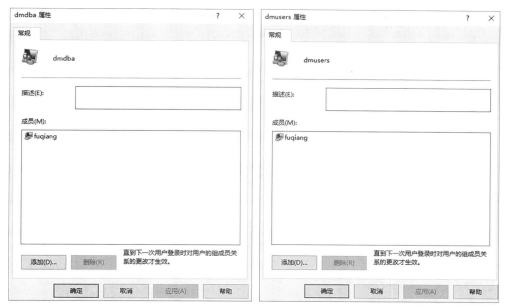

图 1-53

步骤 04 登录测试：

以sysdba身份登录，如图1-54所示。

图 1-54

以普通用户身份登录，如图1-55所示。

图 1-55

Linux操作系统中的步骤如下。

步骤 01 创建dmdba、dmusers组。

```
[root@dbserver ~]#groupadd dmdba
[root@dbserver ~]#groupadd dmusers
```

步骤 02 将达梦数据库账号dmdba添加到dmdba、dmusers两个组中。

```
[root@dbserver ~]#usermod -a -G dmdba,dmusers dmdba
```

步骤 03 在数据库中创建账号dmdba。

```
SQL>create user dmdba identified by password;
```

步骤 04 登录测试过程如图1-56所示。

```
[dmdba@dbserver ~]$ id dmdba
uid=12345(dmdba) gid=12349(dinstall) 组=12349(dinstall),12351(dmusers),12350(dmdba)
[dmdba@dbserver ~]$ disql / as sysdba

服务器[LOCALHOST:5236]:处于普通打开状态
登录使用时间 : 4.455(ms)
disql V8
SQL> select user();

行号        USER()
---------- ------
1          SYSDBA

已用时间: 2.372(毫秒). 执行号:600.
SQL> exit
[dmdba@dbserver ~]$ disql / as users

服务器[LOCALHOST:5236]:处于普通打开状态
登录使用时间 : 7.684(ms)
disql V8
SQL> select user();

行号        USER()
---------- ------
1          DMDBA

已用时间: 5.127(毫秒). 执行号:700.
SQL>
```

图 1-56

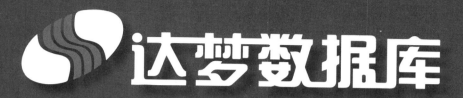

第2章

体系结构

学习数据库的体系结构是从宏观到微观的学习过程，可以帮助读者更好地理解数据库的原理和运行机制。

2.1 基本架构

数据库的基本原理都是相似的，但不同的数据库管理软件的实现方式有非常大的差异。不同的运行机制表现出不同的系统架构，用户体验也会有很大的不同。

▶ 2.1.1 数据库和数据库实例

数据库实例是数据库软件在内存中的运行内容，数据库则是指存放在磁盘上的数据库文件。以Oracle数据库为例：图2-1所示是一张经典的Oracle数据库体系架构图。上半部分是运行在内存中的数据库实例，由一组系统进程（线程）组成；下半部分为数据库，由一组存放在磁盘上的文件组成。

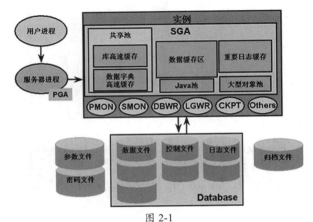

图 2-1

图2-2所示是达梦数据库公司提供的技术手册上的数据库系统架构图。图的上部分是在内存中运行的达梦数据库实例，下部分是磁盘上的数据库文件，中间部分的逻辑结构是对物理结构的抽象表达。

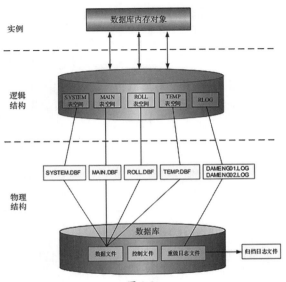

图 2-2

虽然数据库和数据库实例这两个概念含义不同，但在实际应用中，数据库实例经常被简称为数据库。因此，这两个概念在很多时候不做严格区分。

达梦数据库提供V$DATABASE和V$INSTANCE两个视图，可以查询数据库和实例的有关信息。

2.1.2　用户和模式

数据库用户（user）是指登录数据库的账号。只有通过数据库账号连接数据库实例，才能使用数据库资源。

模式（schema）是一个逻辑上的概念，指数据库对象的集合。常见的数据库对象有表、视图、索引、存储过程、函数、触发器、序列、同义词、数据库链接等。模式的作用是方便对以上这些对象进行分组管理。引用这些数据库对象的完整格式为[模式名].对象名。

达梦数据库在创建用户的同时也会创建一个同名模式，并作为这个用户的默认模式。用户操作自己的默认模式下的数据库对象时可以省略模式名。

达梦数据库也可以直接创建模式：

```
SQL> create schema 模式名;
```

2.1.3　达梦数据库体系架构与其他数据库的对比

达梦数据库的体系架构很简单：一个数据库实例对应一个数据库，数据库中的每个用户分别对应各自的模式。

下面简单介绍目前常用的关系型数据库的体系架构，通过对比有助于读者更好地理解达梦数据库。

1. Oracle 数据库体系架构

Oracle数据库12C之前的版本的体系架构跟达梦数据库类似，唯一不同的是Oracle数据库把user和schema合二为一，但不能单独创建schema，只能通过创建user的方式创建schema。

Oracle数据库从12C开始推出了多租户概念，引入了CDB（container database，容器数据库）和PDB（pluggable database，可插拔数据库）。Oracle数据库的CDB可以看成是一个容器，用来存放数据库。在CDB中可以有多个PDB，其中存在一个root根容器（CDB$ROOT）、一个种子容器（PDB$SEED）和多个PDB。PDB$SEED与SQL Server的model数据库类似，用来创建PDB的模板库。所有的PDB共用联机日志文件、控制文件和参数文件，每个PDB下有各自的管理员和用户，可以单独进行启动、关闭。

虽然在达梦数据库服务器上也可以创建并运行多个数据库，但每个数据库都是独立的，各自使用各自的数据文件、日志文件、控制文件和参数文件。而且每个数据库只能运行在各自的数据库实例下（通过端口号区分）。而在Oracle的多租户数据库环境中，所有PDB都运行在同一个数据库实例下（通过数据库名区分）。这是达梦数据库和Oracle多租户数据库的最大区别。

2. SQL Server 数据库体系架构

Microsoft公司的SQL Server数据库的体系架构跟达梦数据库有所不同。SQL Server的schema

称为架构。一个数据库实例下可以有多个数据库（每个数据库使用自己的数据文件和日志文件），每个数据库下可以创建多个架构。

SQL Server的用户机制较为复杂，由登录名和用户两部分组成。登录名负责登录到数据库实例，登录名可以设置默认数据库，但访问时还需要在数据库中创建相应的映射用户并赋予操作权限，每个用户的默认架构为dbo。

3. MySQL 数据库体系架构

MySQL的体系架构比较简单，一个数据库实例下有多个数据库，一个数据库对应着数据库datadir路径下的一个目录（在8.0之前的版本甚至可以通过直接在该路径下创建目录的方式来创建数据库），每个数据库的目录下只存放各自的数据文件。参数文件（my.ini）、二进制日志文件、redo文件和undo文件以及其他文件都是所有数据库共用的。

MySQL没有scheam，即MySQL把database和schema合二为一了。MySQL的用户跟数据库没有直接关系，需要管理员授权才能访问数据库，也不存在默认数据库。

2.2 物理结构

数据库的物理结构对应着存放在物理磁盘上不同格式、类型的物理文件。

Oracle数据库的文件主要包括数据文件、控制文件、联机日志文件（redo）等三大文件，加上参数文件（pfile、spfile）和归档日志文件、跟踪日志文件（trc、alert、listener）等。

达梦数据库的文件与Oracle数据库类似，下面逐一进行详细介绍。

▶ 2.2.1 目录结构

相比Oracle数据库庞大复杂的文件目录结构，达梦数据库的文件目录要简洁很多。

在达梦数据库安装路径下，bin目录下保存着达梦的主要操作命令：disql、dexp、dimp、dexpdp、dimpdp等。

tool目录下主要保存达梦数据库的工具软件：dts、dbca、manager、monitor等。

log目录下保存达梦数据库的各种运行日志，其中需要关注的是以"dm_实例名_年月"命名的日志文件，该日志记录了数据库运行期间的重要事件（类似Oracle数据库的alert文件），为防止单个文件过大，每月生成一个。

data目录下保存的是创建的数据库文件目录，目录名即为数据库名。数据库目录下保存着参数文件dm.ini及其他配置文件、控制文件、数据文件、联机日志文件（redo）等。

▶ 2.2.2 配置文件

达梦数据库的配置文件主要有四个。

（1）dm.ini：达梦数据库实例的配置参数，在创建达梦数据库实例时自动生成。

（2）dmmal.ini：MAL系统的配置文件。在配置达梦数据库可用解决方案时（DMDW，DMDSC）需要用到的配置文件。

（3）dmarch.ini：归档配置文件。启用数据库归档时，在该文件中配置归档的相关属性，如归档类型、归档路径、归档可使用的空间大小等。

（4）dm_svc.conf：客户端配置文件，包含达梦数据库各接口和客户端工具所需要配置的一些参数。

其中，dm.ini文件记录了达梦数据库的各种运行参数，是最重要的参数文件，也是数据库实例日常操作经常用到的文件，是读者学习的重点。

1. 参数类型

参数属性分为手动、静态和动态三种。

手动，表示不能被动态修改，只能手动修改dm.ini参数文件（dm.ini文件是文本格式，可以直接手动编辑修改），然后重启数据库实例才能生效。当参数值设置错误时，参数实际取值为默认值；若设置值小于参数取值范围的最小值，则实际取值为最小值；若设置值大于参数取值范围的最大值，则实际取值为最大值。

静态，表示可以动态修改，需重启数据库实例才能生效。

动态，表示可以动态修改，修改后即时生效。

动态参数又分为会话级和系统级两种。会话级参数被修改后，新参数值只会影响当前会话，其他会话不受影响；系统级参数的修改则会影响所有的会话。

达梦数据库提供的系统视图V$DM_INI可以查询到数据库运行的所有参数，其中，para_name、para_value、min_value、max_value、default_value、para_type分别表示参数名称、参数值、最小值、最大值、默认值和参数类型。其中，para_type有四种属性：read only（手动）、in file（静态）、session（动态，会话级）和sys（动态，系统级）。

达梦数据库的参数值有整数、浮点数和字符串三种类型。不同类型的参数值的获取和修改一般要使用不同的函数和存储过程。

达梦数据库提供sf_get_para_value、sf_get_para_double_value和sf_get_para_string_value三个函数来获取系统当前配置的整数、浮点数和字符串型参数。函数参数有两个：scope、para_name。scope参数为1表示获取配置文件中参数的值，参数为2表示获取内存中配置参数的值。para_name为参数名称。

例如，获取当前数据库实例的参数buffer的值：

```
SQL> select sf_get_para_value(2,'BUFFER');
```

注意：有一些隐含参数虽然在视图V$DM_INI中可以查到，但并没有记录在dm.ini文件中。这些参数存储在系统字典表中，只能通过调用系统存储过程的方式进行动态修改。不在dm.ini中的参数如表2-1所示。

表2-1

参 数 名	默认值	属性	说 明
PWD_POLICY	2	动态，系统级	设置系统默认口令策略 0：无限制。但总长度不得超过48B 1：禁止与用户名相同

（续表）

参 数 名	默认值	属性	说 明
PWD_POLICY	2	动态，系统级	2：口令长度需大于等于 PWD_MIN_LEN 设置的值 4：至少包含一个大写字母（A~Z） 8：至少包含一个数字（0~9） 16：至少包含一个标点符号（英文输入法状态下，除"—"和空格外的所有符号） 若为其他数字，则表示配置值的和，如3＝1+2，表示同时启用第1项和第2项策略。当 COMPATIBLE_MODE=1 时，PWD_POLICY的实际值均为0
PWD_MIN_LEN	9	动态，系统级	设置用户口令的最小长度，取值范围为9~48。仅当 PWD_POLICY&2!=0 时才有效
ENABLE_OBJ_REUSE	0	静态	是否支持客体重用，0：不支持；1：支持
ENABLE_REMOTE_OSAUTH	0	静态	是否支持远程操作系统认证，0：不支持；1：支持，该参数设置仅安全版有效
ENABLE_LOCAL_OSAUTH	0	静态	是否支持本机操作系统认证，0：不支持；1：支持
ENABLE_STRICT_CHECK	0	静态	是否检查存储过程中execute immediate语句的权限，1：检查；0：不检查
MAC_LABEL_OPTION	1	动态，系统级	用于控制SP_MAC_LABEL_FROM_CHAR过程的使用范围 0：只有 SSO可以调用 1：所有用户都可以调用 2：所有用户可以调用，但是非SSO用户不会主动创建新的LABEL 注意：该参数设置仅安全版有效
ENABLE_EXTERNAL_CALL	0	静态	是否允许创建或执行外部函数，0：不允许；1：允许
ENABLE_DDL_ANY_PRIV	0	动态，系统级	是否可以授予和回收DDL相关的ANY系统权限，0：否；1：是
SEC_PRIV_MODE	0	静态	表示权限管理模式 0：表示传统模式 1：表示专用机模式 2：表示EVAL测评模式 该参数设置仅安全版有效

2. 动态修改

动态修改是指拥有DBA权限的用户在数据库实例运行期间，通过调用系统存储过程SP_SET_PARA_VALUE、SP_SET_PARA_DOUBLE_VALUE和SP_SET_PARA_STRING_VALUE对参数值进行修改。这三个存储过程分别用来修改整型、浮点型、字符串类型的参数。存储过程的参数有三个：SCOPE、PARA_NAME、VALUE。SCOPE为修改范围，PARA_NAME为参数名称，VALUE为参数值。

SCOPE参数为1表示在内存和配置文件（或系统字典表）中同时修改参数值，此时只能修改动态类型的配置参数；参数为2表示只在配置文件（或系统字典表）中修改配置参数，此时可用来修改静态类型参数和动态类型参数。

需要注意的是，静态类型参数虽然能够动态修改，但只能在配置文件（或系统字典表）中修改，不能在内存中修改。如果试图在内存中修改静态配置参数（SCOPE等于1），服务器会返回错误信息。例如，buffer参数为静态参数，在内存中进行动态配置修改时会报错，如图2-3所示。

```
SQL> sp_set_para_value(1,'buffer',1000);
sp_set_para_value(1,'buffer',1000);
[-839]:不能修改静态配置参数的内存值.
已用时间: 12.494(毫秒). 执行号:0.
SQL>
```

图 2-3

在配置文件中进行修改（SCOPE等于2）则成功，如图2-4所示。

```
SQL> sp_set_para_value(2,'buffer',1000);
DMSQL 过程已成功完成
已用时间: 18.506(毫秒). 执行号:807.
SQL>
```

图 2-4

注意 只有具有DBA权限的用户才能进行参数修改。

此外，达梦数据库还提供了兼容Oracle数据库的修改参数的命令"alter system set …"。但是达梦数据库中执行此命令的方法和Oracle数据库的方式稍有不同：参数名称必须加英文单引号，后面可以附加参数memory、spfile、both。Oracle数据库此参数默认为both，而达梦数据库则默认为memory（在内存中修改），如图2-5所示。

```
SQL> alter system set 'memory_target'=800;
DMSQL 过程已成功完成
已用时间: 3.465(毫秒). 执行号:723.
SQL>
```

图 2-5

对于只能在配置文件或系统字典表中修改的静态参数，需加上spfile（不加"scope="），否则会报错，如图2-6所示。

```
SQL> alter system set 'enable_local_osauth'=1 ;
alter system set 'enable_local_osauth'=1 ;
[-839]:不能修改静态配置参数的内存值.
已用时间: 0.337(毫秒). 执行号:0.
SQL> alter system set 'enable_local_osauth'=1 spfile;
DMSQL 过程已成功完成
已用时间: 1.770(毫秒). 执行号:725.
SQL>
```

图 2-6

如果加上both，则表示在参数文件（或系统字典表）和内存中同时修改，如图2-7所示。

```
SQL> alter system set 'memory_target'=800 BOTH;
DMSQL 过程已成功完成
已用时间: 15.100(毫秒). 执行号:701.
```

图 2-7

3. 会话级修改

达梦数据库的动态参数分为系统级和会话级两种级别。会话级参数在服务器运行过程中被修改时，只有当前会话使用新的参数值，其他会话才不受影响。

设置会话级参数的函数：

```
SF_SET_SESSION_PARA_VALUE (para_name, value)
```

重置某个会话级参数的值，使得这个参数的值和系统参数的默认值保持一致：

```
SP_RESET_SESSION_PARA_VALUE (para_name)
```

获得当前会话的某个整数型INI参数的值：

```
SF_GET_SESSION_PARA_VALUE (paraname)
```

获得当前会话的某个浮点数型INI参数的值：

```
SF_GET_SESSION_PARA_DOUBLE_VALUE (para_name)
```

还可以使用兼容Oracle数据库的方式"alter session set …"，如图2-8所示。

图 2-8

▶ 2.2.3 控制文件

每个数据库都有一个控制文件，默认与dm.ini参数文件、数据文件存放在同一个目录下。控制文件主要记录数据库必要的初始信息和数据文件路径等重要信息：

（1）数据库名称。

（2）数据库服务器模式。

（3）OGUID唯一标识。

（4）数据库服务器版本。

（5）数据文件版本。

（6）数据库的启动次数。

（7）数据库最近一次启动时间。

（8）表空间信息，包括表空间名、表空间物理文件路径等。

（9）控制文件校验码，校验码由数据库服务器在每次修改控制文件后计算生成，保证控制文件合法性，防止文件损坏及手动修改。

控制文件是二进制文件，不能直接查看、编辑，可以使用达梦数据库的bin目录下的dmctlcvt命令将控制文件转换为文本格式输出。例如：

```
./dmctlcvt c2t /dmdbms/data/dameng/dm.ctl /dmctl.txt
```

c2t参数表示将控制文件转换为文本文件（control to txt）。

也可以使用t2c（text to control）参数将编辑好的文本文件转换为二进制控制文件：

36

```
./dmctlcvt t2c /dmctl.txt /dmdbms/data/dameng/dm.ctl
```

在dm.ini文件中记录了有关控制文件的三个参数：CTL_PATH，控制文件存放路径；CTL_BAK_PATH，控制文件备份路径；CTL_BAK_NUM，控制文件备份保留数量。

当控制文件发生改变时，数据库会先对控制文件进行备份，然后再对控制文件进行修改。如果修改操作失败，系统会使用备份文件将控制文件恢复到之前的状态。如果修改操作成功，系统会对修改后的控制文件再进行一次备份。如果备份数量超过CTL_BAK_NUM参数设定的保留数量，系统将删除最早的备份，保证备份文件数量不超过CTL_BAK_NUM参数值。

▶ 2.2.4 数据文件

数据文件是用来存放数据（表、索引、存储过程、函数、序列等）的文件，包括用户数据和系统数据。

达梦数据库创建完成后，默认会创建SYSTEM.DBF、MAIN.DBF、ROLL.DBF、TEMP.DBF等数据文件，分别用来存放系统数据对象、用户数据对象、回滚（undo）数据、临时数据。

▶ 2.2.5 日志文件

达梦数据库的日志文件记录了数据库运行的日志信息，主要有SQL日志文件、事件日志文件、联机日志文件和归档日志文件等。

1. SQL 日志文件

SQL日志文件记录了系统各会话执行的SQL语句、参数信息、错误信息等，主要用于分析错误和性能。启用跟踪日志对系统的性能会有较大影响，默认情况下跟踪日志是关闭的，仅在查错和调优时才会打开。

用户在dm.ini中配置SVR_LOG参数后会打开SQL日志。

SQL日志文件是一个纯文本文件。默认生成在安装目录的log子目录下面，管理员可通过sqllog.ini参数FILE_PATH设置其生成路径。

2. 事件日志文件

达梦数据库在运行过程中，会在log子目录下产生一个以"dm_实例名_日期"命名的事件日志文件。事件日志简称ELOG。事件日志文件对达梦数据库运行时的关键事件进行记录，如系统启动、关闭、内存申请失败、I/O错误等一些致命错误。事件日志文件主要用于系统出现严重错误时进行查看并定位问题。事件日志文件随着达梦数据库服务的运行一直存在。

3. 联机日志文件

联机日志文件记录数据库发生的所有物理变化，当数据库实例意外关闭，实例重启时，可以通过联机日志文件进行实例恢复。

达梦数据库创建完成后，默认会创建两个联机日志文件，文件名为"数据库名+01.log"和"数据库名+02.log"。跟Oracle数据库一样，达梦数据库的联机日志文件也是循环使用，文件写满后自动切换。

通过系统视图V$RLOGFILE可以查询到联机日志文件的信息。

4. 归档日志文件

归档日志文件可以看作是联机日志文件内容的复制。

达梦数据库开启归档模式后，会在归档路径下生成归档日志文件。归档配置文件dmarch.ini记录数据库归档路径（ARCH_DEST）、日志文件大小（ARCH_FILE_SIZE）、归档可使用的空间大小（ARCH_SPACE_LIMIT）等参数。当日志文件占用的存储空间超过参数设置的大小时，系统会自动删除最早的归档日志文件。

达梦数据库的归档机制跟Oracle数据库不一样。Oracle数据库在联机日志切换时，归档进程会将日志文件复制到归档路径下。达梦数据库则是在重做日志记录写入联机日志文件的同时异步写入归档日志文件中进行存储。这一点和MySQL数据库的二进制日志（binlog）的机制类似。

通常生产数据库都是运行在归档模式下。当出现介质故障（如磁盘损坏）时，利用备份+归档日志，系统可被恢复至故障发生的前一刻，也可以恢复到归档日志范围内的任意时间点。如果没有归档日志文件，则只能利用备份将数据库恢复到备份时刻的状态。

通过系统视图V$ARCHIVED_LOG可以查询到归档日志的信息。

2.3 逻辑结构

数据库对象最终都是以某种结构存放在数据文件中。达梦数据库的逻辑结构从大到小可以分为表空间、段、簇、页，数据库的操作过程也是对这些不同层级的逻辑结构进行维护和管理的过程。

▶ 2.3.1 表空间

达梦数据库由表空间组成，表空间由一个或多个数据文件组成。达梦数据库创建完成后，默认会创建四个表空间：SYSTEM表空间、ROLL表空间、MAIN表空间和TEMP表空间。

（1）SYSTEM表空间存放数据库的字典信息，相当于Oracle数据库的system、sysaux表空间。对于SYS、SYSSSO、SYSAUDITOR系统用户，默认的用户表空间是SYSTEM。

（2）ROLL表空间存放数据库事务的回滚数据，相当于Oracle数据库的undo表空间。设置参数有ROLLSEG、ROLLSEG_POOLS、ROLL_ON_ERR等，通常使用默认值即可。系统自动管理，无须用户干预。

（3）MAIN表空间相当于Oracle数据库的users表空间，也是SYSDBA的默认表空间。如果创建用户时未指定默认表空间，则MAIN就作为用户的默认表空间。

（4）TEMP表空间存放用户操作时产生的临时数据，相当于Oracle数据库的temp表空间。用户可以通过参数TEMP_PATH、TEMP_SIZE、TEMP_SPACE_LIMIT分别对TMEP表空间文件的路径、初始化大小、最大空间使用等进行调整。日常运行由系统自动管理，无须用户干预。

达梦数据库提供了系统视图V$TABLESPACE供查询表空间信息。

▶ 2.3.2　段

数据库对象在存储空间上的逻辑对象被称为段，相当于Oracle数据库的segment。

达梦数据库的段分三种。

（1）数据段：数据库中数据对象的逻辑结构。

（2）临时段：临时表空间（temp）创建的段。

（3）回滚段：回滚表空间（roll）创建的段。

达梦数据库提供了系统视图DBA_SEGMENTS（DBA视角）、USER_SEGMENTS（普通用户视角）供用户查询段信息。

▶ 2.3.3　簇

段由一个或多个连续的存储空间区域组成，这些连续的存储空间称为簇，相当于Oracle数据库的extent（区）。

簇的存储空间是连续的，因此簇不能跨文件，由同一个数据文件中16个或32个或64个连续的数据页组成。在达梦数据库中，簇的大小由用户在创建数据库时指定，默认数量为16个。一旦创建好数据库，此后该数据库的簇的大小就不能改变。假设页的大小为8KB，簇的大小即为8KB×16=128KB。

当创建一个表、索引时，达梦数据库为表、索引的数据段分配至少一个簇，数据库会自动分配对应数量的空闲数据页。如果初始分配的簇中所有数据页都已经用完，或者新插入、更新数据需要更多的空间，达梦数据库将自动分配新的簇。

用户在删除表、索引对象中的记录时，达梦数据库通过修改数据文件中的位图来释放簇，释放后的空闲簇可以供其他对象使用。当用户删除了表中所有记录时，达梦数据库仍然会为该表保留1、2个簇供后续使用。若用户使用DROP语句来删除表、索引对象，则此表、索引对应的段以及段中包含的簇全部收回，并供存储于此表空间的其他对象使用。

对于临时表空间，达梦数据库会自动释放在执行SQL语句过程中产生的临时段，并将属于此临时段的簇空间归还给临时表空间。

对于回滚表空间，达梦数据库将定期检查回滚段，并确定是否需要从回滚段中释放一个或多个簇。

▶ 2.3.4　页

簇由连续的多个页组成。达梦数据库的页相当于Oracle数据库的block（块）。页是数据库的最小存储单元，也是数据库读写数据文件的最小单位。

达梦数据库在创建数据库时，可以将页大小设置为4KB、8KB（默认值）、16KB、32KB等。数据库建好后，页大小不能修改。页的逻辑结构如图2-9所示。

图 2-9

其中，"页头控制信息"包含关于页类型、页地址等信息。页的中部存放数据。为了更好地利用数据页，在数据页的尾部专门留出一部分空间用于存放行偏移数组，行偏移数组用于标识页上的空间占用情况，以便管理数据页自身的空间。

数据库在更新（update）变长类型数据字段时，会发生数据记录的长度改变的情况，因此数据页有时会出现空闲空间不足，导致无法存放长度增加的数据记录。Oracle数据库的block有一个参数PCTFREE，默认值为10。该参数的意思是，当block的存储空间使用率达到90%时，该block不再插入新的数据记录，保留10%的空闲存储空间供更新操作使用。当数据块的可用空间无法容纳长度增长后的数据行时，Oracle数据库会将此行数据迁移到新的数据块中，在被迁移数据行原来所在位置保存一个数据记录在新数据块的指针。

达梦数据库也有一个数据页存储参数FILLFACTOR，它指定一个数据页初始化后，插入数据时最大可以使用空间的百分比（默认值为100）。

Oracle数据库在创建表、索引时可以设置PCTFREE参数值，创建完成后也可以随时修改。而达梦数据库的FILLFACTOR参数只能在创建表、索引时设置，一旦创建完成就不能修改。

当数据页使用空间百分比高于FILLFACTOR参数时，新的数据记录无法插入该页，只能插入到下一页。如果新的数据记录按聚集索引顺序插入该页，则会导致页拆分，即该页的记录拆分为两页存放。如果这种现象频繁发生，则会导致数据库性能下降。

设置FILLFACTOR参数时需要在空间和性能之间进行权衡。为了充分利用空间，用户可以设置一个很高的FILLFACTOR参数值，或者直接使用默认值100。这样做的好处是提高了存储空间利用率，同时数据存储密度增加，对于读取数据的操作也十分有利，可以有效地减少磁盘I/O。但是这也会导致在后续更新数据时，频繁引起页分裂，从而产生大量的磁盘I/O操作。为了提高更新数据的性能，可以设置一个相对较低的FILLFACTOR参数值，使后续执行更新操作时，可以尽量避免数据页的分裂。不过，这是以牺牲空间利用率来换取性能的提高。

2.4 内存结构

达梦数据库管理系统的内存结构主要包括内存池、缓冲区、排序缓冲区、哈希缓冲区等。

▶ 2.4.1 内存池

达梦数据库的内存池包括共享内存池和运行时内存池。

1. 共享内存池

共享内存池是数据库实例在启动时从操作系统申请的一大片内存。在数据库实例的运行期间，经常会申请与释放小片内存。而直接向操作系统申请和释放内存时需要发出系统调用，此时可能会引起线程切换，降低系统运行效率。于是达梦数据库采用了共享内存池的方式：一次向操作系统申请一片较大内存，作为共享内存池。当系统在运行过程中需要申请小片内存时，可在共享内存池内进行申请，当用完该内存时，再释放掉，即归还给共享内存池。

设置共享内存池初始值的参数为MEMORY_POOL，该参数为静态参数，默认值为500MB。共享内存池在运行期间会根据需要进行自动扩展，静态参数MEMORY_EXTENT_SIZE指定了共享内存池每次扩展的大小。动态参数MEMORY_TARGET则指定了共享内存池大小的控制目标值（0表示不限制），超过目标值的内存空间会在系统空闲时进行释放。

注意 Oracle数据库的内存参数MEMORY_TARGET控制的是数据库实例占用的全部内存总量（SGA+PGA），是数据库实例能够使用的内存的最大值。而达梦数据库的MEMORY_TARGET参数仅仅是共享内存池（类似于Oracle数据库实例中的SHARED_POOL_SIZE）内存分配参数。而且达梦数据库的这个参数只是目标值，并不是最大值，运行期间实际内存使用量可以大于这个参数值。只是在数据库实例空闲时逐步释放超出的部分。

达梦数据库中与Oracle数据库的MEMORY_TARGET参数相似的参数是MAX_OS_MEMORY。这个参数设置的是整个数据库实例使用的内存空间占操作系统总共内存空间的比例，参数值范围为40～100，默认值为100（不限制）。

2. 运行时内存池

除了共享内存池，达梦数据库实例的一些功能模块在运行时还会使用自己的运行时内存池。这些运行时内存池是从操作系统申请一片内存作为本功能模块的内存池来使用，如会话内存池等。类似于Oracle数据库的PGA（Program Global Area，程序全局区）。

▶ 2.4.2 缓冲区

1. 数据缓冲区

数据缓冲区是用来缓存从数据文件中读取的数据页。用户进程在操作数据资源时，如果在数据缓存区内找到了所需的数据，就可以直接从内存中访问数据。如果用户进程不能在数据缓存区中找到所需的数据，则需要从磁盘中的数据文件里将相应的数据页复制到缓存区中才能进行访问。因此，缓存命中时的数据访问速度远远高于缓存失败时的速度。缓存命中率是衡量数据库运行性能的重要指标。

达梦数据库中有四种类型的数据缓冲区，分别是NORMAL、KEEP、FAST和RECYCLE。在创建表空间或修改表空间时，可以指定表空间属于NORMAL或KEEP缓冲区。RECYCLE缓冲区供临时表空间使用，FAST缓冲区根据用户指定的FAST_POOL_PAGES大小由系统自动进行管理，用户不能指定使用RECYCLE和FAST缓冲区的表或表空间。

NORMAL缓冲区主要是提供给系统处理的一些数据页，没有特定指定缓冲区的情况下，默认缓冲区为NORMAL；KEEP的特性对缓冲区中的数据页很少或几乎不怎么淘汰出去，主要针对用户的应用是否需要经常处在内存当中，如果是这种情况，可以指定缓冲区为KEEP。

在配置文件dm.ini修改相应的参数：BUFFER（默认值为1000MB）、KEEP（默认值为8MB）、RECYCLE（默认值为300MB）、FAST_POOL_PAGES（默认值3000）。

达梦数据库实例默认I/O操作每次只读取一个数据页，在读取数据较多的情况下，就会执行多次I/O操作，读取效率较低。如果一次I/O读取多页就可以减少I/O次数，从而提高效率。因此达梦数据库允许用户修改每次I/O操作读取的数据页的数量，对应的参数是MULTI_PAGE_GET_NUM，有效值范围为1～64，该参数是静态参数，修改后需要重启实例生效。

注意 MULTI_PAGE_GET_NUM 的值并不是越大越好，如果设置过大，会导致读取大量的无关数据页，反而降低效率，浪费缓冲区空间。此外，在使用数据库加密或者启用SSD缓冲区（SSD_BUF_SIZE>0）的情况下，不支持多页读取，该参数无效。

2. 日志缓冲区

数据库系统在运行过程中产生的redo日志并不会立即写入磁盘，而先存放到日志缓冲区中，然后分别由dm_redolog_thd线程、dm_rsyswrk_thd线程刷新到联机日志文件、归档日志文件中。

redo日志所占用的内存是从共享内存池中申请的，并不在数据缓冲区中。日志缓冲区与数据缓冲区分开设立主要是基于以下原因。

（1）重做日志的格式同数据页完全不一样，无法进行统一管理。

（2）磁盘上的重做日志是连续存放的，数据页则是随机存放。

（3）写重做日志比写数据页的优先级更高，也更频繁。

达梦数据库提供了两个参数对日志缓冲区进行控制：RLOG_BUF_SIZE（单个日志缓冲区最大页数，默认值为1024），RLOG_POOL_SIZE（日志缓冲池空间，单位为MB，默认为256MB，取值范围为1～4096）。

3. SQL 缓冲区

SQL缓冲区提供在执行SQL语句过程中所需要的内存，包括执行计划、SQL语句和结果集缓存。

很多应用当中都存在反复执行相同SQL语句的情况，此时可以使用缓冲区保存这些语句和它们的执行计划，同样的SQL语句可以重用之前的执行计划。这样带来的好处是提高了SQL语句执行效率，但同时给内存增加了压力。

达梦数据库在配置文件dm.ini提供了参数来支持是否需要计划重用，参数为USE_PLN_POOL，当指定为非0时，则启动计划重用；为0时，则禁止计划重用。达梦数据库同时还提供了参数CACHE_POOL_SIZE（单位为MB）来改变SQL语句缓冲区大小，系统管理员可以设置该值以满足应用需求，默认值为100MB。

结果集缓存包括SQL语句查询结果集缓存和DMSQL程序函数结果集缓存。在INI参数文件中同时设置参数RS_CAN_CACHE=1且USE_PLN_POOL非0时，数据库才会缓存结果集。

客户端结果集也可以缓存，但需要在配置文件dm_svc.conf中设置参数：

ENABLE_RS_CACHE = (1)表示启用缓存。

RS_CACHE_SIZE = (100)表示缓存区的大小为100MB，可配置为1～65535。

RS_REFRESH_FREQ = (30)表示每30秒检查缓存的有效性，如果失效，自动重查；0表示不检查。

同时在服务器端使用INI参数文件中的CLT_CACHE_TABLES参数设置哪些表的结果集需要缓存。另外，FIRST_ROWS参数表示当查询的结果达到该行数时，就返回结果，不再继续查询，除非用户向服务器发一个FETCH命令。这个参数也用于客户端缓存的配置，仅当结果集的行数不超过FIRST_ROWS时，该结果集才可能被客户端缓存。

4. 字典缓冲区

字典缓冲区主要存储一些数据字典信息，如模式信息、表信息、列信息、索引信息等。数据库的所有操作都会涉及数据字典，因此读取数据字典的效率直接影响到数据库实例的运行效率。将数据字典信息缓存到内存中，可以有效地减少磁盘I/O，提高数据库运行效率。

达梦数据库采用的是将部分数据字典信息加载到缓冲区中，并采用LRU算法进行数据置换。缓冲区最大配置参数为DICT_BUF_SIZE，默认的配置大小为50（MB），取值范围为1～2048。

达梦数据库提供了两个视图查看字典缓冲区的情况。

（1）V$DICT_CACHE_ITEM，显示字典缓存中的字典对象信息。

（2）V$DICT_CACHE，显示字典缓存信息。

▶2.4.3　排序缓冲区

排序缓冲区提供数据排序所需要的内存空间。当用户执行的SQL语句进行排序操作时，所使用的内存就是排序缓冲区提供的。

达梦数据库在配置文件dm.ini中提供了设置排序缓冲区的大小的参数SORT_BUF_SIZE，该值由系统内部排序算法和排序数据结构决定，默认值为20MB，有效值范围为1～2048。

▶2.4.4　哈希缓冲区

达梦数据库提供了为哈希连接而设定的缓冲区，不过系统并没有真正创建特定属于哈希缓冲区的内存，而是在进行哈希连接时，对排序的数据量进行计算。如果计算出的数据量大小超过了哈希缓冲区的大小，则使用达梦数据库创新的外存哈希方式；如果没有超过哈希缓冲区的大小，实际上还是使用内存池来进行哈希操作。

达梦数据库在配置文件dm.ini中提供了参数HJ_BUF_SIZE来进行控制，该参数默认值为50MB。由于该值的大小可能会限制哈希连接的效率，所以建议保持默认值，或设置为更大的值。

此外，达梦数据库还提供了创建哈希表个数的初始化参数，其中，HAGR_HASH_SIZE表示处理聚集函数时创建哈希表的个数，默认值为100000。

达梦数据库

第 3 章

redo 和 undo

redo（重做）和undo（回滚）是数据库中最重要的两部分数据，是保证数据库安全和正常运行的重要机制。了解redo和undo的工作原理，可以让读者更好地理解数据库的运行机制，对数据库的优化和日常运维也有很大的帮助。

3.1 预备知识

为帮助读者更好地学习数据库，首先讲述一些数据库的基础知识。

▶ 3.1.1 检查点

数据库的增删改查操作，以及数据定义等数据字典的操作都是在内存中进行的。由于内存资源有限，数据库通常是把一部分数据页保存在内存中，然后使用LRU（Least Recently Used，最近最少使用）算法进行页面置换，以此来满足数据库的并发访问需求。

内存与磁盘不同，不能持久保存数据，一旦断电或系统崩溃，内存中的数据就会丢失。为了保证数据安全，数据库实例需要将内存中发生变更的数据页（脏页）及时写入磁盘上的数据文件中。检查点就是数据库实例将数据缓冲区中的数据同步到磁盘上的数据文件的数据库事件。

检查点触发的磁盘I/O是计算机系统中非常耗费资源的操作，对系统的性能影响非常大。将检查点的发生频率控制在安全、高效的范围内，对数据库的性能提升具有重要意义。

检查点分为两类。

（1）完全检查点，将数据缓存区中的脏数据页全部刷新到磁盘上的数据文件中。

（2）增量检查点，按照检查点参数的设置，将数据缓存区中的部分脏数据页按顺序刷新到磁盘上。

完全检查点会占用大量的系统资源，通常发生在数据库实例正常关闭时。一般情况下发生的数据库检查点都是增量检查点。

达梦数据库的检查点参数。

（1）CKPT_INTERVAL：检查点发生的时间间隔，单位为秒，默认值为180。即默认值情况下，数据库至少180秒要发生一次检查点。

（2）CKPT_RLOG_SIZE：产生多少日志后触发检查点，单位为MB，默认值为128。

（3）CKPT_FLUSH_RATE：检查点刷新脏数据页的比例，默认值为5，即一次检查点刷新5%的脏数据页到磁盘上。

（4）CKPT_DIRTY_PAGES：产生多少脏数据页后产生检查点，有效值范围为0～4294967294，默认值为0（忽略）。

（5）CKPT_FLUSH_PAGES：一次检查点刷新的最小脏数据页数量。

（6）CKPT_WAIT_PAGES：一次检查点的最大写入页数，默认值为1024。

这些参数是共同发生作用的。

（1）当等待刷新的脏数据页的数量大于CKPT_DIRTY_PAGES（非0）或redo日志产生量达到CKPT_RLOG_SIZE设定的值时，即使距离上次发生检查点的时间间隔不足CKPT_INTERVAL设置的时间，检查点仍然会发生。

（2）当参数CKPT_FLUSH_RATE设定的需要刷新的脏数据页比例的数量大于参数CKPT_WAIT_PAGES设定的最大值时，则实际刷新的脏数据页数量为参数CKPT_WAIT_PAGES设定的页数。

（3）当参数CKPT_FLUSH_RATE设定的需要刷新的脏数据页比例的数量小于参数CKPT_FLUSH_PAGES设定的最小值时，则实际刷新的脏数据页数量为参数CKPT_FLUSH_PAGES设定的页数。

除了系统自动发生的检查点外，也可以手动执行检查点。Oracle数据库手动执行检查点的命令格式为：

```
SQL> alter system checkpoint;
```

达梦数据库的命令为执行检查点系统函数CHECKPOINT(FLUSH_RATE)，其中参数FLUSH_RATE为刷新的脏数据页比例。例如：

```
SQL> checkpoint(10);
```

意思是将数据缓存中10%的脏数据页刷新到磁盘上。

需要注意的是，参数CKPT_WAIT_PAGES限制了刷新脏数据页的最大数量。如果CKPT_WAIT_PAGES默认值为1024，则意味着无论刷新比例多大，一次最多刷新1024个脏数据页。

检查点的信息可以从系统视图V$CKPT中查询，内容如表3-1所示。

表 3-1

列	说　　明
CKPT_RLOG_SIZE	触发检查点的日志大小
CKPT_DIRTY_PAGES	脏页的数量。产生多少脏页后，才强制产生检查点
CKPT_INTERVAL	系统强制产生检查点的时间间隔(秒)
CKPT_FLUSH_RATE	每次检查点脏页的刷盘比例
CKPT_FLUSH_PAGES	每次检查点至少刷盘的脏页数
LAST_BEGIN_TIME	最近一次执行的开始时间
LAST_END_TIME	最近一次执行的结束时间
CKPT_LSN	最近一次检查点LSN
CKPT_FILE	最近一次检查点对应的当时的文件号
CKPT_OFFSET	最近一次检查点对应的当时的文件偏移
STATE	检查点状态，只有2种，0：NONE，其他：PROCESSING
CKPT_TOTAL_COUNT	检查点已做的个数
CKPT_RESERVE_COUNT	预先申请日志空间的次数
CKPT_FLUSHED_PAGES	检查点已刷页的个数
CKPT_TIME_USED	检查点从开始到结束经历的时间

3.1.2　事务

数据库事务的作用是将数据库从一个一致状态转移到另一个一致状态。例如，A和B两个账户的钱分别是200元、100元，从A账户转100元到B账户。在转账操作成功前，A、B账户的金额分别是200元、100元；转账操作成功后，A、B账户的金额分别是100元、200元。这两种状态的账是平的（数据一致）。具体操作分步：①A账户扣除100元；②B账户增加100元。只有这两步操作都执行成功，转账才算成功。如果出现A账户少了，而B账户没有增加，或者A账户没有减少，而B账户增加了，账目就出现了问题，数据处于不一致状态。

事务中包含的操作可以有多个，为了保证数据库的状态是一致的，只有这些操作全部成功，数据库才能转移到新的一致状态。如果有一个步骤失败了，数据库就回退到事务开始前的一致状态。

事务的特点如下。

（1）原子性（atomicity）：一个事务里面所有包含的SQL语句都是一个整体，要么不做，要么都做。

（2）一致性（consistency）：事务开始时，数据库中的数据是一致的，事务结束时，数据库中的数据也应该是一致的。

（3）隔离性（isolation）：数据库允许多个并发事务同时对其中的数据进行读写和修改，隔离性可以防止事务在并发执行时，由于它们的操作命令交叉执行而导致的数据不一致状态。

（4）持久性（durability）：事务结束后，它对数据库的影响是永久的。

提交事务的操作为commit，对执行失败或未执行完的事务进行回退的操作为rollback。

3.1.3　rowid

数据库表中的每一行数据都有一个唯一的地址值，称为rowid，该值在行数据插入到数据库表时即被确定且唯一。数据库对数据记录的很多操作都是通过rowid来完成的，而且使用rowid进行单行记录定位的速度是最快的。

达梦数据库的rowid分两种。

（1）逻辑rowid，对表中的每条记录生成的逻辑编号，从1开始递增，而且需要额外的存储空间来存放。

（2）物理rowid，根据数据记录所在的数据文件号、页号和页内偏移得到rowid值，无须存放。

逻辑rowid只在数据表中是唯一的。物理rowid包含数据文件、数据页的信息，因此在整个数据库中都是唯一的，定位数据记录的速度要快于逻辑rowid。

3.1.4　LSN

LSN（Log Sequence Number）是由系统自动维护的Bigint类型数值，具有自动递增、全局唯一特性，每个LSN值代表着数据库系统内部产生的一个物理事务。物理事务（physical transaction, ptx）是数据库内部一系列修改物理数据页操作的集合，与数据库管理系统中事务（transaction）概念相对应，具有原子性、有序性、无法撤销等特性。主要包括以下几种类型的LSN。

（1）CUR_LSN是系统已经分配的最大LSN值。物理事务提交时，系统会为其分配一个唯一的LSN值，大小等于CUR_LSN+1，然后再修改CUR_LSN=CUR_LSN+1。

（2）FLUSH_LSN是已经发起日志刷盘请求，但还没有真正写入联机redo日志文件的最大LSN值。

（3）FILE_LSN是已经写入联机redo日志文件的最大LSN值。每次将redo日志包RLOG_PKG写入联机redo日志文件后，都要修改FILE_LSN值。

（4）CKPT_LSN是检查点LSN，所有LSN <= CKPT_LSN的物理事务修改的数据页都已经从Buffer缓冲区写入磁盘，CKPT_LSN由检查点线程负责调整。

通过系统视图V$RLOG可以查询到LSN的信息。

3.1.5 SCN

SCN（System Change Number，系统改变号）可以看作数据库内部的时钟机制，用来维护数据库的一致性。

达梦数据库提供了时间和SCN的转换函数。

（1）TIMESTAMP_TO_SCN，将时间转换为数据库的SCN，例如：

```
SQL> select timestamp_to_scn('2022-09-18');
行号       TIMESTAMP_TO_SCN('2022-09-18')
1          134715801600
```

（2）SCN_TO_TIMESTAMP，将SCN转换为时间，例如：

```
SQL> select scn_to_timestamp('134715801600');
行号       SCN_TO_TIMESTAMP('134715801600')
1          2022-09-18 00:00:00.000000
```

3.1.6 归档

归档是将redo日志的内容进行复制，保存到另一个路径下。归档日志和数据库备份结合可以在数据库发生介质损坏时进行数据库完全恢复，也可以用来实现按时间点恢复（将数据库恢复到归档日志范围内的指定时刻）。生产系统的数据库通常运行在归档模式下。

3.1.7 实例恢复

数据库实例遇到断电等意外故障导致重启时，会根据联机日志中的redo记录将实例恢复到故障前的状态，然后再使用undo中的信息将未提交的事务回滚。这样数据库实例就恢复到故障前的一致性状态了。

3.2　redo

redo是数据库的安全机制，也是保障数据库稳定运行的重要手段。

3.2.1　redo 的作用

数据库的insert、delete、update等DML操作，以及创建表、索引、表空间等DDL操作最终都会转换为物理文件的改变。redo日志记录了数据库发生的所有物理变化。当服务器发生断电或其他故障，导致系统崩溃，数据库实例意外中止时，内存中没有写入数据文件的数据就会丢失。这时只要redo日志写入了联机日志文件，数据库实例重启时，就可以根据联机日志中的redo日志将数据库恢复到系统崩溃前的状态。

为了减少磁盘I/O，redo日志产生后并不会被立即写入联机日志文件，而是先存放在日志缓冲区内，然后刷新到磁盘上的日志文件中。redo日志的刷新机制与数据缓冲区的检查点不同，每个事务的提交（commit）都会触发日志缓冲区的刷新，因此redo日志的刷新频率远高于数据文件的写入。

redo日志文件中日志记录增加到参数CKPT_RLOG_SIZE设定的大小时，就会触发检查点，将脏数据页写入数据文件。redo日志文件写满后，会切换到下一个日志文件。

系统视图V$RLOGFILE可以查询到全部联机日志文件的文件id、物理路径、文件大小等信息。

系统视图V$RLOG可以查询到redo日志刷新的信息，其中CUR_FILE字段显示当前使用的日志文件id。

3.2.2　redo 设置

redo的设置对数据库的运行性能影响非常大，但在创建数据库时很多DBA往往只关注内存参数的设置，而忽视了redo的设置。

1. 达梦数据库的 redo 机制

达梦数据库的联机日志文件有多个，一个日志文件写满后，随即切换到另一个。数据库运行过程中产生的待写入日志首先写入redo日志包RLOG_PKG，当日志刷盘时一起写入联机日志文件中。在联机日志文件中，可以覆盖写入redo日志的文件长度为可用日志空间，系统故障重启时进行实例恢复需要的redo日志称为有效日志。为了保证数据库实例的安全，有效日志是不能被覆盖的（相当于Oracle数据库的redo文件处于active状态），其LSN取值范围是(CKPT_LSN,FILE_LSN]。当所有的联机日志文件都不能被使用时，就意味着redo日志空间写满了。

达梦数据库的日志空间一旦写满，运行日志会出现提示："Redo log try flush over space""日志环被冲破"。此时的数据库无法正常运行，需要重启实例才能恢复。

针对联机日志文件空间写满的情况，达梦提供了两个控制参数。

（1）RLOG_CHECK_SPACE：是否检查日志空间，取值范围为0、1。1表示日志刷盘时，检查日志空间是否溢出，是则生成错误日志并强制退出，以确保数据文件不被破坏。0表示不检查日志空间是否溢出。默认值为1。

（2）RLOG_SAFE_SPACE：安全的可用日志空间大小，有效值范围为0～1024，默认值为128（MB）。当系统的可用日志空间小于这个值时，会触发检查点刷新数据缓冲区中的脏数据页，释放相应的日志空间。

达梦数据库默认安装后会创建两个联机日志文件，默认大小为256MB，全部联机日志容量只有512MB，这个设置显然是有些保守。增大联机日志空间的方法有两个：增大联机日志文件大小，增加联机日志文件数量。在同样大小的日志空间的情况下，日志文件数量多一些效果会更好。联机日志文件至少应该有三个，日志空间至少为4GB。

除了增加联机日志空间容量，及时触发检查点，释放日志空间也是非常有效的手段。数据变更非常频繁的系统可以根据实际业务情况修改以下的检查点参数。

（1）CKPT_INTERVAL，检查点间隔时间，默认值为180秒。

（2）CKPT_FLUSH_RATE，检查点刷新比例，默认值为5（%）。

（3）CKPT_FLUSH_PAGES，检查点最小刷新页数，默认值为1000。

（4）CKPT_WAIT_PAGES，检查点最大刷新页数，默认值为1024。

（5）CKPT_DIRTY_PAGES，触发检查点的脏数据页数量，默认值为0（不启用）。

（6）CKPT_RLOG_SIZE，触发检查点的日志文件增加量，默认值为128（MB）。

（7）RLOG_SAFE_SPACE，可用日志空间安全值，默认值为128（MB）。

检查点参数的设置对系统性能影响很大，修改要慎重。

2. redo 文件操作

达梦数据库的redo日志文件与Oracle数据库的有所不同，只能增加不能删除，只能增大不能减小。

增加日志的操作命令如下：

```
SQL> alter database add logfile '/dm/data/DAMENG/DAMENG05.log' size 32;
```

注意 redo文件至少要包含4096页，如果页面大小为8KB，则文件最小为32MB。

增大日志的操作：

```
SQL> alter database resize logfile '/dm/data/DAMENG/DAMENG05.log' to 64;
```

Oracle数据库可以手动切换日志：

```
SQL> alter system switch logfie;
```

但达梦数据库的联机日志文件只能写满后切换，Oracle数据库的切换语句在达梦数据库也可以执行，但切换的是归档日志。

也可以在管理工具manager中添加、修改日志文件。

右击数据库连接，在弹出的快捷菜单中选择"管理服务器"选项，如图3-1所示。

进入图3-2所示的"管理服务器"界面，选择"日志文件"选项。在打开的页面中可以直接修改文件大小，也可以单击"添加"按钮，增加日志文件。

图 3-1　　　　　　　　　　　　　　　　　　　　图 3-2

3. commit

commit（提交）操作会将日志缓冲区中的redo信息刷新到联机日志文件中，从而保证事务数据的安全。

及时提交事务可以保证数据安全，但频繁地刷新日志缓冲区产生的大量磁盘I/O对数据库性能的影响也非常大。示例如下：

```
SQL> truncate table t1;
SQL> begin
2   for i in 1..1000000 loop
3   insert into t1 values(i);
4   commit;
5   end loop;
6   end;
7   /
DMSQL 过程已成功完成
已用时间: 00:01:52.133, 执行号:908
SQL> select count(*) from t1;
行号          COUNT(*)
1           1000000
已用时间: 214.882(毫秒), 执行号:909
```

由上述操作可知，向表t1插入100万条数据，每次插入一条数据后进行一次提交操作，执行时间为1分52秒。

如果在插入全部数据完成后再提交，看看效率如何。

```
SQL> truncate table t1;
SQL> begin
2     for i in 1..1000000 loop
3     insert into t1 values(i);
4     end loop;
5     commit;
6     end;
7     /
DMSQL 过程已成功完成
已用时间: 00:00:05.840, 执行号:911
SQL> select count(*) from t1;
行号          COUNT(*)
1           1000000
已用时间: 190.865(毫秒), 执行号:912
```

可以看到，100万条数据全部插入完成后再执行提交，只用了不到6秒，执行效率非常高。

两次操作产生这么大差距的原因在于第二次操作发挥了日志缓冲区的缓冲作用，极大地减少了磁盘I/O。

4. nologging

Oracle数据库通过将表设置为nologging模式，使用append（直接路径加载，hwm高水位线上插入）的方式可以减少redo日志的产生，提高大数据量插入的速度。

达梦数据库也提供了这样的功能，使用方法与Oracle数据库一致。如果是非归档方式下，可以直接使用append，无须将表设置为nologging模式。

注意，append方式只对批量插入方式有效，常规的单条记录插入无效。此外，append方式插入的数据因为缺少redo信息，在进行备份恢复时会无法恢复数据。因此，批量插入完成后要视情况及时进行数据备份。

5. 归档模式

归档模式是数据库的一种运行模式。达梦数据库在归档模式下会将redo日志写入联机日志文件后，再写入归档日志文件。

由于日志归档比写入联机日志文件要延迟很多，因此达梦数据库的日志缓冲区的RLOG_BUF_SIZE和日志缓冲池RLOG_POOL_SIZE要比Oracle数据库的日志缓冲区log_buffer大很多，就是在等待归档的完成。

查询数据库是否处于归档模式的命令：

```
SQL> select arch_mode from v$database;
```

也可以在manager管理工具中，右击数据库连接，如图3-3所示，在弹出的快捷菜单中选择"管理服务器"选项。

如图3-4所示，在"系统概览"页面查看"归档模式"。

图 3-3

图 3-4

开启归档的方法很简单，如图3-5所示，在"管理服务器"页面选择"系统管理"选项，然后选中"配置"单选按钮。

图 3-5

单击"转换"按钮，进入配置状态。选择"归档配置"选项，进入配置页面，如图3-6所示。选中"归档"单选按钮，配置归档路径、归档文件大小、归档空间限制等参数，单击"确定"按钮完成操作。

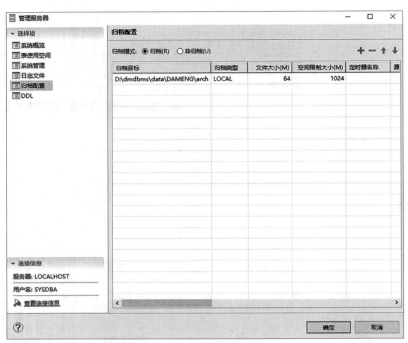

图 3-6

回到"系统管理"页面，选中"打开"单选按钮，单击"转换"按钮，如图3-7所示。

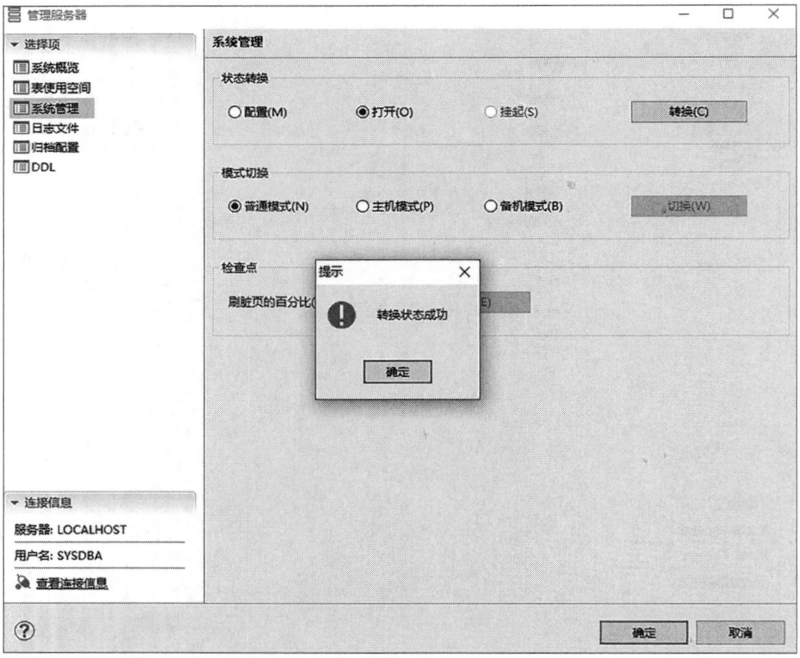

图 3-7

归档模式设置完成后，可以在系统视图V\$DATABASE中查询归档模式字段（ARCH_MODE），如图3-8所示。

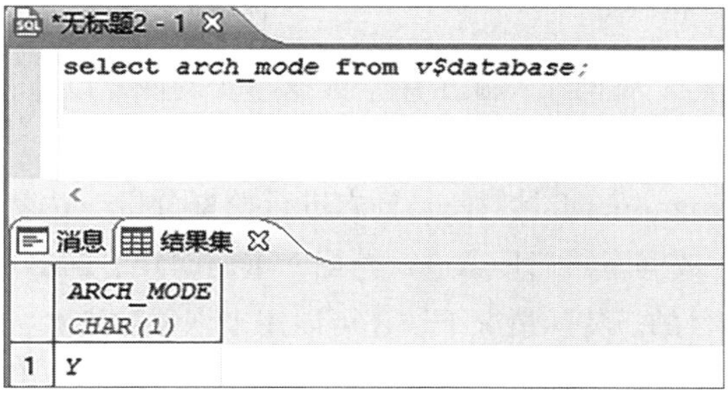

图 3-8

也可以直接编辑配置文件dm.ini，修改参数ARCH_INI=1。

然后在配置文件dm.ini的路径下手动创建dmarch.ini文件，输入参数值。例如：

（1）ARCH_TYPE = LOCAL #本地归档。

（2）ARCH_DEST = E:/dmdbms/dmarch #归档路径。

（3）ARCH_FILE_SIZE = 128 #归档日志文件大小（MB）。

（4）ARCH_SPACE_LIMIT = 1024 #归档空间大小限制（MB）。

重启数据库实例后，数据库即进入归档模式运行。

还可以像Oracle数据库一样，使用disql工具，执行归档命令。

（1）修改数据库状态为MOUNT。

```
SQL> ALTER DATABASE MOUNT;
```

（2）配置本地归档参数。

```
SQL> ALTER DATABASE ADD ARCHIVELOG 'DEST = E:/dmdbms/dmarch, TYPE = local,
FILE_SIZE = 128, SPACE_LIMIT = 1024';
```

（3）开启归档模式。

```
SQL> ALTER DATABASE ARCHIVELOG;
```

（4）打开数据库。

```
SQL> ALTER DATABASE OPEN;
```

正常情况下，归档日志文件写满后系统自动切换，生成新的归档文件。实例重启时会发生归档切换。也可以手动执行命令切换，命令有三个。

```
SQL> alter system switch logfile;
SQL> alter system archive log current;
SQL> alter database archive log current;
```

关于归档日志文件大小的设置，建议不大于联机日志文件，最好是联机日志文件大小的一半，切换间隔时间太长不利于归档日志备份。

6. 日志挖掘

redo日志记录数据库的变更操作，除了用于数据库实例恢复以外，也可以用来进行日志挖掘，从中获取有用的信息。

Oracle数据库提供了logminer工具对redo日志进行挖掘分析。达梦数据库也提供了DBMS_LOGMNR包，可以方便对数据库归档日志进行挖掘，重构DDL、DML和DCL等操作，从而达到审计及跟踪数据库操作的目的。特殊情况下，还可以用来恢复被删除、修改的数据。

与Oracle数据库不同，达梦数据库的DBMS_LOGMNR只能对归档日志进行挖掘。所以，进行日志挖掘要先将数据库设置为归档模式。

redo日志记录了数据库的物理变化，信息非常精简，很多不必要的信息被省略了，这样挖掘出来的信息可读性较差。Oracle数据库采取的措施是补充日志，增加redo记录的内容。

达梦数据库的日志挖掘的思路与Oracle数据库一致，参数RLOG_APPEND_LOGIC用来控制在日志中记录逻辑操作，增加redo记录的信息。

RLOG_APPEND_LOGIC参数设置说明如下：

- 0：不启用。
- 1：如果有主键列，记录update和delete操作时只包含主键列信息，若没有主键列则包含所有列信息。
- 2：不论是否有主键列，记录update和delete操作时都包含所有列的信息。
- 3：记录update时包含更新列的信息以及rowid，记录delete时只有rowid。

从记录信息来看，参数3记录的信息最少，2最多。

日志挖掘过程步骤如下。

（1）添加归档日志文件。

```
SQL> dbms_logmnr.add_logfile('dm/data/DAMENG/arch/ARCHIVE_LOCAL1_0x74387489_
EP0_2022-10-10_20-35-41.log');
```

可以添加多个日志文件，从系统视图V$LOGMNR_LOGS可以查看当前会话添加的日志文件信息。

（2）开始日志挖掘。

```
SQL> dbms_logmnr.start_logmnr(options=>2130);
```

OPTIONS参数包括如表3-2所示的可选模式，各模式可以通过相加进行组合。例如，组合全部模式，则取值2+16+64+2048=2130，那么OPTIONS的值就是2130。

表 3-2

选项	对应值	说明
COMMITTED_DATA_ONLY	2	仅从已交的事务日志中挖掘信息
DICT_FROM_ONLINE_CATALOG	16	使用在线字典
NO_SQL_DELIMITER	64	拼写的SQL语句最后不添加分隔符
NO_ROWID_IN_STMT	2048	拼写的SQL语句中不包含rowid

如果只想挖掘部分时间段内的日志信息，可以增加参数starttime、endtime，例如：

```
SQL> dbms_logmnr.start_logmnr(options=>2130,starttime=>'2022-10-9 18:00',
endtime=>'2022-10-9 22');
```

（3）查看日志挖掘结果。

当前会话通过系统视图V\$LOGMNR_CONTENTS查看日志挖掘结果。其中，scn、timestamp两个字段记录了操作的scn、时间，user字段记录了执行操作的用户，seg_owner、table_name两个字段记录了表所属的模式、表名，sql_redo记录了操作的SQL语句，sql_undo目前还未实现，实现后会记录反操作的SQL语句。

V\$LOGMNR_CONTENTS只能供当前会话查询，会话结束内容消失。如果想保存挖掘结果可以将视图内容转存到物理表中：

```
SQL> create table logmnr_contents as select * from v$logmnr_contents;
```

（4）关闭日志挖掘。

```
SQL> DBMS_LOGMNR.END_LOGMNR();
```

▶ 3.2.3　其他数据库的 redo 机制

不同数据库的redo机制差别很大，也体现出不同的技术风格。

1. SQL Server

SQL Server的日志文件就一组，虽然也可以增加多个，但逻辑上还是相当于一个文件。而且，SQL Server的日志文件还担负着undo的功能。

在简单恢复模式下，SQL Server的日志文件在事务结束后会自动将该事务产生的日志信息"截断"，占用的空间可以重复使用。因此日志文件不需要很大，一般也不会增长。

在完全恢复模式下，为了保证数据库可以恢复到备份期间的任意时刻，SQL Server的日志文件中的日志信息会一直保存，直到日志文件做了备份才会重新利用原来的存储空间（仅做数据文件备份不行）。因此，日志文件比简单模式下要大很多。而且SQL Server的数据库备份只是备份数据文件，这一点要注意。为了防止日志文件增长过大，一定要定期备份日志文件。

SQL Server还有一种大容量日志恢复模式。这种模式在大量数据导入（bulk insert）时会通过使用最小方式记录操作，减少日志空间使用量，可以大幅提升数据导入的速度，并可以防止日志文件快速增长。bulk操作结束后恢复到完全恢复模式。

2. MySQL 8.0

MySQL 8.0的ib_logfile和binlog都是MySQL的日志，但这两者的作用是不一样的。

ib_logfile记录着数据库的物理变化，默认是两个，重复切换使用，跟达梦数据库的redo的作用是一样的，主要是用来做实例恢复。参数innodb_log_files_in_group控制事务日志文件数量。参数innodb_log_file_size控制事务日志ib_logfile的大小，范围为5MB～4GB。所有事务日志大小加起来不能超过4GB。

binlog是MySQL的二进制日志，跟达梦数据库的归档日志非常相似。

binlog默认大小为1GB（最大也是1GB），不会重用，写满了（或重启）会自动再创建一个新的文件，是一个实时写入的归档日志文件，内容为数据库的逻辑变化（SQL语句）记录。

可以通过命令来查看binlog中记录的内容：

```
mysql> show binlog events in 'binlog.000002'\G;
```

也可以生成文件：

```
mysqlbinlog --start-datetime="2022-03-16 09:20:00" --stop-datetime="2022-03-16 09:34:00" binlog.000002 > /bak/rec.sql
```

3. Oracle 数据库的 redo 机制

Oracle数据库的redo日志文件有四种状态。

（1）UNUSED状态是从未被使用的日志组，新添加或重新创建的日志组也是这个状态。

（2）CURRENT状态为LGWR进程正把redo log buffer的日志写入的日志组，也就是正在使用的redo文件。

（3）ACTIVE为刚刚完成日志切换后的状态，此时该日志组中记录的发生改变的数据块还没有完全从DB buffer cache写入到数据文件中，因此该日志组还不能被覆盖，等到相应的脏数据页完全写入数据文件后，才能变为INACTIVE状态。所以如果此刻发生数据库崩溃（crash），该日志组是实例恢复必需的日志组。

（4）INACTIVE状态表示日志组中记录的发生改变的数据块已经全部写入到数据文件中，可以被覆盖。

redo日志组切换会触发增量检查点（check point），督促DBWR进程将DB buffer cache中发生变化的数据块写入数据文件中。

Oracle数据库生成的redo日志信息在写入redo日志文件之前存放在log_buffer（日志缓冲区）中，由LGWR进程负责写入日志文件。

redo文件过小会导致日志文件很快被写满，发生频繁切换。而日志文件切换会触发增量检查点和日志归档，导致磁盘I/O增加，从而影响数据库性能。严重时alert文件中会出现check point not complete（检查点未完成）的警告信息，在数据库中体现为等待事件log file switch（check point incomplete）。此时所有的非当前日志文件都处于active状态（不能被覆盖），导致日志无法切换，log_buffer中的日志记录无法写入日志文件中，此时数据库会处于停顿（suspend）状态，等待检查点完成。当切换日志文件转为inactive状态，日志文件切换完成后数据库才能恢复正常运行。

Oracle数据库早期版本中redo日志文件默认大小为50MB，10g版本增加到100MB，但到了11g又降到了50MB，19C版的redo日志文件默认安装的大小是200MB。看来Oracle数据库对redo文件大小的设置也一直很纠结。

3.3 undo

undo是数据库中最关键的部分，它的效率直接影响到数据库的性能。

3.3.1 undo 的工作机制

很多初学者对undo机制不了解，想当然地以为在变更数据时会先把数据保存在内存中，提交（commit）后再把内存中的数据写入数据文件。这种理解是错误的。

undo中存放着数据变更前的镜像，当事务执行失败或者需要回退（rollback）时，数据库就从undo中获取数据前镜像将数据恢复到原来的一致状态。

任何数据变更都是直接写数据文件（严格说起来是先写入buffer中的数据块，然后由检查点在适当的时候写入磁盘），事务回退时使用undo中数据重新恢复数据。

与commit相比，rollback操作是更耗费资源的操作。为什么在commit前就把数据写入数据文件呢？为何不把数据先写入一个缓存中，commit后再写入数据文件，rollback时原来的数据没有发生变化，就不用恢复了，这样岂不更省事？

这时直接写数据文件效率更高，因为发生rollback操作的概率远远小于commit操作，即大部分事务都会成功执行，失败的只是少数。

3.3.2 一致性读

undo的作用除了回滚事务（rollback transaction）和实例恢复（instance recovery）之外，还有一个重要作用就是提供一致性读。下面通过一致性读的过程来了解undo的机制。一致性读分以下两种情况。

（1）事务尚未提交。

事务的隔离性不允许发生脏读（未提交的数据被其他会话读取）。因此，其他会话在查询到这些包含未提交事务的数据块时，数据库会根据保存在数据块头部的未提交事务的id去undo中获取相应的前镜像数据，然后构造出一个数据变更前的数据块，供其他会话读取。

（2）事务已经提交。

如果在数据查询过程中发生了事务提交，当查询到这些已提交的数据时，数据库仍然会根据undo信息构造包含原来信息的数据块。这样就保证了查询到的数据是查询开始时刻的一致性数据。

例如，T0时刻，会话A对表t发起查询。T1时刻，会话B对表t提交事务。T2时刻，会话A查询到表t中被会话B更改的数据块，数据库根据数据块头部的SCN判断出此时的数据块为T1时刻提交，晚于T0时刻（不一致）。这时数据库就会去undo中寻找该数据块满足T0时刻（等于或早于T0的最近时刻）的前镜像数据构造变更前的块，从而完成一致性读。如果undo中没有满足该数据块T0时刻的undo数据，达梦数据库就会报错：回滚记录版本太旧，无法获取用户记录。Oracle数据库相应的报错信息为ORA-01555（snapshot too old，快照太旧）。

找不到undo信息的原因就是undo中的数据因时间久远被覆盖，导致一致性读无法构造包含原来信息的数据块。如果报错发生频繁，可以考虑适当增大undo表空间，也可以增大参数undo_ retention（undo数据保留时间，默认为90秒）。

▶ 3.3.3　truncate

针对不同的数据变更操作，undo会保存不同的信息。对于insert操作，undo保存新插入行记录的rowid，rollback时根据rowid即可删除掉该记录。对于update操作，undo只记录被更新的字段的前镜像（旧值），rollback时通过旧值覆盖新值即可。对于delete操作，undo则会记录整行的数据，rollback时通过反向操作即可恢复删除的记录。因此，insert产生的undo数据最少，update居中，delete最多。

在整表删除数据时，推荐用户使用truncate（截断）。truncate是DDL操作，通过直接释放表空间的方式删除数据，不产生undo数据，不能回退（rollback），redo数据也产生的非常少（系统的数据字典中会记录分配的存储空间的改变），执行效率很高，对系统的影响也非常小。因此，如果是整表数据删除，建议用户尽可能使用truncate操作，举例如下。

```
SQL> select count(*) from t1;
行号        COUNT(*)
1         10000000
```

使用常规的delete命令删除表t1中的全部数据记录：

```
SQL> delete from t1;
影响行数 10000000
已用时间: 00:00:29.708, 执行号:604
```

回退操作，恢复所有数据：

```
SQL> rollback;
操作已执行
已用时间: 00:00:24.986, 执行号:605
```

截断表t1：

```
SQL> truncate table t1;
操作已执行
已用时间: 25.892(毫秒), 执行号:606
SQL> select count(*) from t1;
行号        COUNT(*)
1         0
```

可以看到，1000万条记录的表全表常规删除操作耗费了近30秒，而使用truncate只需约26毫秒。

▶ 3.3.4 闪回查询

undo中记录了数据变更前的值，如果误删除、修改了数据，能否用undo中的数据进行恢复呢？答案是肯定的，这就是闪回技术。

闪回技术主要是通过回滚段存储的undo记录来完成数据的还原。设置ENABLE_FLASHBACK为1后，开启闪回功能。达梦数据库会保留回滚段一段时间，回滚段保留的时间代表着可以闪回的时间长度，由UNDO_RETENTION参数决定。

开启闪回功能后，达梦数据库会在内存中记录下每个事务的起始时间和提交时间。通过用户指定的时刻，查询到该时刻的LSN，结合当前记录和回滚段中的undo记录，就可以还原出特定LSN的记录。

闪回查询功能完全依赖于回滚段管理，对于drop、truncate等没有产生undo的操作则不能恢复。测试如下。

因为达梦数据库的undo数据保留时间较短，undo_retention默认为90秒。因此，需要将保留时间设置长一些。本次测试将undo_retention设置为1200秒。

```
SQL> alter system set 'undo_retention'=1200 both;
```

此外，还需先将ENABLE_FLASHBACK设置为1：

```
SQL> alter system set 'enable_flashback'=1 both;
```

（1）闪回查询insert之前的数据。
查看当前时间：

```
SQL> select sysdate;
行号        SYSDATE
1         2022-10-11 20:10:18
```

查看表t1当前数据记录：

```
SQL> select * from t1;
行号        ID
1         1
2         2
3         3
```

向表t1插入一条记录，并提交：

```
SQL> insert into t1 values(4)
影响行数 1
SQL> commit;
```

查看表t1中当前的数据记录：

```
SQL> select * from t1;
行号          ID
1            1
2            2
3            3
4            4
```

闪回查询表t1在2022-10-11 20:10:20时刻的数据：

```
SQL> select * from t1 when timestamp '2022-10-11 20:10:20';
行号          ID
1            1
2            2
3            3
```

（2）闪回查询delete的数据。

```
SQL> select sysdate;
行号          SYSDATE
1            2022-10-11 20:13:21
SQL> select * from t1;
行号          ID
1            1
2            2
3            3
4            4
```

删除表t1中部分数据，并提交：

```
SQL> delete from t1 where id<3;
影响行数 2
SQL> commit;
操作已执行
```

查看表t1当前数据记录：

```
SQL> select * from t1;
行号          ID
1            3
2            4
```

闪回查询表t1在2022-10-11 20:13:22时刻的数据记录：

```
SQL> select * from t1 when timestamp '2022-10-11 20:13:22';
行号          ID
1           1
2           2
3           3
4           4
```

（3）闪回查询update的数据。

```
SQL> select sysdate;
行号          SYSDATE
1           2022-10-11 20:15:40
```

查看表t1当前时刻的数据记录：

```
SQL> select * from t1;
行号          ID
1           3
2           4
```

更改部分数据，并提交：

```
SQL> update t1 set id=20 where id=3;
影响行数 1
SQL> commit;
```

查看表t1当前数据记录：

```
SQL> select * from t1;
行号          ID
1           20
2           4
```

闪回查询表t1在2022-10-11 20:15:41时刻的数据：

```
SQL> select * from t1 when timestamp '2022-10-11 20:15:41';
行号          ID
1           3
2           4
```

注意　达梦数据库的闪回查询距离数据变更的时间不能超过参数undo_retention的限制，否则就无法闪回了。

第 **4** 章
用户管理

  数据库用户是用来连接和操作数据库的账号。数据库通过账号对用户在数据库中的访问活动进行身份验证和安全控制。

  达梦数据库在安装完成后默认会创建数据库管理员账号SYSDBA、数据库安全员账号SYSSSO和数据库审计员账号SYSAUDITOR，其默认口令与用户名一致。达梦数据库安全版本新增数据库对象操作员账户SYSDBO，其默认口令为SYSDBO。

4.1 创建用户

创建用户需要有create user的权限，一般都是由数据库管理员（DBA）负责创建并管理用户。

创建用户所涉及的内容包括为用户指定用户名、认证模式、口令、口令策略、空间限制、只读属性以及资源限制。其中，用户名是代表用户账号的标识符，长度为1～128个字符。用户名可以用双引号括起来，也可以不用，但如果用户名以数字开头，必须用双引号括起来。具体的语法格式如下。

```
CREATE USER <用户名>IDENTIFIED<身份验证模式> [PASSWORD_POLICY <口令策略>][<锁
定子句>][<存储加密密钥>][<空间限制子句>][<只读标志>][<资源限制子句>][<允许 IP 子句>]
[<禁止 IP子句>][<允许时间子句>][<禁止时间子句>][< TABLESPACE 子句>]
    <身份验证模式> ::= <数据库身份验证模式>|<外部身份验证模式>
    <数据库身份验证模式> ::= BY <口令>[<散列选项>]
    <散列选项> ::= HASH WITH [<密码引擎名>.]<散列算法> [<加盐选项>]
    <散列算法> ::= MD5 | SHA1 | SHA224 | SHA256 | SHA384 | SHA512
    <加盐选项> ::= [NO] SALT
    <外部身份验证模式> ::= EXTERNALLY | EXTERNALLY AS <用户 DN>
    <口令策略> ::= 口令策略项的任意组合
    <锁定子句> ::= ACCOUNT LOCK | ACCOUNT UNLOCK
    <存储加密密钥> ::= ENCRYPT BY <口令>
    <空间限制子句> ::= DISKSPACE LIMIT <空间大小>| DISKSPACE UNLIMITED
    <只读标志> ::= READ ONLY | NOT READ ONLY
    <资源限制子句> ::= DROP PROFILE | PROFILE <profile 名> | [LIMIT <资源设置>]
    <资源设置> ::= <资源设置项>{,<资源设置项>} | <资源设置项>{ <资源设置项>}
    <资源设置项> ::= SESSION_PER_USER <参数设置>|CONNECT_IDLE_TIME <参数设置>
|CONNECT_TIME <参数设置>|CPU_PER_CALL <参数设置>|CPU_PER_SESSION <参数设置>
|MEM_SPACE <参数设置>|READ_PER_CALL <参数设置>|READ_PER_SESSION <参数设置>
|FAILED_LOGIN_ATTEMPS <参数设置>|PASSWORD_LIFE_TIME <参数设置>| PASSWORD_
REUSE_TIME <参数设置>|PASSWORD_REUSE_MAX <参数设置>| PASSWORD_LOCK_TIME <参数
设置>| PASSWORD_GRACE_TIME <参数设置>
    <参数设置> ::=<参数值>| UNLIMITED| DEFAULT
    <允许 IP 子句> ::= ALLOW_IP <IP 项>{,<IP 项>}
    <禁止 IP 子句> ::= NOT_ALLOW_IP <IP 项>{,<IP 项>}
    <IP 项> ::= <具体 IP>|<网段>
    <允许时间子句> ::= ALLOW_DATETIME <时间项>{,<时间项>}
    <禁止时间子句> ::= NOT_ALLOW_DATETIME <时间项>{,<时间项>}
    <时间项> ::= <具体时间段> | <规则时间段>
    <具体时间段> ::= <具体日期><具体时间> TO <具体日期><具体时间>
    <规则时间段> ::= <规则时间标志><具体时间> TO <规则时间标志><具体时间>
    <规则时间标志> ::= MON | TUE | WED | THURS | FRI | SAT | SUN
    <TABLESPACE 子句> ::=DEFAULT TABLESPACE <表空间名>
```

参数虽然很多，但常用的并不多，大部分都可以省略（使用默认值）。

例如，创建一个用户名为test、口令为123456789、口令加密采用sha256算法加密，并加盐（口令附加一个随机字符串，保证相同的口令加密后密文不一样），磁盘空间限制在200MB，默认表空间为ts（需要事先创建好）：

```
SQL> create user test identified by 123456789 hash with sha256 salt
diskspace limit 200 default tablespace ts;
操作已执行
已用时间: 12.538(毫秒), 执行号:513
```

达梦数据库的用户名不区分字母大小写，在数据库中统一保存为大写。创建用户时，如果没有指定默认表空间，默认使用MAIN表空间。为方便管理和使用，建议为每个用户创建各自的默认表空间。

需要注意，Oracle数据库限制用户使用存储空间的配额时要指定表空间，例如限定用户test在表空间users的配额为100MB：

```
SQL> alter user test quota 100M on users;
```

而达梦数据库的用户存储空间配额不限定表空间：

```
SQL> alter user test diskspace limit 100;
```

用户口令最长为48B，创建用户语句中的PASSWORD POLICY子句来指定该用户的口令策略，系统支持的口令策略如下。

- 0：无限制，但总长度不得超过48B。
- 1：禁止与用户名相同。
- 2：口令长度需大于等于INI参数PWD_MIN_LEN设置的值。
- 4：至少包含一个大写字母（A～Z）。
- 8：至少包含一个数字（0～9）。
- 16：至少包含一个标点符号（英文输入法状态下，除"和空格外的所有符号）。

口令策略可单独应用，也可组合应用。组合应用时采用策略相加的方式，例子需要应用策略2和4，则设置口令策略为2+4=6即可。

除了在创建用户语句中指定该用户的口令策略，参数PWD_POLICY可以指定系统的默认口令策略，其参数值的设置规则与PASSWORD_POLICY <口令策略>子句一致，默认值为2。

系统管理员可通过查询V$PARAMETER动态视图查询PWD_POLICY的当前值。拥有DBA权限的用户可以使用系统过程SP_SET_PARA_VALUE来配置PWD_POLICY参数值。

例如，将PWD_POLICY设置为8，同时修改文件和内存参数：

```
SQL> SP_SET_PARA_VALUE(1, 'PWD_POLICY',8);
```

PWD_POLICY为动态参数，设置后新参数值立即生效。

资源限制用于限制用户对数据库系统资源的使用，表4-1列出了资源限制所包含的内容。

表 4-1

资源限制项	说　明	最大值	最小值	默认值
SESSION_PER_USER	在一个实例中，一个用户可以同时拥有的会话数量	32768	1	安全版本中默认值为4096；其他版本中默认值为系统所能提供的最大值
CONNECT_TIME	一个会话连接、访问和操作数据库服务器的时间上限（单位：分。若配置了ini参数RESOURCE_FLAG=1，则单位为秒）	1440分或86400秒（1天）	1	无限制
CONNECT_IDLE_TIME	会话最大空闲时间（单位：分。若配置了ini参数RESOURCE_FLAG=1，则单位为秒）	1440分或86400秒（1天）	1	无限制
FAILED_LOGIN_ATTEMPS	将引起一个账户被锁定的连续注册失败的次数	100	1	3
CPU_PER_SESSION	一个会话允许使用的CPU时间上限（单位：秒）	31536000（365天）	1	无限制
CPU_PER_CALL	用户的一个请求能够使用的CPU时间上限（单位：秒）	86400（1天）	1	无限制
READ_PER_SESSION	会话能够读取的总数据页数上限	2147483646	1	无限制
READ_PER_CALL	每个请求能够读取的数据页数	2147483646	1	无限制
MEM_SPACE	会话占有的私有内存空间上限（单位：MB）	2147483647	1	无限制
PASSWORD_LIFE_TIME	一个口令在其终止前可以使用的天数	365	1	无限制
PASSWORD_REUSE_TIME	一个口令在可以重新使用前必须经过的天数	365	1	无限制
PASSWORD_REUSE_MAX	一个口令在可以重新使用前必须改变的次数	32768	1	无限制
PASSWORD_LOCK_TIME	如果超过 FAILED_LOGIN_ATTEMPS设置值，一个账户将被锁定的分钟数	1440（1天）	1	1
PASSWORD_GRACE_TIME	以天为单位的口令过期宽限时间，过期口令超过该期限后，禁止执行除修改口令以外的其他操作	30	1	10

达梦数据库支持在创建和修改用户时指定对用户进行资源限制。

例如，修改用户的失败登录次数限制，如果用户失败的登录次数达到5次，这个用户账号将被锁定：

```
SQL> alter user test limit failed_login_attemps 5;
```

设置用户密码有效期为180天：

```
SQL> alter user test limit password_life_time 180;
```

设置用户口令必须修改5次后才能重复使用：

```
SQL> alter user test limit password_reuse_max 5;
```

安全版本还提供了用户IP地址限制和用户时间段限制。

Oracle数据库限制用户访问IP可以通过sqlnet.ora文件中添加tcp.validnode_checking = yes，tcp.invited_nodes=（允许访问的IP地址）。这样可以限制所有访问数据库实例的IP，但无法实现像MySQL数据库那样限制不同用户使用不同IP地址访问数据库的功能。

达梦数据库在这方面的功能则跟MySQL数据库非常类似，可以在创建用户时限制用户的访问IP地址或网段。allow_ip（允许IP）和not_allow_ip（禁止IP）用于控制此登录是否可以从某个IP访问数据库，其中禁止IP优先。在设置IP时，设置的允许和禁止IP需要用双引号括起来，中间用英文的句号隔开，如"192.168.0.29""192.168.0.30"，也可以利用*来设置网段（MySQL用"%"），如"192.168.0.*"。

设置用户只能通过IP地址为10.133.8.*的网段或10.133.14.31的地址访问数据库：

```
SQL> alter user test allow_ip "10.133.8.*","10.133.14.31";
```

允许时间段和禁止时间段用于控制此登录是否可以在某个时间段访问数据库，其中禁止时间段优先。设置的时间段中的日期和时间要分别用双引号括起来。在设置时间段时，有两种方式。

（1）具体时间段，如2016年1月1日8:30至2016年2月1日17:00。

（2）规则时间段，如每周一的8:30至每周五的17:00。

例如，设置用户访问数据库的时间限制在周一早上8点到周五18点：

```
SQL> alter user test allow_datetime mon "8:00" to fri "18:00";
```

设置用户访问数据库的时间限制在2022-10-1至2022年底：

```
SQL> alter user test allow_datetime "2022-10-1" "8:00" to "2022-12-31" "18:00";
```

如果要取消对用户的IP、时间限制，可以设置为null：

```
SQL> alter user test allow_ip null;
SQL> alter user test allow_datetime null;
```

达梦数据库的manager工具提供图形化创建用户的功能。单击"用户"下拉按钮，右击"管理用户"选项，弹出如图4-1所示的快捷菜单，选择"新建用户"选项。

图 4-1

如图4-2所示，在"新建用户"界面，填写用户名、密码，选择密码策略、表空间等选项。

图 4-2

选择"所属角色"选项，进入"所属角色"页面，如图4-3所示。

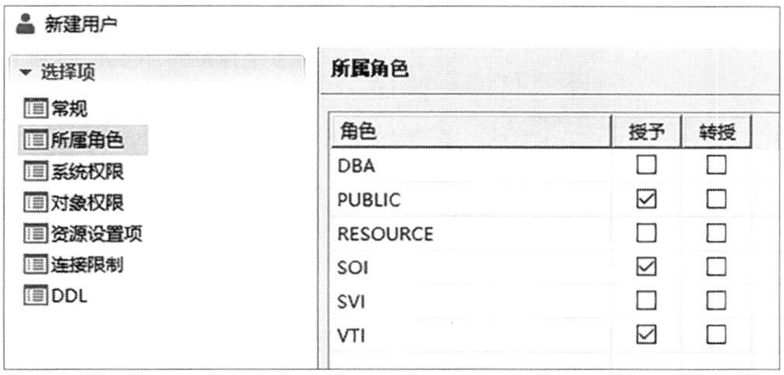

图 4-3

选择好角色后，选择"系统权限"选项，进入"系统权限"页面，如图4-4所示。

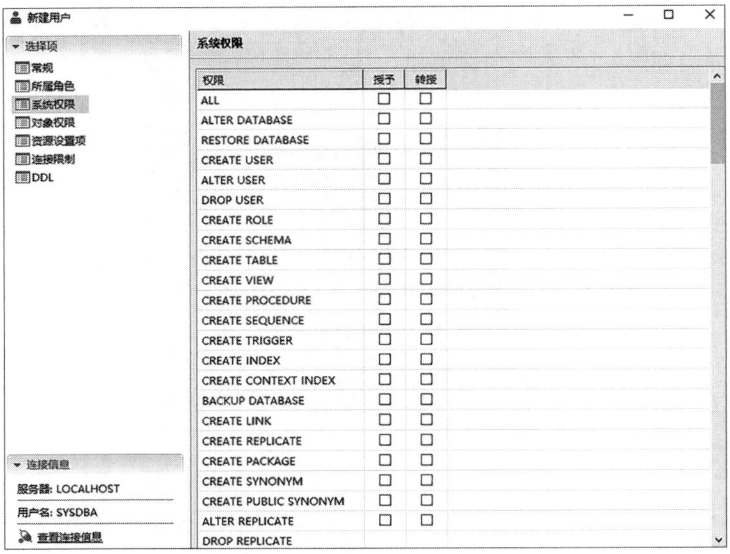

图 4-4

选择"对象权限"选项，进入"对象权限"页面，如图4-5所示。

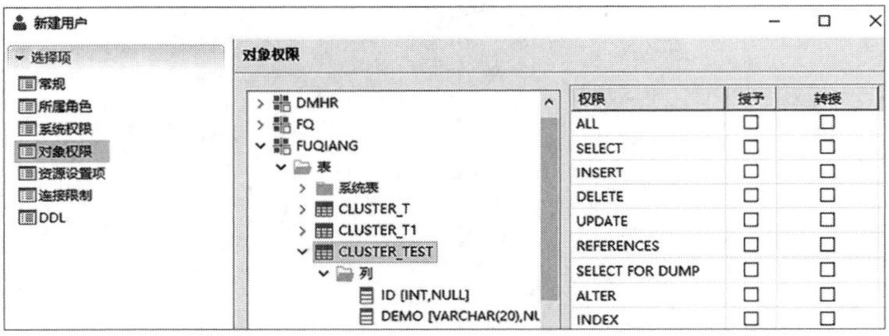

图 4-5

选择"资源设置项"选项，进入"资源设置项"页面，如图4-6所示。

图 4-6

选择"连接限制"选项，进入"连接限制"页面，如图4-7所示。在"连接限制"页面可以添加限制的IP，以及登录时间限制等。

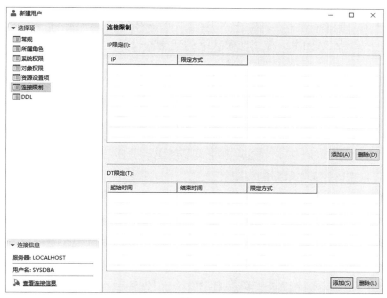

图 4-7

单击"确定"按钮，完成创建。

与命令行方式相比，图形化界面创建用户更加方便，减少了出错，也更加直观，建议用户选择图形化方式创建用户。

达梦数据库创建完成后，默认会创建四个系统用户。

（1）SYS：内置系统管理用户，不能登录数据库，数据库使用的大部分数据字典和动态性能视图就存放在SYS模式下。

（2）SYSDBA：数据库的管理员。

（3）SYSAUDITOR：审计用户。

（4）SYSSSO：安全用户。

查看用户的创建信息和资源限制可以通过视图DBA_USERS和SYSUSERS，两个视图通过字段USER_ID和ID进行关联。

4.2　权限管理

用户权限分为数据库权限和对象权限两类。数据库权限主要是指针对数据库对象的创建、删除、修改，以及对数据库备份等权限。对象权限主要是指对数据库对象中的数据的访问权限。

数据库权限一般由SYSDBA、SYSAUDITOR和SYSSSO用户指定，也可以由具有特权的其他用户授予。对象权限一般由数据库对象的所有者授予用户，也可由SYSDBA用户指定，或者由具有该对象权限的其他用户授权。

▶ 4.2.1　数据库权限

常用的数据库权限如下。

（1）CREATE TABLE，在自己的模式中创建表的权限。

（2）CREATE ANY TABLE，在其他模式下创建表的权限。

（3）CREATE VIEW，在自己的模式中创建视图的权限。

（4）CREATE ANY VIEW，在其他模式下创建视图的权限。

（5）CREATE USER，创建用户的权限。

（6）CREATE TRIGGER，在自己的模式中创建触发器的权限。

（7）CREATE ANY TRIGGER，在其他模式下创建触发器的权限。

（8）ALTER USER，修改用户的权限。

（9）ALTER DATABASE，修改数据库的权限。

（10）CREATE PROCEDURE，在自己模式中创建存储程序的权限。

（11）CREATE ANY PROCEDURE，在其他模式下创建存储过程的权限。

还有一个比较特殊的数据库权限CREATE SESSSION，表示创建会话连接数据库的权限。系统预设的管理员用户都具备此权限，新建用户默认也具备此权限。管理员可根据实际需要回收指定用户的CREATE SESSION权限，以限制该用户连接数据库。

▶ 4.2.2　对象权限

对象权限主要是对数据库对象的访问权限，通常授予需要对某个数据库对象的数据进行操作的数据库用户。

不同类型的数据库对象，其相关的数据库权限也不相同。例如，对于表有CREATE（创建）、INSERT（插入记录）、DELETE（删除记录）、UPDATE（修改记录）、DROP（删除表）、ALTER（改变表）、GRANT（授权其他用户）等权限；对于存储过程，则有CREATE（创建存储过程）、EXECUTE（执行存储过程）、DROP（删除存储过程）、GRANT（向其他用户授权）等权限。

表、视图、触发器、存储程序等对象为模式对象，在默认情况下用户对自己模式下的数据对象拥有全部权限。如果要在其他模式下操作这些类型的对象，需要具有相应的ANY权限。例如，要能够在其他模式下创建表，当前用户必须具有CREATE ANY TABLE数据库权限，如果希望能够在其他模式下删除表，必须具有DROP ANY TABLE数据库权限。其他的还有INSERT ANY TABLE（所有模式下的表插入记录）、DELETE ANY TABLE（所有模式下的表删除记录）、UPDATE ANY TABLE（所有模式下的表更改记录）等数据库权限。

SELECT、INSERT、DELETE和UPDATE等权限分别是针对数据库对象中的数据的查询、插入、删除和修改的权限。对于表和视图来说，删除操作是整行进行的，而查询、插入和修改却可以在一行的某个列上进行，所以在指定权限时，DELETE权限只要指定所要访问的表就可以，而SELECT、INSERT和UPDATE权限还可以进一步指定是对哪个列的权限。

表对象的REFERENCES权限是指可以与一个表建立关联关系的权限，如果具有了这个权限，当前用户就可以通过自己的一个表中的外键，与对方的表建立关联。关联关系是通过主键和外键进行的，所以在授予这个权限时，可以指定表中的列，也可以不指定。

存储程序等对象的EXECUTE权限是指可以执行这些对象的权限。有了这个权限，一个用户就可以执行另一个用户的存储程序、包、类等。

目录对象的READ和WRITE权限指可以读或写访问某个目录对象的权限。

域对象的USAGE权限指可以使用某个域对象的权限。拥有某个域的USAGE权限的用户可以在定义或修改表时为表列声明使用这个域。

一个用户获得另一个用户的某个对象的访问权限后，可以以"模式名.对象名"的形式访问这个数据库对象。一个用户所拥有的对象和可以访问的对象是不同的，这一点在数据字典视图中有所反映。默认情况下用户可以直接访问自己模式中的数据库对象，但是要访问其他用户所拥有的对象时，就必须具有相应的对象权限。

对象权限的授予一般由对象的所有者完成，也可由SYSDBA或具有对象权限且具有转授权限的用户授予，但最好由对象的所有者完成。

▶ 4.2.3　授予权限

1. 数据库权限

数据库权限的授权语句语法如下：

```
GRANT <特权> TO <用户或角色>{,<用户或角色>} [WITH ADMIN OPTION]
<特权> ::= <数据库权限>{,<数据库权限>};
<用户或角色>::= <用户名> | <角色名>
```

使用说明如下：

（1）授权者必须具有对应的数据库权限及其转授权。

（2）接受者必须与授权者用户类型一致。

（3）如果有WITH ADMIN OPTION选项，接受者可以再把这些权限转授给其他用户/角色。

注意：达梦数据库对ANY的数据库权限授予是很慎重的，只有拥有DBA角色的用户才拥有ANY权限。其他用户不能直接被授予ANY权限。直接赋予ANY权限默认是被禁止的，赋予ANY权限时会报错。

查看当前用户：

```
SQL> select user();
行号        USER()
1          SYSDBA
```

授予普通用户test在所有模式下创建表的权限（CREATE ANY TABLE）：

```
SQL> grant create any table to test;
grant create any table to test;
```

第1行附近出现错误[-5567]:授权者没有此授权权限。

由上可知，即使是sysdba用户也不能赋予其他普通用户ANY权限。

如果普通用户需要赋予ANY数据库权限，可以通过授予DBA角色方法来实现，也可以修改参数ENABLE_DDL_ANY_PRIV为1。可以直接在dm.ini文件中修改参数ENABLE_DDL_ANY_PRIV为1；也可以通过系统存储过程修改参数ENABLE_DDL_ANY_PRIV：

```
SQL> sp_set_para_value(1,'ENABLE_DDL_ANY_PRIV',1);
```

或者：

```
SQL> alter SYSTEM set 'ENABLE_DDL_ANY_PRIV'=1 both;
```

这时就可以直接赋予ANY权限了：

```
SQL> grant create any table to test;
操作已执行
```

2. 对象权限

对象权限的授权语句语法如下：

```
GRANT <权限> ON [<对象类型>] <对象> TO <用户或角色>{,<用户或角色>} [WITH GRANT OPTION]
  <权限>::= ALL [PRIVILEGES] | <动作> {,<动作>}
  <动作>::= SELECT[(<列清单>)] |INSERT[(<列清单>)] | UPDATE[(<列清单>)] |
DELETE | REFERENCES[(<列清单>)] | EXECUTE| READ| WRITE| USAGE| INDEX| ALTER
  <列清单>::= <列名> {,<列名>}
  <对象类型>::= TABLE | VIEW | PROCEDURE | PACKAGE | CLASS | TYPE | SEQUENCE
| DIRECTORY | DOMAIN
  <对象> ::= [<模式名>.]<对象名>
  <对象名> ::= <表名> | <视图名> | <存储过程/函数名> |<包名> |<类名> |<类型名> |
<序列名> | <目录名> | <域名>
  <用户或角色>::= <用户名> | <角色名>
```

使用说明如下：

（1）授权者必须是具有对应对象权限以及其转授权的用户。

（2）如未指定对象的<模式名>，模式为授权者所在的模式。DIRECTORY为非模式对象，没有模式。

（3）如设定了对象类型，则该类型必须与对象的实际类型一致，否则会报错。

（4）带WITH GRANT OPTION授予权限给用户时，则接受权限的用户可转授此权限。

（5）不带列清单授权时，如果对象上存在同类型的列权限，会全部自动合并。

（6）对于用户所在的模式的表，用户具有所有权限而不需特别指定。

（7）INDEX动作向其他用户授予指定表的创建和删除索引（包含全文索引）的权限。

（8）ALTER动作仅支持向其他用户授予指定表的修改权限。

例如，授予test1用户访问test2用户下的表t1中的c1、c2字段：

```
SQL> grant select(c1,c2) on test2.t1 to test1;
```

授予test1用户创建存储过程和视图的权限：

```
SQL> grant create procedure,create view to test1;
```

▶ 4.2.4　回收权限

权限的回收语句语法如下：

```
REVOKE [GRANT OPTION FOR] <权限> ON [<对象类型>]<对象> FROM <用户或角色> {,<用户或角色>} [<回收选项>];
    <权限>::= ALL [PRIVILEGES] | <动作> {, <动作>}
    <动作>::= SELECT | INSERT | UPDATE | DELETE | REFERENCES | EXECUTE | READ| WRITE| USAGE| INDEX| ALTER
    <对象类型>::= TABLE | VIEW | PROCEDURE | PACKAGE | CLASS | TYPE | SEQUENCE | DIRECTORY | DOMAIN
    <对象> ::= [<模式名>.]<对象名>
    <对象名> ::= <表名> | <视图名> | <存储过程/函数名> |<包名> |<类名> |<类型名> | <序列名> | <目录名> | <域名>
    <用户或角色>::= <用户名> | <角色名>
    <回收选项> ::= RESTRICT | CASCADE
```

使用说明如下：

（1）权限回收者必须是具有回收相应对象权限以及转授权的用户。

（2）回收时不能带列清单，若对象上存在同类型的列权限，则一并被回收。

（3）使用GRANT OPTION FOR选项的目的是收回用户或角色权限转授的权利，而不回收用户或角色的权限；并且GRANT OPTION FOR选项不能和RESTRICT一起使用，否则会报错。

（4）在回收权限时，设定不同的回收选项，其意义不同。

若不设定回收选项，无法回收授予时带WITH GRANT OPTION的权限，但也不会检查要回收的权限是否存在限制。

若设定为RESTRICT，无法回收授予时带WITH GRANT OPTION的权限，也无法回收存在限制的权限，如角色上的某权限被别的用户用于创建视图等。

若设定为CASCADE，可回收授予时带或不带WITH GRANT OPTION的权限，若带WITH GRANT OPTION还会引起级联回收。利用此选项时也不会检查权限是否存在限制。另外，利用此选项进行级联回收时，若被回收对象上存在另一条路径授予同样权限给该对象时，则仅需回收当前权限。

例如，赋予test用户查询表list_score_t的字段name、score的权限，并允许其转授其他用户：

```
SQL> grant select(name,score) on list_score_t to test with grant option;
```

要收回test转授权限，但仍然保留其查询权限：

```
SQL> revoke grant option for select on list_score_t from test;
```

虽然授权时限制了字段，但收回权限时必须整表收回，如果收回时指定字段会报错：

```
SQL> revoke grant option for select(name,score) on list_score_t from test;
revoke grant option for select(name,score) on list_score_t from test;
```

第1行附近出现错误[-5658]:只能从整个表或视图操作而不能按列操作。
整表收回：

```
SQL> revoke select on list_score_t from test;
操作已执行
```

另外，如果在授予对象权限时指定with grant option，则回收时需要增加cascade关键字级联回收权限，否则会报错：

```
SQL> grant select on list_score_t to test with grant option;
SQL> revoke select on list_score_t from test;
revoke select on list_score_t from test;
```

第1行附近出现错误[-5582]:回收权限无效。

```
SQL> revoke select on list_score_t from test cascade;
操作已执行
```

cascade代表着级联收回权限。如果test将查询list_score_t的权限转授了其他用户，则级联收回其权限后，它转授给其他用户的权限也同时收回。

如果想保留test的查询权限，但收回其转授以及已经转授给其他用户的权限，可以采用revoke grant option for + cascade的方式：

```
SQL> revoke grant option for select on list_score_t from test cascade;
操作已执行
```

此时test仍然可以查询表list_score_t，但已无法转授，其转授其他用户的权限也被收回。

4.3　角色管理

角色是一组权限的组合，使用角色的目的是使权限管理更加方便。假设有10个用户，这些用户需要拥有CREATE TABLE、CREATE VIEW等权限。如果将这些权限分别授予这些用户，那么需要进行的授权次数是比较多的。但是如果把这些权限事先放在一起，然后作为一个整体授予这些用户，那么每个用户只需一次授权，授权的次数将大大减少，而且用户数越多，需要指定的权限越多，这种授权方式的优越性就越明显。这些事先组合在一起的一组权限就是角色，角色中的权限既可以是数据库权限，也可以是对象权限，还可以是别的角色。

为了使用角色，首先要在数据库中创建角色，然后向角色中添加权限。将这个角色授予用户，这个用户就具有了角色中的所有权限。在使用角色的过程中，可以随时向角色中添加权限，也可以随时从角色中删除权限，用户的权限也随之改变。如果要回收角色的所有权限，只需将角色从用户中回收即可。

▶ 4.3.1　预定义角色

达梦数据库提供了一系列的预定义角色以帮助用户进行数据库权限的管理。预定义角色在数据库被创建之后即存在，数据库管理员可以将这些角色直接授予用户。

常用的预定义角色如表4-2所示。

表 4-2

角色名称	角色简单说明
DBA	达梦数据库系统中对象与数据操作的最高权限集合，拥有构建数据库的全部特权，只有DBA才可以创建数据库结构
RESOURCE	可以创建数据库对象，对有权限的数据库对象进行数据操纵，不可以创建数据库结构
PUBLIC	不可以创建数据库对象，只能对有权限的数据库对象进行数据操纵
VTI	具有系统动态视图的查询权限，VTI默认授权给DBA且可转授
SOI	具有系统表的查询权限
SVI	具有基础V视图的查询权限
DB_AUDIT_ADMIN	数据库审计的最高权限集合，可以对数据库进行各种审计操作，并创建新的审计用户
DB_AUDIT_OPER	可以对数据库进行各种审计操作，但不能创建新的审计用户
DB_AUDIT_PUBLIC	不能进行审计设置，但可以查询审计相关字典表
DB_AUDIT_VTI	具有系统动态视图的查询权限，DB_AUDIT_VTI默认授权给DB_AUDIT_ADMIN且可转授
DB_AUDIT_SOI	具有系统表的查询权限
DB_AUDIT_SVI	具有基础V视图和审计V视图的查询权限
DB_POLICY_ADMIN	数据库强制访问控制的最高权限集合，可以对数据库进行强制访问控制管理，并创建新的安全管理用户
DB_POLICY_OPER	可以对数据库进行强制访问控制管理，但不能创建新的安全管理用户
DB_POLICY_PUBLIC	不能进行强制访问控制管理，但可以查询强制访问控制相关字典表
DB_POLICY_VTI	具有系统动态视图的查询权限，DB_POLICY_VTI默认授权给DB_POLICY_ADMIN且可转授
DB_POLICY_SOI	具有系统表的查询权限
DB_POLICY_SVI	具有基础V视图和安全V视图的查询权限

新创建的用户默认会授予PUBLIC、SOI角色和CREATE SESSION权限：

```
创建用户test:
SQL> create user test identified by 123456789;
```

使用用户test登录数据：

```
SQL> conn test/123456789
服务器[LOCALHOST:5236]:处于普通打开状态。
登录使用时间 : 11.558(毫秒)
```

查看当前会话中用户的权限的系统视图为SESSION_PRIVS：

```
SQL> select * from session_privs;
行号        PRIVILEGE
1          CREATE SESSION
2          PUBLIC
3          SOI
```

查看某个用户被赋予了哪些角色可以查看系统视图DBA_ROLE_PRIVS，例如：

```
SQL> select * from dba_role_privs where grantee='TEST';
行号        GRANTEE   GRANTED_ROLE   ADMIN_OPTION   DEFAULT_ROLE
1          TEST      PUBLIC         N              NULL
2          TEST      SOI            N              NULL
```

查看某个角色拥有哪些权限可以通过系统视图DBA_SYS_PRIVS，例如：

```
SQL> select * from dba_sys_privs where grantee='RESOURCE';
行号        GRANTEE    PRIVILEGE                    ADMIN_OPTION
1          RESOURCE   CREATE SCHEMA                NO
2          RESOURCE   CREATE TABLE                 NO
3          RESOURCE   CREATE VIEW                  NO
4          RESOURCE   CREATE PROCEDURE             NO
5          RESOURCE   CREATE SEQUENCE              NO
6          RESOURCE   CREATE TRIGGER               NO
7          RESOURCE   CREATE INDEX                 NO
8          RESOURCE   CREATE CONTEXT INDEX         NO
9          RESOURCE   CREATE LINK                  NO
10         RESOURCE   CREATE PACKAGE               NO
11         RESOURCE   CREATE SYNONYM               NO
12         RESOURCE   CREATE PUBLIC SYNONYM        NO
13         RESOURCE   INSERT TABLE                 NO
14         RESOURCE   UPDATE TABLE                 NO
```

```
15          RESOURCE DELETE TABLE              NO
16          RESOURCE SELECT TABLE              NO
17          RESOURCE REFERENCES TABLE          NO
18          RESOURCE GRANT TABLE               NO
19          RESOURCE INSERT VIEW               NO
20          RESOURCE UPDATE VIEW               NO
21          RESOURCE DELETE VIEW               NO
22          RESOURCE SELECT VIEW               NO
23          RESOURCE GRANT VIEW                NO
24          RESOURCE EXECUTE PROCEDURE         NO
25          RESOURCE GRANT PROCEDURE           NO
26          RESOURCE SELECT SEQUENCE           NO
27          RESOURCE GRANT SEQUENCE            NO
28          RESOURCE EXECUTE PACKAGE           NO
29          RESOURCE GRANT PACKAGE             NO
30          RESOURCE SELECT ANY DICTIONARY     NO
31          RESOURCE CREATE MATERIALIZED VIEW NO
32          RESOURCE SELECT MATERIALIZED VIEW NO
33          RESOURCE CREATE DOMAIN             NO
34          RESOURCE GRANT DOMAIN              NO
35          RESOURCE USAGE DOMAIN              NO
36          RESOURCE DUMP TABLE                NO
37          RESOURCE CREATE PARTITION GROUP    NO
38          RESOURCE USAGE PARTITION GROUP     NO
38 rows got
```

通常来说，普通用户授予resource角色就够用了。

关于public角色，其作用主要是用来向用户赋予某些公共权限。例如授予public访问x.t1的权限，则所有被授予public的用户都可以访问x.t1。但要注意的是，如果授予public的新权限与原来的权限有重叠，会出现无法回收的问题。例如授予public角色select any table权限，这个权限与select table有重叠，回收时会报错：没有回收授权权限。因此对public角色的授权要慎重，注意不要与原有权限重叠，最好是授予具体的数据库对象权限，不要授予any权限。

▶ 4.3.2 角色的创建和删除

1. 创建角色

具有create role数据库权限的用户也可以创建新的角色，语法如下：

```
create role <角色名>;
```

使用说明如下：

（1）创建者必须具有create role数据库权限。

（2）角色名的长度不能超过128字符。

（3）角色名不允许和系统已存在的用户名重名。

（4）角色名不允许是达梦数据库的保留字。

例如：

创建角色role_test：

```
SQL> create role role_test;
```

授予角色role_test具有resource角色：

```
SQL> grant resource to role_test;
```

授予角色role_test具有public角色：

```
SQL> grant public to role_test;
```

查看角色role_test具有的角色：

```
SQL> select * from dba_role_privs where grantee='ROLE_TEST';
行号    GRANTEE          GRANTED_ROLE ADMIN_OPTION  DEFAULT_ROLE
1    ROLE_TEST RESOURCE      N                        NULL
2    ROLE_TEST PUBLIC        N                        NULL
```

创建角色也可以使用manager工具。右击"角色"选项，弹出如图4-8所示的快捷菜单。

选择"常规"选项，进入"常规"页面，如图4-9所示。输入角色名，也可以赋予已有的角色。

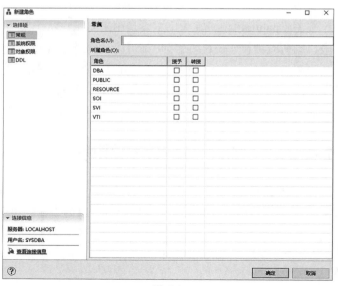

图 4-8

图 4-9

选择"系统权限"选项，进入"系统权限"页面，如图4-10所示。

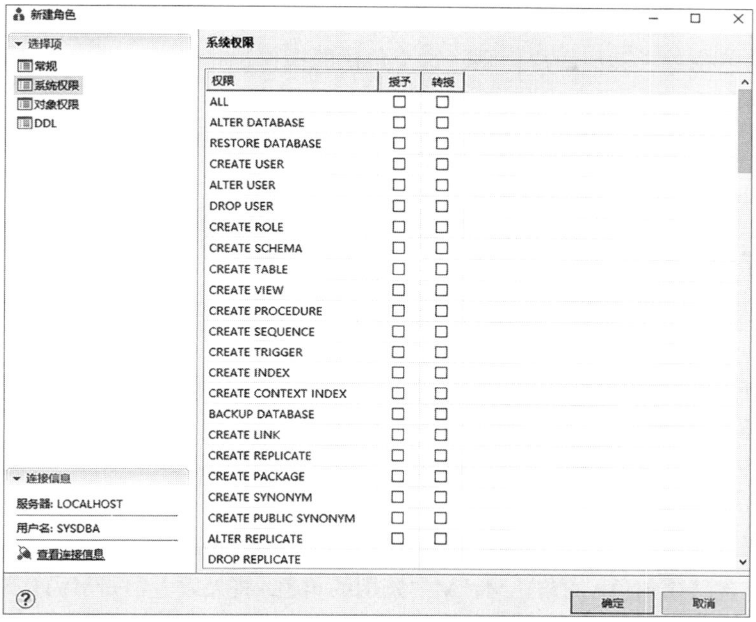

图 4-10

选择"对象权限"选项，进入"对象权限"页面，如图4-11所示。

图 4-11

选择DDL选项，可以查看根据以上选择形成的创建角色的命令。

单击"确定"按钮，即可完成角色创建。

2. 删除角色

具有DROP ROLE权限的用户可以删除角色，其语法如下：

```
DROP ROLE [IF EXISTS] <角色名>;
```

即使已将角色授予了其他用户，删除这个角色的操作也将成功。角色被删除后，以前被授予该角色的用户将不再具有这个角色所拥有的权限，除非用户通过其他途径也获得了这个角色所具有的权限。

指定IF EXISTS关键字后，删除不存在的角色时不会报错。

▶ 4.3.3 角色的启用和禁用

如果想暂时禁用某个角色，可以使用系统过程sp_set_role来设置这个角色为不可用。例如：

```
SQL> sp_set_role('ROLE_TEST',0);
```

使用说明如下：

（1）只有拥有ADMIN_ANY_ROLE权限的用户才能启用和禁用角色，并且设置后立即生效。

（2）凡是包含禁用角色A的角色M，M中禁用的角色A将无效，但是M仍有效。

（3）系统预设的角色是不能设置的，如DBA、public、resource。

启用角色时，同样可以通过sp_set_role来启用角色，只要将参数设置为1即可。例如：

```
SQL> sp_set_role('ROLE_TEST',1);
```

禁用、启用角色也可以通过manager工具在图形化界面完成。右击角色，在弹出的快捷菜单中选择"禁用"或"启用"选项，即可进入相应页面。

4.4 删除用户

想禁止使用某个用户账号时，可以将用户锁定（lock）：

```
SQL> alter user test account lock;
```

解锁（unlock）用户：

```
SQL> alter user test account unlock;
```

如果确定以后不再需要该用户了，可以删除（drop）用户：

```
DROP ROLE [IF EXISTS] <用户名>;
```

注意 删除用户会同时将用户的模式也删除。如果该用户模式下有数据对象存在，需添加cascade选项：

```
SQL> drop user test;
drop user test;
```

第1行附近出现错误[-2639]:试图删除被依赖对象[TEST]。

```
SQL> drop user test cascade;
操作已执行
```

删除用户也可以通过manager工具在图形化界面完成。右击用户，在弹出的快捷菜单中选择"删除"选项，即可进入删除页面。

4.5 用户审计

对数据库用户的行为进行审计是保障数据安全的重要手段。达梦数据库提供了更为方便的用户审计功能，在图形化工具manager下操作起来也非常方便。

▶ 4.5.1 开启审计

使用审计功能首先要打开审计开关。审计开关由过程VOID SP_SET_ENABLE_AUDIT（param int）控制，控制过程执行完后会立即生效，param有三种取值：

- 0：关闭审计。
- 1：打开普通审计。
- 2：打开普通审计和实时审计。

默认值为0。

注意 SYSAUDITOR用户具有开启审计开关的权限。

系统视图V$DM_INI中参数ENABLE_AUDIT记录了数据库当前审计开关状态，其他跟审计相关的参数还有如下几种。

AUDIT_FILE_FULL_MODE：审计文件满时操作模式，1为删除旧文件，2为不再写入审计记录，默认值为1。

AUDIT_SPACE_LIMIT：审计文件占用存储空间限制，默认值为8192（MB）。

AUDIT_MAX_FILE_SIZE，审计文件大小最大值，默认为100（MB）。

AUDIT_IP_STYLE：IP地址格式，1为IP，2为IP（hostname），默认值为1。

▶ 4.5.2 设置审计

使用审计账户SYSAUDITOR登录图形化管理工具manager，右击用户名，弹出快捷菜单，如图4-12所示。

在弹出的快捷菜单中选择"设置审计"选项，进入"设置审计"界面，选择"常规"选项，如图4-13所示。在"审计条件"选项中选中审计项，单击"确定"按钮即可。

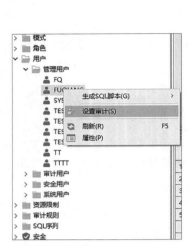

图 4-12

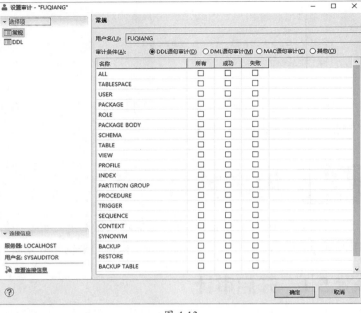

图 4-13

▶ 4.5.3 查看审计记录

审计信息存储在审计文件中。审计文件默认存放在数据库的SYSTEM_PATH指定的路径，即数据库所在路径。用户也可在dm.ini文件中添加参数AUD_PATH来指定审计文件的存放路径。

SYSAUDITOR可以通过系统视图V$AUDITRECORDS查看审计记录。

第 5 章
表和索引

　　表是数据存储的基本单元，也是用户进行数据读写等操作的逻辑实体。表由列和行组成，每一行代表一条单独的记录。表中包含一组固定的列，表中的列描述该表所跟踪的实体的属性，每一列都有一个名字及各自的特性。列的特性由两部分组成：数据类型（dataType）和长度（length）。

　　索引能更快地定位表中的数据记录，提供访问表中的数据的更快路径。

5.1 常用数据类型

达梦数据库常用的数据类型主要有字符数据类型、数值数据类型、日期时间数据类型以及多媒体数据类型等。

▶5.1.1 字符数据类型

字符数据类型分定长和变长两种。

1. CHAR/CHARACTER

语法：CHAR[(长度)]/CHARACTER[(长度)]

CHAR数据类型指定定长字符串。在基表中，定义CHAR类型的列时，可以指定一个不超过32767的正整数作为字节长度，例如：CHAR（100）。如果未指定长度则默认为1。CHAR类型列的最大存储长度由数据库页面大小决定，CHAR数据类型最大存储长度和页面大小的对应关系如表5-1所示。但是在表达式计算中，该类型的长度上限不受页面大小限制，为32767。

表 5-1

数据库页面	最大长度	数据库页面	最大长度
4KB	1900	16KB	8000
8KB	3900	32KB	8188

2. VARCHAR

语法：VARCHAR[(长度)]

VARCHAR数据类型指定变长字符串，用法类似CHAR数据类型，可以指定一个不超过32767的正整数作为字节或字符长度，例如：VARCHAR（100）指定为100字节长度；VARCHAR（100 CHAR）指定为100字符长度。如果未指定长度，则默认为8188字节。

在基表中，当没有指定USING LONG ROW存储选项时，插入VARCHAR数据类型的实际最大存储长度由数据库页面大小决定，具体最大长度算法如表5-1所示；如果指定了USING LONG ROW存储选项，则插入VARCHAR数据类型的长度不受数据库页面大小限制。VARCHAR数据类型在表达式计算中的长度上限不受数据库页面大小限制，为32767。

CHAR数据类型同VARCHAR数据类型的区别在于前者长度不足时，系统自动填充空格，而后者只占用实际的字节空间。另外，实际插入表中的列长度要受到记录长度的约束，每条记录总长度不能大于页面大小的一半。

为了兼容Oracle数据库，达梦数据库还提供了VARCHAR2数据类型，与VARCHAR数据类型等价。

▶5.1.2 数值数据类型

数值数据类型分精确和近似两种类型。

1. 精确数值数据类型

（1）NUMERIC类型。

语法：NUMERIC[(精度 [, 标度])]

NUMERIC数据类型用于存储零、正负定点数。其中精度是一个无符号整数，定义了总的数字数，精度范围为1～38。标度定义了小数点右边的数字位数。一个数的标度不应大于其精度，如果实际标度大于指定标度，那么超出标度的位数将会四舍五入。例如：NUMERIC(4,1)定义了小数点前面3位和小数点后面1位，共4位数字，范围为-999.9～999.9。所有NUMERIC数据类型，如果其值超过精度，达梦数据库会返回一个出错信息，如果超过标度，多余的位会被截断。

如果不指定精度和标度，精度默认为38，标度无限定。

此外，还有DECIMAL、NUMBER类型，与NUMERIC用法一样。

（2）INTEGER类型。

语法：INTEGER

功能：用于存储有符号的整数，精度为10，标度为0。取值范围为-2147483648（-2^{31}）～+2147483647（$2^{31}-1$）。

（3）INT类型。

语法：INT

功能：与INTEGER类型相同。

（4）BIGINT类型。

语法：BIGINT

功能：用于存储有符号的整数，精度为19，标度为0。取值范围为-9223372036854775808（-2^{63}）～9223372036854775807（$2^{63}-1$）。

（5）TINYINT类型。

语法：TINYINT

功能：用于存储有符号的整数，精度为3，标度为0。取值范围为-128～+127。

（6）BYTE类型。

语法：BYTE

功能：与TINYINT类型相似，精度为3，标度为0。

（7）SMALLINT类型

语法：SMALLINT

功能：用于存储有符号的整数，精度为5，标度为0。取值范围为-32768（-2^{15}）～+32767（$2^{15}-1$）。

（8）BINARY类型。

语法：BINARY[(长度)]

功能：BINARY数据类型用来存储定长二进制数据。在基表中，定义BINARY类型的列时，其最大存储长度由数据库页面大小决定，可以指定一个不超过其最大存储长度的正整数作为列长度，长度默认为1字节。最大存储长度如表5-1所示。BINARY类型在表达式计算中的长度上限为32767。BINARY常量以0x开始，后面是十六进制数据，例如0x2A3B4058。

（9）VARBINARY类型。

语法：VARBINARY[(长度)]

功能：VARBINARY数据类型用来存储变长二进制数据，用法类似BINARY数据类型，可以指定一个不超过32767的正整数作为数据长度。长度默认为8188字节。VARBINARY数据类型的实际最大存储长度由数据库页面大小决定，具体最大长度算法与VARCHAR类型相同，其在表达式计算中的长度上限也与VARCHAR类型相同，为32767。

2. 近似数值数据类型

（1）FLOAT类型。

语法：FLOAT[(精度)]

功能：FLOAT是带二进制精度的浮点数。该类型直接使用标准C语言DOUBLE。精度值设置无实际意义，精度设置用于保证数据移植的兼容性，实际精度在达梦数据库内部是固定的。精度处于1～126范围时忽略精度，超过此范围直接报错。

FLOAT取值范围为$-1.7 \times 10^{308} \sim 1.7 \times 10^{308}$。

（2）DOUBLE类型。

语法：DOUBLE[(精度)]

功能：DOUBLE是带二进制精度的浮点数。DOUBLE类型的设置是为了移植的兼容性。该类型直接使用标准C语言DOUBLE。精度、取值范围、用法与FLOAT类型完全一样。

（3）REAL类型。

语法：REAL

功能：REAL是带二进制精度的浮点数，但它不能由用户指定使用的精度，系统指定其二进制精度为24，十进制精度为7。取值范围为-3.4E+38～3.4E+38。

（4）DOUBLE PRECISION类型。

语法：DOUBLE PRECISION[(精度)]

功能：该类型指明双精度浮点数。DOUBLE PRECISION类型的设置是为了移植的兼容性。该类型直接使用标准C语言中的DOUBLE。精度、取值范围、用法与FLOAT类型完全一样。

▶5.1.3　日期和时间数据类型

1. DATE

功能：DATE类型包括年、月、日信息，定义了"-4712-01-01"和"9999-12-31"之间任何一个有效的格里高利日期。

2. TIME

语法：TIME[(小数秒精度)]

功能：TIME类型包括时、分、秒信息，定义了一个在"00:00:00.000000"和"23:59:59.999999"之间的有效时间。TIME类型的小数秒精度规定了秒字段中小数点后面的位数，取值范围为0～6，如果未定义，精度默认为0。

3. TIMESTAMP/DATETIME

语法：TIMESTAMP[(小数秒精度)]/DATETIME[(小数秒精度)]

功能：TIMESTAMP/DATETIME类型包括年、月、日、时、分、秒信息，定义了一个在"-4712-01-01 00:00:00.000000"和"9999-12-31 23:59:59.999999"之间的有效格里高利日期时间。小数秒精度规定了秒字段中小数点后面的位数，取值范围为0～6，如果未定义，精度默认为6。

▶ 5.1.4　多媒体数据类型

1. TEXT/LONGVARCHAR

功能：变长字符串类型，其字符串的长度最大为（$2 \times 10^{10}-1$）B，可用于存储长的文本串。

2. IMAGE/LONGVARBINARY

功能：可用于存储多媒体信息中的图像类型。图像由不定长的像素点阵组成，长度最大为（$2 \times 10^{10}-1$）B。该类型除了存储图像数据之外，还可用于存储任何其他二进制数据。

3. BLOB

功能：BLOB类型用于指明变长的二进制大对象，长度最大为（$2 \times 10^{10}-1$）B。

4. CLOB

功能：CLOB类型用于指明变长的字符串，长度最大为（$2 \times 10^{10}-1$）B。

▶ 5.1.5　选择正确的数据类型

表的数据类型直接影响程序设计和运行效率。每个开发人员都应该养成良好的开发习惯，使用正确的数据类型来保证数据的完整性、可靠性。

表设计时最常见的问题就是字符串类型的滥用。

很多开发人员总是喜欢用变长字符串（VARCHAR）类型存放数据，尤其是用来存放日期时间（DATE、TIMESTAMP）。这样做的最大问题是无法防止非法数据进入系统。例如"20210229""20210431""12:61""25:05"这样的错误日期、时间。程序中需要增加很多代码去验证字符串中的日期、时间是否合法。

日期时间数据类型功能强大、运算灵活方便，还有丰富的函数功能可供使用，开发效率很高。例如，求两个日期之间相差了多少天，直接相减就可以得到：

```
SQL> select date'2022-11-1'-date'2022-9-1';
行号      DATE'2022-11-1'-DATE'2022-9-1'
1         61
```

使用字符串就无法使用这些功能，只能额外编写代码去实现。

与此类似，数值类型的数据根据业务情况设置好合适的精度，可以减少很多不必要的代码，为后期的维护工作带来很多便利。

5.2 普通表和堆表

表（table）是数据库中数据存储的基本单元，达梦数据库的表分为普通表和堆表两种。如果创建表时不指定表的类型，默认情况下创建的是普通表。可以通过修改参数LIST_TABLE改变默认表类型：LIST_TABLE = 1，创建的表为堆表；LIST_TABLE = 0，创建的表为普通表。

5.2.1 普通表

达梦数据库的普通表是索引组织表，使用B+树索引结构管理，每一个普通表都有一个聚集索引，数据通过聚集索引键排序存储，根据聚集索引键可以快速查询任何记录。

若建表语句未指定聚集索引键，则达梦数据库的默认聚集索引键是ROWID，记录以ROWID在页面中排序。ROWID是B+树为记录生成的逻辑递增序号，表上不同记录的ROWID是不一样的，并且最新插入的记录ROWID最大。很多情况下，以ROWID创建的默认聚集索引并不能提高查询速度，因为实际情况下很少有人根据ROWID来查找数据。

达梦数据库提供3种方式供用户指定聚集索引键。

（1）CLUSTER PRIMARY KEY：指定列为聚集索引键，并同时指定为主键，称为聚集主键。

（2）CLUSTER KEY：指定列为聚集索引键（非主键）。

（3）CLUSTER UNIQUE KEY：指定列为聚集索引键，并且是唯一的。

例如，创建一个普通表，指定字段id为聚集索引键：

```
SQL> create table cluster_t(id int cluster primary key,demo varchar(20));
```

查看表cluster_t的定义：

```
SQL> sp_tabledef('FUQIANG','CLUSTER_T');
行号          COLUMN_VALUE
1           CREATE TABLE "FUQIANG"."CLUSTER_T"  (  "ID" INT NOT NULL,  "DEMO"
VARCHAR(20),  CLUSTER PRIMARY KEY("ID")) STORAGE(ON "MAIN", CLUSTERBTR) ;
```

指定聚集索引键后，如果查询条件中含有聚集索引键，可以快速定位记录在B+树上的位置，使查询性能大幅提高。但是，插入记录也需要根据聚集索引键定位插入位置，有可能导致页面的分裂而影响插入性能。

在配置文件dm.ini中，可以指定参数PK_WITH_CLUSTER使表中的主键自动转换为聚集主键。默认情况下，PK_WITH_CLUSTER为0，即建表时指定的主键不会自动转换为聚集主键；若PK_WITH_CLUSTER为1，则主键自动变为聚集主键。

5.2.2 堆表

普通表是以B+树形式存储在物理磁盘上，而堆表则采用一种扁平B+树方式存储。堆表结构如图5-1所示。

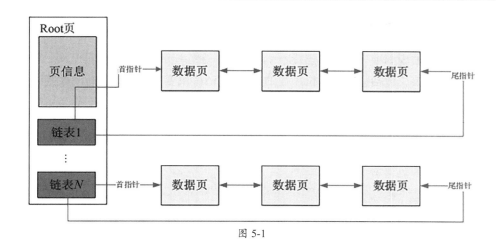

图 5-1

堆表使用的是物理ROWID，即使用文件号、页号和页内偏移而得到ROWID值，这样就不需要存储ROWID值，从而节省存储空间。

采用了物理ROWID形式的堆表，达梦数据库内部对聚集索引进行了调整，没有采用传统B+树结构，取而代之的是"扁平B+树"结构，数据页都是通过链表形式存储的。为支持并发插入，扁平B+树可以支持最多128个数据页链表（最多64个并发分支和最多64个非并发分支），在B+树的控制页中记录了所有链表的首、尾页地址。对于非并发分支，如果分支数有多个，即存在多个链表，则不同的用户登录系统之后，会依据其事务id号，随机选择一条链表来对堆表进行插入操作。对于并发分支，不同用户会选择不同的分支来进行插入，如果存在多个用户选择了同一条分支的情况，需要等待其他用户插入结束并释放锁之后才能进行插入。在并发情况下，不同用户可以在不同的链表上进行插入，使得效率得到较大提升。

创建堆表时可以在STORAGE选项中指定需要创建的表形式，与堆表创建形式相关的关键字有三个，分别是NOBRANCH、BRANCH、CLUSTERBTR，具体含义如下。

- NOBRANCH：创建的表为堆表，并发分支数为0，非并发分支数为1。
- BRANCH(n,m)：创建的表为堆表，并发分支数为n，非并发分支数为m。
- BRANCH n：指定创建的表为堆表，并发分支数为n，非并发分支数为0。
- CLUSTERBTR：创建的表为非堆表，即普通表。

例如，创建一个并发分支数为4、分并发分支数为2的堆表：

```
SQL> create table heap_t(id int primary key,demo varchar(20)) storage(branch(4,2));
```

查看表heap_t的定义：

```
SQL> sp_tabledef('FUQIANG','HEAP_T');
行号          COLUMN_VALUE
1            CREATE TABLE "FUQIANG"."HEAP_T"  (  "ID" INT NOT NULL,  "DEMO"
VARCHAR(20),  NOT CLUSTER PRIMARY KEY("ID")) STORAGE(ON "MAIN", BRANCH(4, 2));
```

▶ 5.2.3 普通表和堆表对比

在应用中，普通表和堆表该如何选择？下面来做一个性能测试。

创建测试数据表，包括整数、两位小数的浮点数、8位长度的字符串和时间戳等四个字段：

```
SQL> create table data_t(id int primary key,data_numeric numeric(5,2),data_
string varchar(8),data_datetime datetime);
```

插入1000万条随机数据：

```
SQL> begin
2    for i in 1..10000000 loop
3    insert into data_t values(i,trunc(dbms_random.value(0,100),2),dbms_
random.string('x',8),sysdate);
4    end loop;
5    commit;
6    end;
7    /
DMSQL 过程已成功完成
已用时间: 00:02:58.928, 执行号:677
```

创建与测试表相同结构的普通表：

```
SQL> create table cluster_t(id int cluster primary key,data_numeric
numeric(5,2),data_string varchar(8),data_datetime datetime);
操作已执行
已用时间: 4.411(毫秒), 执行号:678
```

插入测试数据：

```
SQL> insert into cluster_t select * from data_t;
影响行数 10000000
已用时间: 00:00:49.657, 执行号:679
```

查询数据：

```
SQL> select count(*),min(data_numeric),max(data_numeric) from cluster_t;
行号         COUNT(*)              MIN(DATA_NUMERIC) MAX(DATA_NUMERIC)
1           10000000             0                 99.99
已用时间: 00:00:04.250, 执行号:680
```

回滚操作：

```
SQL> rollback;
操作已执行
```

已用时间: 00:00:31.761, 执行号:681

创建与测试表相同结构的堆表,并发分支为2,非并发分支为2:

```
SQL>  create table heap_t(id int primary key,data_numeric numeric(5,2),data_
string varchar(8),data_datetime datetime) stora
ge(branch(2,2));
操作已执行
已用时间: 5.448(毫秒), 执行号:682
```

插入测试数据:

```
SQL> insert into heap_t select * from data_t;
影响行数 10000000
已用时间: 00:01:01.546, 执行号:683
```

查询数据:

```
SQL> select count(*),min(data_numeric),max(data_numeric) from heap_t;
行号         COUNT(*)              MIN(DATA_NUMERIC) MAX(DATA_NUMERIC)
1           10000000              0                 99.99
已用时间: 00:00:03.656, 执行号:684
```

回滚操作:

```
SQL> rollback;
操作已执行
已用时间: 00:00:59.399, 执行号:685
```

测试情况总结:普通表插入数据为49.657秒,全表扫描查询为5.25秒,回滚数据为31.761秒;堆表插入数据为61秒,全表扫描查询为3.656秒,回滚数据为59.399秒。从耗费时间来看,全表扫描差别不大,但二者的插入、回滚的耗时差距明显,普通表的性能要好于堆表。

下面测试一下并发插入的情况。

创建第二个测试数据表,并插入1000万条随机数据:

```
SQL> create table data_t2 as select * from data_t where 1=0;
操作已执行
已用时间: 18.282(毫秒),  执行号:686
SQL> begin
2    for i in 10000001..20000000 loop
3    insert into data_t2 values(i,trunc(dbms_random.value(0,100),2),dbms_
random.string('x',8),sysdate);
4    end loop;
```

```
5    commit;
6    end;
7    /
```
DMSQL 过程已成功完成
已用时间: 00:02:30.986, 执行号:687

清空表cluster_t:

```
SQL> truncate table cluster_t;
```
操作已执行
已用时间: 4.807(毫秒), 执行号:688
开启两个窗口,同时插入普通表。

第一个窗口:

```
SQL> insert into cluster_t select * from data_t;
```
影响行数 10000000
已用时间: 00:02:04.671, 执行号:689

第二个窗口:

```
SQL> insert into cluster_t select * from data_t2;
```
影响行数 10000000
已用时间: 00:02:02.108, 执行号:1101

清空堆表:

```
SQL> truncate table heap_t;
```
操作已执行
已用时间: 21.154(毫秒), 执行号:691
开启两个窗口,同时插入堆表。

第一个窗口:

```
SQL> insert into heap_t select * from data_t;
```
影响行数 10000000
已用时间: 00:01:51.138, 执行号:692

第二个窗口:

```
SQL> insert into heap_t select * from data_t2;
```
影响行数 10000000
已用时间: 00:01:46.654, 执行号:1103

从测试结果来看，并发插入情况下，堆表性能要略好于普通表。如果并发数再多一些，堆表的表现可能会更好。

因此，在高并发插入数据的场景下可以选择使用堆表。其他场景下使用普通表即可。

5.3 临时表

当处理复杂的查询或事务时，有时需要对一些中间结果进行临时保存。达梦数据库允许创建临时表来保存会话和事务中的数据。在会话、事务结束时，这些表上的数据会被自动清除。

在临时表创建过程中，不会像永久表和索引那样自动分配数据段，而是仅当第一次执行DML语句时，才会为临时表在临时表空间中分配空间。并且，对于不同的会话，临时表上的数据是独享的，不会互相干扰，即会话A不能访问会话B临时表上的数据。

达梦数据库的临时表支持以下功能。

- 在临时表中，会话可以像操作永久表一样更新、插入和删除数据。
- 临时表的数据不需要长时间保存，无须redo进行保护，因此临时表的操作不会产生redo日志，只是在分配存储空间时因为系统数据字典的变化会产生少量redo日志。
- 临时表支持建索引，以提高查询性能。
- 在一个会话或事务结束后，数据将自动从临时表中删除。
- 不同的会话可以访问相同的临时表，每个会话只能看到自己的数据。
- 临时表的表结构在数据删除后仍然存在，方便重复使用。
- 临时表的权限管理跟普通表一致。

临时表的ON COMMIT关键词指定表中的数据是事务级还是会话级，默认情况下是事务级。

（1）ON COMMIT DELETE ROWS：指定临时表是事务级，每次事务提交或回滚之后，表中所有数据都被删除。

例如：

```
SQL> create temporary table tmp_commit(id int);
SQL> insert into tmp_commit values(1),(2);
SQL> select * from tmp_commit;
行号        ID
1          1
2          2
SQL> commit;
操作已执行
SQL> select * from tmp_commit;
未选定行
```

（2）ON COMMIT PRESERVE ROWS：指定临时表是会话级，会话结束时才清空表，并释放空间。

例如：

```
SQL> create temporary table tmp_preserve(id int) on commit preserve rows;
SQL> insert into tmp_preserve values(1),(2);
SQL> select * from tmp_preserve;
行号          ID
1            1
2            2
SQL> commit;
SQL> select * from tmp_preserve;
行号          ID
1            1
2            2
```

5.4 分区表

分区是指将表、索引等数据库对象划分为较小的可管理片段的技术，每一个片段称为分区子表或分区索引。一个表被分区后，对表的查询操作可以限制在某个分区中进行，而不是整个表，这样可以大幅提高查询效率。

达梦数据库支持对表进行水平分区，提供以下分区方式。

（1）范围（range）水平分区。对表中的某些列上值的范围进行分区，根据某个值的范围，决定将该数据存储在哪个分区上。

（2）列表（list）水平分区。通过指定表中的某个列的离散值集来确定应当存储在一起的数据。

（3）哈希（hash）水平分区。通过指定分区编号来均匀分布数据的一种分区类型，通过在I/O设备上进行散列分区，使得这些分区大小基本一致。

（4）多级分区表。按上述三种分区方法进行任意组合，将表进行多次分区，称为多级分区表。

▶ 5.4.1 创建分区表

1. 范围分区表

范围分区是按照某个列或几个列的值的范围来创建分区，当用户向表中写入数据时，数据库服务器将按照这些列上的值进行判断，将数据写入相应的分区中。

在创建范围分区时，首先要指定分区列，即按照哪些列进行分区，然后为每个分区指定数据范围。范围分区支持MAXVALUE范围值的使用，用来存放未指定范围的数据。

对于数字型或日期型的数据，适合采用范围分区。不同的数值范围或时间段的数据属于不同的分区。当执行SELECT命令时，可以指定查询某个分区上的数据。

例如，创建成绩表，按字段score分为小于60、小于80、小于90、小于或等于100四个分区：

```
SQL> create table range_score_t(
2    id int primary key,
3    name varchar(20),
4    score numeric(5,2)
5    )
6    partition by range(score)(
7    partition p1 values less than(60),
8    partition p2 values less than(80),
9    partition p3 values less than(90),
10   partition p4 values equ or less than(100)
11   );
警告: 范围分区未包含MAXVALUE,可能无法定位到分区
操作已执行
```

插入测试数据:

```
SQL> insert into range_score_t values(1,'张三',80),(2,'李四',100);
```

查看p3分区:

```
SQL> select * from range_score_t partition(p3);
行号        ID          NAME SCORE
1          1           张三 80.00
```

查看p4分区:

```
SQL> select * from range_score_t partition(p4);
行号        ID          NAME SCORE
1          2           李四 100.00
```

因为范围分区未包含MAXVALUE,因此大于100的数据会插入失败:

```
SQL> insert into range_score_t values(3,'X',101);
insert into range_score_t values(3,'X',101);
[-2731]:没有找到合适的分区
```

又例如,创建日期表,按日期字段d分为小于"2020-1-1"、小于"2022-1-1"以及其他日期等三个分区:

```
SQL> create table range_date_t(
2    id int primary key,
3    d datetime
4    )
```

```
5   partition by range(d)(
6   partition p1 values less than('2020-1-1'),
7   partition p2 values less than('2022-1-1'),
8   partition p3 values less than(maxvalue)
9   );
```

插入测试数据：

```
SQL> insert into range_date_t values(1,'2000-10-1'),(2,'2021-5-1'),(3,'2023-5-1');
```

查看p1分区：

```
SQL> select * from range_date_t partition(p1);
行号        ID          D
1          1           2000-10-01 00:00:00.000000
```

查看p2分区：

```
SQL> select * from range_date_t partition(p2);
行号        ID          D
1          2           2021-05-01 00:00:00.000000
```

查看p3分区：

```
SQL> select * from range_date_t partition(p3);
行号        ID          D
1          3           2023-05-01 00:00:00.000000
```

插入大于p2分区键值的日期数据：

```
SQL> insert into range_date_t values(4,'2022-1-1');
```

查看p3分区：

```
SQL> select * from range_date_t partition(p3);
行号        ID          D
1          3           2023-05-01 00:00:00.000000
2          4           2022-01-01 00:00:00.000000
```

分区表range_date_t指定了MAXYALUE，因此所有日期大于或等于2022-1-1的数据都将插入p3分区。

2. 列表分区表

列表分区适合离散型的数据分区，例如地域、商品等名称。

例如，创建商品分区表，按字段goods（商品）进行分区：

```
SQL> create table list_goods_t(
2    id int primary key,
3    goods varchar(20)
4    )
5    partition by list(goods)(
6    partition p1 values('汽油','柴油'),
7    partition p2 values('润滑油'),
8    partition p3 values('沥青','石油焦'),
9    partition p4 values(default)
10   );
```

插入测试数据：

```
SQL> insert into list_goods_t values(1,'柴油'),(2,'润滑油'),(3,'煤油');
```

查看p1分区：

```
SQL> select * from list_goods_t partition(p1);
行号        ID          GOODS
1         1           柴油
```

查看p2分区：

```
SQL> select * from list_goods_t partition(p2);
行号        ID          GOODS
1         2           润滑油
```

查看p3分区：

```
SQL> select * from list_goods_t partition(p3);
未选定行
```

查看p4分区：

```
SQL> select * from list_goods_t partition(p4);
行号        ID          GOODS
1         3           煤油
```

"煤油"不在分区列表中，因为创建分区时指定了default，所有未列入分区列表的值都将插入p4分区。

3. 哈希分区表

在很多情况下，用户无法预测某个列上的数据变化范围，因而无法实现创建固定数量的范围分区或列表分区。

在这种情况下，哈希分区表提供了一种在指定数量的分区中均等地划分数据的方法，基于分区键的散列值将行映射到分区中。当用户向表中写入数据时，数据库将根据哈希函数对数据进行计算，把数据均匀地分布在各个分区中。当大数据量读写时，可以避免局部分区磁盘I/O压力过大，从而提高读写效率。

创建哈希分区表的例子：

```
SQL> create table hash_goods_t(
2    id int primary key,
3    goods varchar(20)
4    )
5    partition by hash(goods)(
6    partition p1,
7    partition p2,
8    partition p3,
9    partition p4
10   );
```

也可以通过直接指定哈希分区个数来建立哈希分区表：

```
SQL> create table hash_goods_t2(
2    id int primary key,
3    goods varchar(20)
4    )
5    partition by hash(goods)
6    partitions 4;
```

PARTITIONS后的数字表示哈希分区的分区数，后面跟STORE IN子句指定哈希分区依次使用的表空间。使用这种方式建立的哈希分区表分区名是匿名的，达梦数据库统一使用"DMHASHPART+分区号"（从0开始）作为分区名。例如，需要查询hash_goods_t2第4个分区的数据，分区号为3，分区名为dmhashpart3，可执行以下语句：

```
SQL>SELECT * FROM hash_goods_t2 PARTITION (dmhashpart3);
```

4. 多级分区表

某些特殊情况下，经过一次分区并不能精确地对数据进行分类，这时就需要多级分区表，即对分区再分区。达梦数据库支持最多八层多级分区。

例如，创建商品销售分区表，按商品名称分区，同时在每个分区下再按日期分区：

```
SQL> create table list_range_goods_t(
2    id int primary key,
3    goods varchar(20),
```

```
4     sale_time date
5     )
6     partition by list(goods)
7     subpartition by range(sale_time) subpartition template(
8     subpartition p11 values less than('2020-1-1'),
9     subpartition p12 values less than('2022-1-1'),
10    subpartition p13 values equ or less than(maxvalue)
11    )
12    (
13    partition p1 values('汽油','柴油'),
14    partition p2 values('润滑油'),
15    partition p3 values('沥青','石油焦'),
16    partition p4 values(default)
17    );
```

通常一级分区表就足够应对大多数场景了，最多到二级。很少有需要三级及以上分区的场景。

5.4.2　分区表维护

查询分区信息可以使用系统视图user_tab_partitions（当前模式）、all_tab_partitions（全部模式）。

1. 添加分区

达梦数据库支持用ALTER TABLE ADD PARTITION 语句将新分区添加到最后一个现存分区的后面。例如，范围分区表添加分区：

```
SQL> select table_name,partition_name,high_value from user_tab_partitions
where table_name='RANGE_SCORE_T';
行号      TABLE_NAME      PARTITION_NAME HIGH_VALUE
1         RANGE_SCORE_T P4              100
2         RANGE_SCORE_T P3              90
3         RANGE_SCORE_T P2              80
4         RANGE_SCORE_T P1              60
```

对成绩分区表添加小于120的分区：

```
SQL> alter table range_score_t add partition p5 values less than(120);
SQL> select table_name,partition_name,high_value from user_tab_partitions
where table_name='RANGE_SCORE_T';
行号      TABLE_NAME      PARTITION_NAME HIGH_VALUE
1         RANGE_SCORE_T P4              100
2         RANGE_SCORE_T P3              90
```

3	RANGE_SCORE_T P2	80
4	RANGE_SCORE_T P5	120
5	RANGE_SCORE_T P1	60

列表分区表添加分区：

```
SQL> select table_name,partition_name,high_value from user_tab_partitions
where table_name='LIST_GOODS_T';
```

行号	TABLE_NAME	PARTITION_NAME	HIGH_VALUE
1	LIST_GOODS_T	P3	'沥青','石油焦'
2	LIST_GOODS_T	P2	'润滑油'
3	LIST_GOODS_T	P1	'汽油','柴油'

添加商品"煤油"的分区：

```
SQL> alter table list_goods_t add partition p4 values('煤油');
SQL> select table_name,partition_name,high_value from user_tab_partitions
where table_name='LIST_GOODS_T';
```

行号	TABLE_NAME	PARTITION_NAME	HIGH_VALUE
1	LIST_GOODS_T	P3	'沥青','石油焦'
2	LIST_GOODS_T	P2	'润滑油'
3	LIST_GOODS_T	P1	'汽油','柴油'
4	LIST_GOODS_T	P4	'煤油'

对于范围分区，添加分区必须在最后一个分区范围值的后面添加，要想在表的开始范围或中间添加分区，可以使用SPLIT PARTITION语句进行分区拆分。如果存在默认分区（MAXVALUE），直接添加分区会报错：

```
SQL> select table_name,partition_name,high_value from user_tab_partitions
where table_name='RANGE_DATE_T';
```

行号	TABLE_NAME	PARTITION_NAME	HIGH_VALUE
1	RANGE_DATE_T	P3	MAXVALUE
2	RANGE_DATE_T	P2	DATETIME'2022-01-01 00:00:00'
3	RANGE_DATE_T	P1	DATETIME'2020-01-01 00:00:00'

```
SQL> alter table range_date_t add partition p4 values less than('2023-1-1');
alter table range_date_t add partition p4 values less than('2023-1-1');
第1行附近出现错误[-2730]:范围分区值非递增
```

对于列表分区，添加分区包含的离散值不能已存在于某个分区中。如果存在默认分区（DEFAULT），直接添加分区会报错：

```
SQL> select table_name,partition_name,high_value from user_tab_partitions
where table_name='LIST_GOODS_T';
```

```
行号          TABLE_NAME    PARTITION_NAME HIGH_VALUE
1            LIST_GOODS_T P3              '沥青','石油焦'
2            LIST_GOODS_T P2              '润滑油'
3            LIST_GOODS_T P1              '汽油','柴油'
4            LIST_GOODS_T P4              default
SQL> alter table list_goods_t add partition p5 values('煤油');
alter table list_goods_t add partition p5 values('煤油');
```

第1行附近出现错误[-2930]:在default分区已存在时无法添加分区。

对于创建了MAXVALUE、DEFAULT分区的分区表，可以先删除MAXVALUE、DEFAULT分区，然后再添加分区。

除了可以对范围分区和列表分区添加分区外，存储选项HASHPARTMAP为1的哈希分区表也支持添加分区：

```
SQL> select table_name,partition_name,high_value from user_tab_partitions
where table_name='HASH_GOODS_T2';
  行号          TABLE_NAME    PARTITION_NAME HIGH_VALUE
  1            HASH_GOODS_T2 DMHASHPART3     NULL
  2            HASH_GOODS_T2 DMHASHPART2     NULL
  3            HASH_GOODS_T2 DMHASHPART1     NULL
  4            HASH_GOODS_T2 DMHASHPART0     NULL
SQL> sp_tabledef('FUQIANG','HASH_GOODS_T2');
  行号          COLUMN_VALUE
  1            CREATE TABLE "FUQIANG"."HASH_GOODS_T2"  (  "ID" INT NOT NULL,
"GOODS" VARCHAR(20),  NOT CLUSTER PRIMARY KEY("ID"))  PARTITION BY HASH("GOODS")
(  PARTITION  "DMHASHPART0"    STORAGE(ON "MAIN", CLUSTERBTR) ,  PARTITION
"DMHASHPART1"    STORAGE(ON "MAIN", CLUSTERBTR) ,  PARTITION  "DMHASHPART2"
STORAGE(ON "MAIN", CLUSTERBTR) ,  PARTITION  "DMHASHPART3"    STORAGE(ON "MAIN",
CLUSTERBTR)) STORAGE(HASHPARTMAP(1), ON "MAIN", CLUSTERBTR);
SQL> alter table hash_goods_t2 add partition dmhashpart4;
SQL> select table_name,partition_name,high_value from user_tab_partitions
where table_name='HASH_GOODS_T2';
  行号          TABLE_NAME    PARTITION_NAME HIGH_VALUE
  1            HASH_GOODS_T2 DMHASHPART3     NULL
  2            HASH_GOODS_T2 DMHASHPART2     NULL
  3            HASH_GOODS_T2 DMHASHPART1     NULL
  4            HASH_GOODS_T2 DMHASHPART0     NULL
  5            HASH_GOODS_T2 DMHASHPART4     NULL
```

添加分区也可以使用图形化管理工具manager。选择分区表，右击"子表"选项，弹出的快捷菜单如图5-2所示。

选择"分区管理"选项，进入"分区管理"界面，如图5-3所示。单击"+"按钮进入"添加分区"页面。修改新加分区各参数，完成后单击"确定"按钮即可。

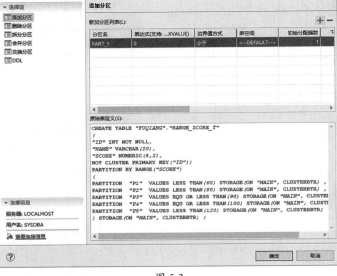

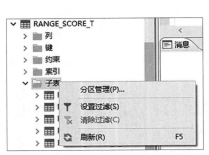

图 5-2   图 5-3

添加分区不会影响分区索引，因为分区索引只是局部索引，新增分区仅是新增分区子表，并更新分区主表的分区信息，其他分区并不发生改变。

2. 删除分区

达梦数据库删除分区的语句为ALTER TABLE DROP PARTITION，可以直接将指定分区删除：

```
SQL> select table_name,partition_name,high_value from user_tab_partitions
where table_name='LIST_GOODS_T';
行号      TABLE_NAME      PARTITION_NAME HIGH_VALUE
1        LIST_GOODS_T    P3             '沥青','石油焦'
2        LIST_GOODS_T    P2             '润滑油'
3        LIST_GOODS_T    P1             '汽油','柴油'
4        LIST_GOODS_T    P4             '煤油'
```

删除p4分区：

```
SQL> alter table list_goods_t drop partition p4;
SQL> select table_name,partition_name,high_value from user_tab_partitions
where table_name='LIST_GOODS_T';
行号      TABLE_NAME      PARTITION_NAME HIGH_VALUE
1        LIST_GOODS_T    P3             '沥青','石油焦'
2        LIST_GOODS_T    P2             '润滑油'
3        LIST_GOODS_T    P1             '汽油','柴油'
```

```
SQL> select table_name,partition_name,high_value from user_tab_partitions
where table_name='RANGE_DATE_T';
  行号         TABLE_NAME    PARTITION_NAME HIGH_VALUE
  1          RANGE_DATE_T P3            MAXVALUE
  2          RANGE_DATE_T P2            DATETIME'2022-01-01 00:00:00'
  3          RANGE_DATE_T P1            DATETIME'2020-01-01 00:00:00'
```

删除p2分区：

```
SQL> alter table range_date_t drop partition p2;
SQL> select table_name,partition_name,high_value from user_tab_partitions
where table_name='RANGE_DATE_T';
  行号         TABLE_NAME    PARTITION_NAME HIGH_VALUE
  1          RANGE_DATE_T P3            MAXVALUE
  2          RANGE_DATE_T P1            DATETIME'2020-01-01 00:00:00'
```

只能对范围分区和列表分区进行删除分区，哈希分区不支持删除分区：

```
SQL> select table_name,partition_name,high_value from user_tab_partitions
where table_name='HASH_GOODS_T2';
  行号         TABLE_NAME     PARTITION_NAME HIGH_VALUE
  1          HASH_GOODS_T2 DMHASHPART3    NULL
  2          HASH_GOODS_T2 DMHASHPART2    NULL
  3          HASH_GOODS_T2 DMHASHPART1    NULL
  4          HASH_GOODS_T2 DMHASHPART0    NULL
  5          HASH_GOODS_T2 DMHASHPART4    NULL
SQL> alter table hash_goods_t2 drop partition dmhashpart4;
  alter table hash_goods_t2 drop partition dmhashpart4;
```

第1行附近出现错误[-2760]:哈希水平分区表[HASH_GOODS_T2]不支持此修改操作。

在图形化工具manager中使用分区管理，选择"删除分区"选项，如图5-4所示。选择要删除的分区，单击"确定"按钮即可删除。

跟增加分区一样，删除分区不会影响分区索引，因为分区索引只是局部索引，删除分区仅是删除分区子表，并更新分区主表的分区信息，其他分区并不发生改变。

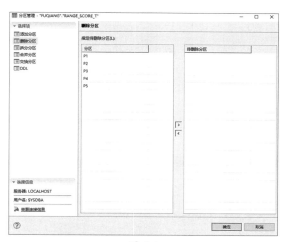

图 5-4

3. 交换分区

交换分区是指将分区数据跟普通表数据交换。

交换分区采用数据字典进行信息交换，不会产生大量的redo日志和undo日志，效率非常高。达梦数据库中仅范围分区和列表分区支持交换分区操作，哈希分区不支持。交换表和分区表的结构要相同，但分区交换不会校验数据是否符合分区范围，所以在执行交换前要保证数据符合分区要求。

例如，创建学生成绩表，按课程名称分区：

```
SQL> create table list_score_t(
2    name varchar(20),
3    course varchar(20),
4    score numeric(5,2)
5    )
6  partition by list(course)(
7  partition p1 values('语文'),
8  partition p2 values('数学'),
9  partition p3 values('外语'),
10 partition p4 values('物理'),
11 partition p5 values('化学'),
12 partition p6 values(default)
13 );
```

创建相同结构的交换表：

```
SQL> create table list_score_exchange_t as select * from list_score_t;
SQL>  select table_name,partition_name,high_value from user_tab_partitions
where table_name='LIST_SCORE_T';
```

行号	TABLE_NAME	PARTITION_NAME	HIGH_VALUE
1	LIST_SCORE_T	P6	DEFAULT
2	LIST_SCORE_T	P5	'化学'
3	LIST_SCORE_T	P4	'物理'
4	LIST_SCORE_T	P3	'外语'
5	LIST_SCORE_T	P2	'数学'
6	LIST_SCORE_T	P1	'语文'

```
6 rows got
```

插入测试数据：

```
SQL> insert into list_score_t values('张三','物理',90);
SQL> commit;
SQL> select * from list_score_t partition(p4);
行号       NAME COURSE SCORE
```

```
      1            张三  物理    90.00
SQL> insert into list_score_exchange_t values('李四','数学',80),('王二',
'地理',98);
SQL> commit;
```

将"物理"分区（p4）与交换表中的数据进行交换：

```
SQL> select * from list_score_exchange_t;
行号        NAME  COURSE  SCORE
1          李四   数学    80.00
2          王二   地理    98.00
SQL> alter table list_score_t exchange partition p4 with table list_score_
exchange_t;
```

查看交换表中的数据：

```
SQL> select * from list_score_exchange_t;
行号        NAME  COURSE  SCORE
1          张三   物理    90.00
```

查看"物理"分区（p4）中的数据：

```
SQL> select * from list_score_t partition(p4);
行号        NAME  COURSE  SCORE
1          李四   数学    80.00
2          王二   地理    98.00
```

从测试情况看，"数学""地理"的成绩交换到了"物理"分区。说明交换分区过程并不对数据进行校验，这一点要引起注意。

在图形化工具manager中，进入"分区管理"界面，选择"交换分区"选项，如图5-5所示。选择要交换的分区和交换表，单击"确定"按钮即可。

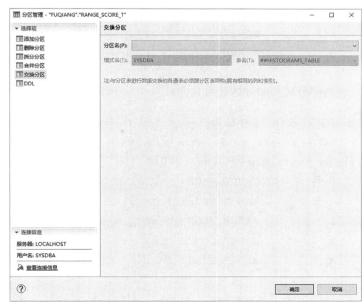

图 5-5

4. 合并分区

将两个范围分区的内容融合到一个分区，可以使用ALTER TABLE MERGE PARTITION语句。如果分区的数据很少，或相对其他分区某些分区的数据量较少，导致磁盘I/O不均衡，就可以考虑使用合并分区。

例如，对列表分区表进行分区合并：

```
SQL> select table_name,partition_name,high_value from user_tab_
partitions where table_name='LIST_GOODS_T';
行号        TABLE_NAME      PARTITION_NAME HIGH_VALUE
1          LIST_GOODS_T P3                '沥青','石油焦'
2          LIST_GOODS_T P2                '润滑油'
3          LIST_GOODS_T P1                '汽油','柴油'
SQL> alter table list_goods_t merge partitions p2,p3 into partition p2_3;
SQL> select table_name,partition_name,high_value from user_tab_partitions
where table_name='LIST_GOODS_T';
行号        TABLE_NAME      PARTITION_NAME HIGH_VALUE
1          LIST_GOODS_T P2_3              '沥青','润滑油','石油焦'
2          LIST_GOODS_T P1                '汽油','柴油'
```

对范围分区表进行分区合并：

```
SQL> select table_name,partition_name,high_value from user_tab_partitions
where table_name='RANGE_SCORE_T';
行号        TABLE_NAME      PARTITION_NAME HIGH_VALUE
1          RANGE_SCORE_T P4                100
2          RANGE_SCORE_T P3                90
3          RANGE_SCORE_T P2                80
4          RANGE_SCORE_T P5                120
5          RANGE_SCORE_T P1                60
```

将p3分区和p4分区进行合并：

```
SQL> alter table range_score_t merge partitions p3,p4 into partition p3_4;
SQL> select table_name,partition_name,high_value from user_tab_partitions
where table_name='RANGE_SCORE_T';
行号        TABLE_NAME      PARTITION_NAME HIGH_VALUE
1          RANGE_SCORE_T P3_4              100
2          RANGE_SCORE_T P2                80
3          RANGE_SCORE_T P5                120
4          RANGE_SCORE_T P1                60
```

在图形化工具manager中，进入"分区管理"界面，选择"合并分区"选项，如图5-6所示。

选中"分区合并"单选按钮，选择合并的分区，单击"确定"按钮即可。

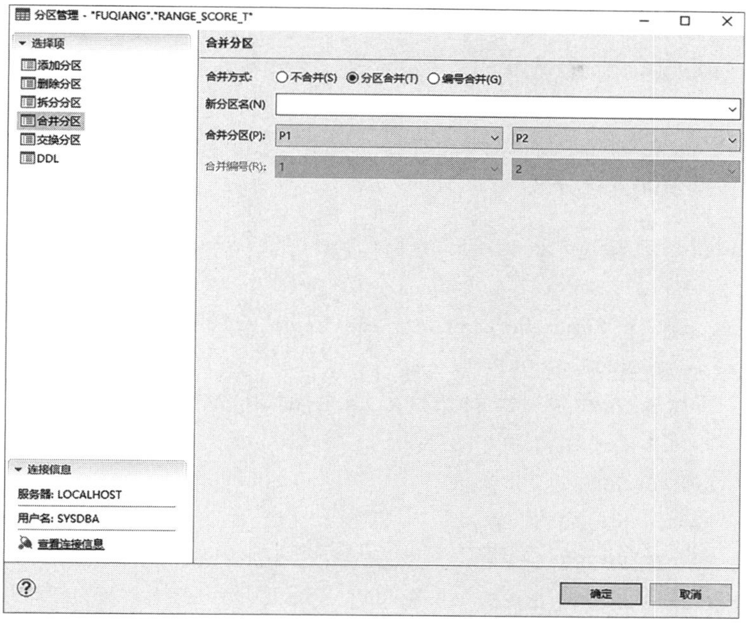

图 5-6

目前的版本只能对范围分区表和列表分区表支持合并分区。其中，合并的RANGE分区必须是范围相邻的两分区。

多级分区表进行MERGE合并的注意事项如下。

（1）仅支持一级子表类型为RANGE、LIST。

（2）合并多级分区表中的一级子表时，该一级子表下的二级及以上层次子表按照级别分别由系统自动合并为一个子表，子表名称由系统内部设置。RANGE类型范围值为MAXVALUE；LIST类型范围值为DEFAULT。

（3）不允许自定义二级及以上层次子表。

（4）不允许直接合并二级及以上层次子表。

合并分区会导致数据的重组和分区索引的重建，因此，合并分区可能会比较耗时，所需时间取决于分区数据量的大小。

5. 拆分分区

ALTER TABLE语句的SPLIT PARTITION子句被用于将一分区中的内容重新划分成两个新的分区。当一个分区变得太大以至于要用很长时间才能完成备份、恢复或维护操作时，就应考虑做拆分分区的工作，还可以用SPLIT PARTITION子句来重新划分I/O负载。目前仅范围分区表支持拆分分区。

例如：

```
SQL> select table_name,partition_name,high_value from user_tab_partitions
where table_name='RANGE_SCORE_T';
  行号       TABLE_NAME     PARTITION_NAME HIGH_VALUE
```

1	RANGE_SCORE_T P3_4	100
2	RANGE_SCORE_T P2	80
3	RANGE_SCORE_T P5	120
4	RANGE_SCORE_T P1	60

将分区p3_4按键值90进行分区：

```
SQL> alter table range_score_t split partition p3_4 at(90) into (partition
p3,partition p4);
SQL> select table_name,partition_name,high_value from user_tab_partitions
where table_name='RANGE_SCORE_T';
```

行号	TABLE_NAME	PARTITION_NAME	HIGH_VALUE
1	RANGE_SCORE_T	P2	80
2	RANGE_SCORE_T	P5	120
3	RANGE_SCORE_T	P1	60
4	RANGE_SCORE_T	P4	100
5	RANGE_SCORE_T	P3	90

在图形化工具manager中，进入"分区管理"界面，如图5-7所示，选择"拆分分区"选项。

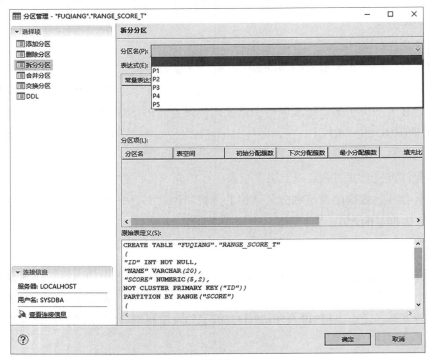

图 5-7

选择要拆分的分区，如图5-8所示。单击"+"按钮添加分区表达式，修改常量表达式，单击"确定"按钮即可。

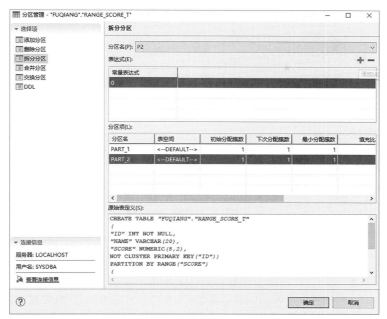

图 5-8

拆分分区另一个重要用途是作为新增分区的补充。通过拆分分区，可以对范围分区表的开始或中间范围添加分区。

多级分区表进行拆分的注意事项如下。

（1）仅支持一级子表类型为RANGE、LIST。

（2）支持拆分为2个或多个子表。

（3）不允许自定义二级及以上层次子表。

（4）拆分产生的新分区二级及以上层次子表结构与被拆分子表保持一致，名称由系统内部定义。

拆分分区会导致数据的重组和分区索引的重建，因此，拆分分区可能会比较耗时，所需时间取决于分区数据量的大小。

5.4.3　分区表限制

达梦数据库的分区表有如下限制条件。

（1）分区列类型必须是数值型、字符型或日期型，不支持BLOB、CLOB、IMAGE、TEXT、LONGVARCHAR、BIT、BINARY、VARBINARY、LONGVARBINARY、时间间隔类型和用户自定义类型为分区列。

（2）范围分区和哈希分区的分区键可以是多个，最多不超过16列；LIST分区的分区键必须唯一。

（3）水平分区表指定主键和唯一约束时，分区键必须都包含在主键和唯一约束中。

（4）水平分区表不支持临时表。

（5）不能在水平分区表上建立自引用约束。

（6）普通环境中，水平分区表的各级分区总数上限是65535；MPP环境下，水平分区表的各级分区总数上限取决于配置文件dm.ini中的参数MAX_EP_SITES，上限为$2^{(16 -\log_2 \text{MAX\_EP\_SITES})}$。例如：当MAX_EP_SITES为默认值64时，分区总数上限为1024。

（7）不允许对分区子表执行任何DDL操作。

（8）哈希分区支持重命名、增加/删除约束、设置触发器是否启用的修改操作。

（9）范围分区支持分区合并、拆分、增加、删除、交换、重命名、增加/删除约束、设置触发器是否生效操作。

（10）LIST分区支持分区合并、拆分、增加、删除、交换、重命名、增加/删除约束、设置触发器是否生效操作。

（11）LIST分区范围值不能为NULL。

（12）LIST分区子表范围值个数与数据页大小和相关系统表列长度相关，存在以下限制。

- 4KB页，单个子表最多支持120个范围值。
- 8KB页，单个子表最多支持254个范围值。
- 16KB/32KB页，单个子表最多支持270个范围值。

（13）对范围分区增加分区值必须是递增的，即只能在最后一个分区后添加分区。LIST分区增加分区值不能存在于其他已存在分区。

（14）当分区数仅剩一个时，不允许删除分区。

（15）仅能对相邻的范围分区进行合并，合并后的分区名可为高分区名或新分区名。

（16）拆分分区的分区值必须在原分区范围中，并且分区名不能跟已有分区名相同。

（17）与分区进行分区交换的普通表，必须与分区表拥有相同的列及索引，但交换分区并不会对数据进行校验，即交换后的数据并不能保证数据完整性，如CHECK约束；分区表与普通表创建的索引顺序要求一致。

（18）不能对水平分区表建立全局聚集索引、局部唯一函数索引或全文索引。

（19）不能对分区子表单独建立索引。

（20）在未指定ENABLE ROW MOVEMENT的分区表上执行更新分区键，不允许更新后数据发生跨分区的移动，即不能有行迁移。

（21）不能在分区语句的STORAGE子句中指定BRANCH选项。

（22）不允许引用水平分区子表作为外键约束。

（23）多级分区表最多支持八层。

（24）多级分区表支持下列修改表操作：新增分区、新增列、删除列、删除表级约束、修改表名、设置与删除列的默认值、设置列NULL属性、设置列可见性、设置行迁移属性、启用超长记录、WITH DELTA、新增子分区、删除子分区、修改二级分区模板信息。

（25）水平分区表支持的列修改操作除了多级分区表支持的操作外，还支持：设置触发器生效/失效、修改列名、修改列属性、增加表级主键约束、删除分区、拆分/合并分区和交换分区。

（26）水平分区表中包含大字段、自定义字段列，则定义时指定ENABLE ROW MOVEMENT参数无效，即不允许更新后数据发生跨分区的移动。

（27）间隔分区表的限制说明如下。

- 仅支持一级范围分区创建间隔分区。

- 只能有一个分区列，且分区列类型为日期或数值。
- 对间隔分区进行拆分，只能在间隔范围内进行操作。
- 被拆分/合并的分区，其左侧分区不再进行自动创建。
- 不相邻的间隔的分区，不能合并。
- 表定义不能包含MAXVALUE分区。
- 不允许新增分区。
- 不能删除起始间隔分区。
- 间隔分区表定义语句显示到起始间隔分区为止。
- 自动生成的间隔分区，均不包含边界值。
- 间隔表达式只能为常量或日期间隔函数。日期间隔函数为：NUMTOYMINTERVAL、NUMTODSINTERVAL；数值常量可以为整型、DEC类型。
- MPP（分布式）环境不支持间隔分区表。

5.5 修改表

达梦数据库提供表修改语句可对表的结构进行全面修改，包括修改表名、列名、增加列、删除列、修改列类型、增加表级约束、删除表级约束、设置列默认值、设置触发器状态等一系列修改。对于外部表，达梦数据库只提供外部表的文件（控制文件或数据文件）路径修改功能，如果想更改外部表的表结构，可以通过重建外部表来实现。

语法格式：

```
ALTER TABLE [<模式名>.]<表名> <修改表定义子句>
<修改表定义子句> ::=
MODIFY <列定义>|
ADD [COLUMN] <列定义>|
ADD [COLUMN] (<列定义> {,<列定义>})|
REBUILD COLUMNS|
DROP [COLUMN] <列名> [RESTRICT | CASCADE] |
ADD [CONSTRAINT [<约束名>] ] <表级约束子句> [<CHECK选项>] [<失效生效选项>]|
DROP CONSTRAINT <约束名> [RESTRICT | CASCADE] |
ALTER [COLUMN] <列名> SET DEFAULT <列默认值表达式>|
ALTER [COLUMN] <列名> DROP DEFAULT |
ALTER [COLUMN] <列名> RENAME TO <列名> |
ALTER [COLUMN] <列名> SET <NULL | NOT NULL>|
ALTER [COLUMN] <列名> SET [NOT] VISIBLE|
RENAME TO <表名> |
ENABLE ALL TRIGGERS |
DISABLE ALL TRIGGERS |
MODIFY <空间限制子句>|
```

```
MODIFY CONSTRAINT <约束名> TO <表级约束子句> [<CHECK选项>][RESTRICT | CASCADE] |
MODIFY CONSTRAINT <约束名> ENABLE [<CHECK选项>] |
MODIFY CONSTRAINT <约束名> DISABLE [RESTRICT | CASCADE] |
WITH COUNTER |
WITHOUT COUNTER |
MODIFY PATH <外部表文件路径> |
DROP IDENTITY |
DROP AUTO_INCREMENT |
ADD [COLUMN] <列名> <自增列子句> |
AUTO_INCREMENT [=] <起始边界值> |
ENABLE CONSTRAINT <约束名> [<CHECK选项>] |
DISABLE CONSTRAINT <约束名> [RESTRICT | CASCADE] |
DEFAULT DIRECTORY <目录名> |
LOCATION ('<文件名>') |
ENABLE USING LONG ROW |
ADD LOGIC LOG |
DROP LOGIC LOG |
WITHOUT ADVANCED LOG |
TRUNCATE ADVANCED LOG |
TRUNCATE PARTITION <分区名> |
TRUNCATE PARTITION (<分区名>) |
TRUNCATE SUBPARTITION <子分区名> |
TRUNCATE SUBPARTITION (<子分区名>) |
MOVE TABLESPACE <表空间名> |
DROP PRIMARY KEY [RESTRICT | CASCADE]
```

参数说明：

（1）<模式名>：指明被操作的基表属于哪个模式，默认为当前模式。

（2）<表名>：指明被操作的基表的名称。

（3）<列名>：指明修改、增加或被删除列的名称。

（4）<数据类型>：指明修改或新增列的数据类型。

（5）<列默认值>：指明新增/修改列的默认值，其数据类型与新增/修改列的数据类型一致。

（6）<空间限制子句>：分区表不支持修改空间限制。

（7）<CHECK选项>：设置在添加外键约束的时候，是否对表中的数据进行约束检查；在添加约束、修改约束和使约束生效时，不指明CHECK属性，默认为CHECK。

（8）<外部表文件路径>：指明新的文件在操作系统下的路径＋新文件名。数据文件的存放路径符合数据库安装路径的规则，且该路径必须是已经存在的。

（9）<表空间名>：指明被操作的基表移动的目标表空间。

AUTO_INCREMENT [=] <起始边界值>指定的<起始边界值> 必须大于当前系统中的<起始边界值>。

主要功能如下。

（1）修改一列的数据类型、精度、刻度，设置列上的DEFAULT、NOT NULL、NULL。

（2）增加一列及该列上的列级约束。

（3）重建表上的聚集索引数据，消除附加列。

（4）删除一列。

（5）增加、删除表上的约束。

（6）启用、禁用表上的约束。

（7）表名/列名的重命名。

（8）修改触发器状态。

（9）修改表的最大存储空间限制。

（10）修改外部表的文件路径。

（11）修改超长记录（变长字符串）存储方式。

（12）增加、删除表上记录物理逻辑日志的功能。

（13）将表移到目标表空间。

常用操作举例如下。

添加字段：

```
SQL> alter table t1 add column col1 varchar(20);
```

字段改名：

```
SQL> alter table t1 alter col1 rename to col2;
```

删除字段：

```
SQL> alter table t1 drop col2;
```

注意 如果字段上建有聚集索引，则不能删除：

```
SQL> alter table t1 drop name;
 alter table t1 drop name;
```

第1行附近出现错误[-2865]:不能修改或删除聚集索引的列。

5.6　索引

索引是建立在表的一列或多列数据上的数据库对象，目的是加快数据检索速度。索引由根节点、分支节点和叶子节点组成，上级索引块包含下级索引块的索引数据，叶节点包含索引数据和其对应的数据行的位置信息。

索引的创建要考虑很多因素：数据分布情况、是否有重复值、是否有空值（NULL）、常用的检索条件等，需要综合考虑。

索引是一把双刃剑，一方面可以提升数据库读的性能；另一方面，写入数据的同时需要对索引进行维护，会降低数据库的写的性能。因此，用户要在这两者之间找到一个平衡。

达梦数据库提供了几种最常见类型的索引。

（1）聚集索引：每一个普通表有且只有一个聚集索引。

（2）唯一索引：索引数据根据索引键唯一。

（3）函数索引：包含函数/表达式的预先计算的值。

（4）位图索引：对低基数的列创建位图索引。

（5）位图连接索引：针对两个或多个表连接的位图索引，主要用于数据仓库。

（6）全文索引：在表的文本列上创建的索引。

如果在创建索引时不加指定，则创建的是普通的B树索引。

达梦数据库的普通表是索引组织表。索引组织表除了聚集索引外，其他的索引都称为二级索引（secondeary index），或非聚集索引（none clustered index）。如果普通表未指定主键，或主键不是聚集索引键，则ROWID为聚集索引键。

二级索引也是一个B+树索引，但它和聚集索引不同的是叶子节点存放的是索引键值、聚集索引键值。通过二级索引只能定位聚集索引键值，需要额外再通过聚集索引进行查询，才能得到最终结果。这种"二级索引通过聚集索引进行再一次查询"的操作叫作"回表"。

索引组织表的二级索引设计有一个非常大的好处：当记录发生修改时，其他的二级索引无须进行维护，除非记录的聚集主键发生了修改（这种情况非常少）。因为减少了维护其他二级索引的开销，在发生大规模数据变更的场景下，性能优势会非常明显。

用户查看索引的视图为USER_INDEXES，查看所有模式下的索引的视图为DBA_INDEXES。

5.6.1 聚集索引

达梦数据库的普通表是B+树索引结构管理的索引组织表，每一个普通表都有且仅有一个聚集索引，数据都通过聚集索引键排序，根据聚集索引键可以快速查询任何记录。

索引组织表的B+树结构中的叶子节点存放了表中完整的记录，表中的数据记录是根据主键索引排序存储在索引中。表就是索引，索引就是表。

当建表语句未指定聚集索引键时，数据库的默认聚集索引键是ROWID。若指定索引键，表中数据都会根据指定索引键排序。建表后，也可以用创建新聚集索引的方式来重建表数据，并按新的聚集索引排序。

新建聚集索引会重建这个表以及其所有索引，包括二级索引、函数索引，这是一个代价非常大的操作。因此，最好在建表时就确定聚集索引键，或在表中数据比较少时新建聚集索引，尽量避免在已经存放了大量数据的表上创建聚集索引。

此外，普通表的数据是按照聚集索引键的顺序进行存储的。数据插入的顺序最好能按照聚集索引键的顺序插入，这样可以避免出现数据页的分裂、拆分。因此，聚集索引键最好不要选择无序或随机的键值。

创建聚集索引的约束条件如下。

（1）每张表中只允许有一个聚集索引，如果之前已经指定过CLUSTER INDEX，或者指定了CLUSTER PK，则用户新建立CLUSTER INDEX时，系统会自动删除原先的聚集索引。但如果新建聚集索引时指定的创建方式（列、顺序）和之前的聚集索引一样，则会报错。

（2）指定CLUSTER INDEX操作会重建表上的所有索引，包括PK索引。

（3）删除聚集索引时，默认以ROWID排序，自动重建所有索引。

（4）若聚集索引是默认的ROWID索引，不允许删除。

（5）聚集索引不能应用到函数索引中。

（6）不能在列存储表上新建/删除聚集索引。

（7）建聚集索引语句不能含有partition_clause子句。

（8）在临时表上增删索引会使当前会话上临时B树的数据丢失。

5.6.2　唯一索引

唯一索引（unique index）可以约束索引列的数据保持唯一。主键实质上是唯一索引+非空（not mull）限制。

5.6.3　位图索引

位图索引（bitmap index）是用位图表示的索引。位图索引的一个索引键条目可以存放多行数据记录的指针，占用存储空间少，适合重复值较多的数据。与其他类型索引不同，位图索引还可以包含空值（null）。而且如果一个表上的多个列上建有位图索引，查询条件包含这些列时，数据库还可以在查询过程中把这些列上的位图索引合并成一个非常高效的索引，这也是其他类型索引无法做到的。

位图索引唯一的缺点是变更数据时会锁表。例如，变更（insert、update、delete）一条记录时，假设该记录的字段C1的值为x，且C1上建有位图索引，数据库会把所有C1字段为x的数据行锁住，阻塞其他会话变更这些数据行，直至变更操作完成，这就导致数据库并发写的性能严重下降。因此，位图索引不适合变更频繁的表，在事务型的数据库（OLTP）中使用位图索引要慎重。

但在读密集的表上，位图索引表现的性能非常优异，非常适合用在OLAP（数据仓库）系统上。甚至有人建议把数据仓库中的表的所有字段上都建立位图索引。

注意 位图索引只能在堆表上创建，有聚集索引的表（普通表）上不能创建位图索引。

此外，数据仓库在ETL（数据抽取、转换、加载）过程中，为了提高效率，最好先把表上的位图索引删除或改为UNUSABLE状态，等待数据加载完成再创建或重建（REBUILD）索引。

5.6.4　修改索引

达梦数据库提供索引修改语句，包括修改索引名称、设置索引的查询计划可见性、改变索引有效性、重建索引和索引监控的功能。

语法格式：

```
ALTER  INDEX [<模式名>.]<索引名> <修改索引定义子句>
<修改索引定义子句> ::=
RENAME TO [<模式名>.]<索引名> |
INVISIBLE |
VISIBLE |
UNUSABLE |
REBUILD [NOSORT] [ONLINE] |
<MONITORING | NOMONITORING> USAGE
```

参数说明：

（1）<模式名>：索引所属的模式，默认为当前模式。

（2）<索引名>：索引的名称。

使用说明：

（1）当索引修改成INVISIBLE时，查询语句的执行计划不会使用该索引。修改成VISIBLE，则生成的执行计划使用该索引。默认是VISIBLE。

（2）当指定UNUSABLE时，索引将被设置为无效状态，系统将不再维护此索引。该操作仅支持对二级索引的修改。

索引状态信息可以通过系统视图SYSOBJECTS的VALID字段，或DBA_INDEXES、USER_INDEXES的STATUS字段查看。

处于无效状态的索引可以利用REBUILD重建使其生效。此外，TRUNCATE表也会将该表所有失效索引设置为生效。

（3）当指定REBUILD时，将重建索引并设置索引的状态为生效状态。NOSORT指定重建时不需要排序；ONLINE子句表示重建时使用异步创建逻辑，在重建过程中可以对索引依赖的表做增、删、改操作。

▶ 5.6.5 索引与执行计划

一条SQL语句的执行过程分以下四个步骤。

（1）语法检查（syntax check）：检查此SQL的拼写语法是否正确。

（2）语义检查（semantic check）：检查该用户是否具备SQL语句中的访问对象的执行权限。

（3）生成执行计划。

（4）执行SQL。

以上步骤称为"硬解析"。而"软解析"是指相似的SQL使用同一个执行计划。相似的SQL是指语句除了筛选变量不同，其他部分都一样。软解析省去生成执行计划的步骤，提高了执行效率。

执行计划（execution plan）也叫查询计划或者解释计划,是数据库执行SQL语句的具体步骤，例如通过索引还是全表扫描访问表中的数据，连接查询的实现方式和连接的顺序等。

通过explain可以得到SQL语句的执行计划。例如：

```
SQL> explain select * from fuqiang.t1;
1   #NSET2: [1, 1, 60]
2     #PRJT2: [1, 1, 60]; exp_num(3), is_atom(FALSE)
3       #CSCN2: [1, 1, 60]; INDEX33555891(T1)
```

1. RBO 和 CBO

SQL语句的执行计划是由优化器生成的。目前的优化器技术主要分两种：RBO（Rule-Based Optimization，基于规则的优化器）和CBO（Cost-Based Optimization，基于成本的优化器）。

RBO根据指定的优先顺序规则，对指定的表进行执行计划的选择。例如，索引的优先级大于全表扫描。这样的规则在实际应用中有时并不合理。如果表中的数据量很少，或者表中的数据记录大部分都符合SQL语句的筛选条件，这时走索引反而会增加读数据的次数，还不如直接全表扫描的效率高。

此外，SQL语句的写法也会影响RBO生成执行计划，它要求开发人员非常了解RBO的各项细则，同时对数据表各个字段的数据情况也非常清楚。例如，筛选子句where c1 and c2 and c3，数据库对where子句的解析执行顺序通常是从右至左，按照能过滤掉的数据量排序，理想的情况是C3>C2>C1，这样才能让数据检索效率大幅提高，从而使SQL执行计划达到最优。但开发人员的主要精力往往都用在编写业务逻辑的代码上，要求他们对每个表中的数据分布情况也十分清楚，这不现实。而且筛选条件从右至左的执行顺序也不符合人的思维顺序和代码书写习惯。最重要的是，数据的分布是动态变化的，系统开发阶段跟实际生产环境往往有很大差异，开发阶段的"最优"执行计划不一定适合未来的变化。

RBO规则死板，生成的执行计划依赖于开发人员的SQL水平，无法适应环境变化，很难达到最优。因此，RBO基本废弃了，由CBO取而代之。

CBO的原理是计算各种可能的"执行计划"的成本（COST），从中选择成本最低的执行方案作为实际运行方案。COST的计算依据来自数据库对象的统计信息（表、索引的行数、块数、平均每行的大小、索引的leaf blocks、索引字段的行数、不同值的大小等），统计信息的准确程度会影响CBO做出最优的选择。如果在执行SQL时发现涉及对象（表、索引等）没有被分析、统计过，就会采用一种叫作动态采样的技术实时收集表和索引上的一些数据信息。

统计信息的搜集由数据库按照计划定时执行，一般不用关注。

2. hint

有的开发人员很迷信索引，总觉得用索引一定比不用好，所以他们在写SQL语句时会通过加hint（提示）的方式强制用索引。例如SELECT /*+ INDEX(表名.索引名) */…。前面也强调了，开发环境跟真实的生产环境是有差异的，当前状态下的最优不等于永远最优。而且数据库的数据变化是动态的，我们无法保证眼前的最优执行计划会一直是最优的，把这些事情交给CBO去做会更好。与其费尽心思强制用索引，不如把精力放在程序算法优化上，这样效果会更好。

第 6 章

DM_SQL简介

SQL（Structured Query Language，结构化查询语言）是一种高级的非过程化编程语言，虽然名称上有个查询（query），但其功能不仅仅是查询，还包括插入、更新数据，以及管理数据库系统。

SQL语言不需要用户了解底层的数据存储方式和存取过程，不同的数据库系统也可以使用相同的结构化查询语言，很多非关系型数据库也都采用了类似SQL的命令进行数据库操作。

DM_SQL语言是标准SQL的扩充，集数据定义、数据查询、数据操纵和数据控制于一体，具有功能强大、使用简单方便、容易掌握等特点。而且DM_SQL兼容了Oracle数据库的SQL大部分特性，常用格式的Oracle SQL语句可以直接在达梦数据库上运行。

6.1 表达式

由常量、变量、函数和运算符组成的式子称为表达式。

6.1.1 数值表达式

一元运算符+和-：代表表达式的正负号。

一元运算符~：按位非运算符，要求参与运算的操作数都为整数数据类型。

二元运算符+、-、*、/：分别表示加、减、乘、除运算。

二元运算符&：按位与运算符，要求参与运算的操作数都为整数数据类型。

二元运算符|：按位或运算符，要求参与运算的操作数都为整数数据类型。

二元运算符^：按位异或运算符，要求参与运算的操作数都为整数数据类型。

二元运算符<<、>>：左移、右移运算符，要求参与运算的操作数只能为整数数据类型、精确数据类型。

6.1.2 字符串表达式

连接运算符（||）用于将字符串连接在一起，并返回一个字符串。其长度等于两个运算数长度之和。

如果是不加单引号的数值，连接时会自动将数值转换为字符串：

```
SQL> select 849.54||784.34;
行号        849.54||784.34
1          849.54784.34
```

如果有多个0，例如00000，或者是其他数值形式，例如4.82E5，则会先转换成数字，然后连接：

```
SQL> select 9.99E4||99;
行号        99900||99
1          9990099
SQL> select 000000||99;
行号        0||99
1          099
```

如果是时间类型，也会转换标准时间格式，然后连接：

```
SQL> select timestamp'2022-9-5 1:2:3'||'abc';
行号        DATETIME'2022-9-51:2:3'||'abc'
1          2022-09-05 01:02:03abc
```

如果运算数是NULL，则NULL等价为空串：

```
SQL> select 'abcde' || null || 12345;
行号        'abcde'||NULL||12345
1          abcde12345
```

6.1.3　时间表达式

Oracle数据库的datetime数据类型功能非常强大，使用起来也非常灵活。达梦数据库的日期时间类型数据处理方式吸收了Oracle数据库的优点，又做了改进，使用起来更加方便。日期时间数据类型是基本的数据类型，开发人员应该全面掌握日期时间类型数据的处理方法。

Oracle数据库对满足日期时间格式的字符串要进行转换才能作为日期时间类型处理，例如，to_date（'2022-10-10','yyyy-mm-dd'）、to_date（'2022/10/10 18:05','yyyy/mm/dd hh24:mi'）。时间格式的数据转换成字符串也有专门的函数to_char，例如，to_char（sysdate,'yyyy-mm-dd hh24:mi:ss'）。

达梦数据库默认对满足日期时间格式的字符串转换较为简单，会自动识别字符串的格式：

```
SQL> select date'2022-10-1';
行号        DATE'2022-10-1'
1          2022-10-01
SQL> select datetime'2022/10/1 18:05';
行号        DATETIME'2022/10/118:05'
1          2022-10-01 18:05:00
SQL> select datetime'2022/10-1';
行号        DATETIME'2022/10-1'
1          2022-10-01 00:00:00
```

达梦数据库完全兼容Oracle数据库的日期时间转换：

```
SQL> select to_date('2022-10-1','yyyy-mm-dd');
行号        TO_DATE('2022-10-1','yyyy-mm-dd')
1          2022-10-01 00:00:00
SQL> select to_date('2022-10-1 18:10:20','yyyy-mm-dd hh24:mi:ss');
行号        TO_DATE('2022-10-118:10:20','yyyy-mm-ddhh24:mi:ss')
1          2022-10-01 18:10:20
```

日期时间类型的数据也可以做各种运算。

（1）日期+间隔，日期-间隔和间隔+日期，得到日期。

日期表达式的计算是根据有效格里高利日期的规则。如果结果是一个无效的日期，表达式将出错。参与运算的间隔类型只能是INTERVAL YEAR、INTERVAL MONTH、INTERVAL YEAR TO MONTH、INTERVAL DAY。

```
SQL> select date'2022-10-1'+ 1;
行号        DATE'2022-10-1'+1
1           2022-10-02
SQL> select date'2022-10-1'+ interval '1' month;
行号        DATE'2022-10-1'+INTERVAL+'1'MONTH
1           2022-11-01
SQL> select date'2022-10-1'+ interval '1' year;
行号        DATE'2022-10-1'+INTERVAL+'1'YEAR
1           2023-10-01
```

（2）时间+间隔，时间-间隔和间隔+时间，得到时间。

时间表达式的计算是根据有效格里高利日期的规则。如果结果是一个无效的时间，表达式将出错。参与运算的间隔类型只能是INTERVAL DAY、INTERVAL HOUR、INTERVAL MINUTE、INTERVAL SECOND、INTERVAL DAY TO HOUR、INTERVAL DAY TO MINUTE、INTERVAL DAY TO SECOND、INTERVAL HOUR TO MINUTE、INTERVAL HOUR TO SECOND、INTERVAL MINUTE TO SECOND。

```
SQL> select time'20:1:2' + interval '1' second;
行号        TIME'20:1:2'+INTERVAL+'1'SECOND
1           20:01:03
SQL> select time'20:1:2' + interval '1' minute;
行号        TIME'20:1:2'+INTERVAL+'1'MINUTE
1           20:02:02
SQL> select time'20:1:2' + interval '1' hour;
行号        TIME'20:1:2'+INTERVAL+'1'HOUR
1           21:01:02
```

当结果的小时值大于或等于24时，时间表达式是对24模的计算。

```
SQL> select time'20:1:2' + interval '1' day to hour;
行号        TIME'20:1:2'+INTERVAL+'1'DAYTOHOUR
1           20:01:02
SQL> select time'20:1:2' + interval '10' hour;
行号        TIME'20:1:2'+INTERVAL+'10'HOUR
1           06:01:02
```

（3）时间戳+间隔，时间戳-间隔和间隔+时间戳，得到时间戳。

时间戳表达式的计算是根据有效格里高利日期的规则。如果结果是一个无效的时间戳，表达式将出错。参与运算的间隔类型只能是INTERVAL YEAR、INTERVAL MONTH、INTERVAL YEAR TO MONTH、INTERVAL DAY、INTERVAL HOUR、INTERVAL MINUTE、INTERVAL SECOND、INTERVAL DAY TO HOUR、INTERVAL DAY TO MINUTE、INTERVAL DAY TO

SECOND、INTERVAL HOUR TO MINUTE、INTERVAL HOUR TO SECOND、INTERVAL MINUTE TO SECOND。

```
SQL> select datetime'2022-10-1 1:2:3' + interval '1' second;
行号      DATETIME'2022-10-11:2:3'+INTERVAL+'1'SECOND
1        2022-10-01 01:02:04
SQL> select datetime'2022-10-1 1:2:3' + interval '1' minute;
行号      DATETIME'2022-10-11:2:3'+INTERVAL+'1'MINUTE
1        2022-10-01 01:03:03
SQL> select datetime'2022-10-1 1:2:3' + interval '1' hour;
行号      DATETIME'2022-10-11:2:3'+INTERVAL+'1'HOUR
1        2022-10-01 02:02:03
SQL> select datetime'2022-10-1 1:2:3' + interval '1' day;
行号      DATETIME'2022-10-11:2:3'+INTERVAL+'1'DAY
1        2022-10-02 01:02:03
SQL> select datetime'2022-10-1 1:2:3' + interval '1' month;
行号      DATETIME'2022-10-11:2:3'+INTERVAL+'1'MONTH
1        2022-11-01 01:02:03
SQL> select datetime'2022-10-1 1:2:3' + interval '1' year;
行号      DATETIME'2022-10-11:2:3'+INTERVAL+'1'YEAR
1        2023-10-01 01:02:03
```

与时间的计算不同，当结果的小时值大于或等于24时，结果进位到天。

```
SQL> select datetime'2022-10-1 1:2:3' + interval '23' hour;
行号      DATETIME'2022-10-11:2:3'+INTERVAL+'23'HOUR
1        2022-10-02 00:02:03
```

（4）日期-日期，得到间隔（以日为单位）。

```
SQL> select date'2022-10-2' - date'2020-1-1';
行号      DATE'2022-10-2'-DATE'2020-1-1'
1        1005
```

（5）时间-时间，得到间隔。

需要对结果强制使用语法：(时间表达式-时间表达式)<时间间隔限定符>。

```
SQL> select (time'20:10' - time'18:5')hour;
行号      (TIME'20:10'-TIME'18:5')HOUR
1        INTERVAL '2' HOUR(9)
SQL> select (time'20:10' - time'18:05') second;
行号      (TIME'20:10'-TIME'18:05')SECOND
1        INTERVAL '7500.000000' SECOND(9, 6)
```

（6）时间戳-时间戳，得到间隔。

需要对结果强制使用语法：（时间戳表达式-时间戳表达式）<时间间隔限定符>。

```
SQL> select (datetime'2022-10-2 12' - datetime'2022-10-1')hour;
行号        (DATETIME'2022-10-212'-DATETIME'2022-10-1')HOUR
1           INTERVAL '36' HOUR(9)
SQL> select (datetime'2022-10-2 12' - datetime'2022-10-1')minute;
行号        (DATETIME'2022-10-212'-DATETIME'2022-10-1')MINUTE
1           INTERVAL '2160' MINUTE(9)
SQL> select (datetime'2022-10-2 12' - datetime'2022-10-1')second;
行号        (DATETIME'2022-10-212'-DATETIME'2022-10-1')SECOND
1           INTERVAL '129600.000000' SECOND(9, 6)
```

6.1.4　运算符优先级

当一个复杂的表达式有多个运算符时，运算符优先级决定执行运算的先后次序。在较低优先级的运算符之前先对较高优先级的运算符进行求值。运算符优先级（从高到低排列）如下。

（1）()。

（2）+（一元正）、-（一元负）、~（一元按位非）。

（3）*（乘）、/（除）。

（4）+（加）、-（减）。

（5）||（串联）。

（6）^（按位异或）、&（按位与）、|（按位或）。

6.2　数据定义

6.2.1　修改数据库

修改数据库需要具有DBA角色或ALTER DATABASE权限。

一个数据库创建成功后，可以修改日志文件大小、增加和重命名日志文件、移动数据文件；可以修改数据库的状态和模式；还可以进行归档配置。

语法格式：

```
ALTER DATABASE <修改数据库语句>;
<修改数据库语句>::=
    RESIZE LOGFILE <文件路径> TO <文件大小>|
    ADD LOGFILE <文件说明项>{,<文件说明项>}|
    ADD NODE LOGFILE <文件说明项>,<文件说明项>{,<文件说明项>}|
    RENAME LOGFILE <文件路径>{,<文件路径>} TO <文件路径>{,<文件路径>}|
    MOUNT |
```

```
      SUSPEND |
      OPEN [FORCE] |
      NORMAL |
      PRIMARY|
      STANDBY |
      ARCHIVELOG |
      NOARCHIVELOG |
      <ADD|MODIFY|DELETE> ARCHIVELOG <归档配置语句> |
      ARCHIVELOG CURRENT
   <文件说明项> ::= <文件路径>SIZE <文件大小>
   <归档配置语句>::= 'DEST = <归档目标>,TYPE = <归档类型>'
   <归档类型>::=        LOCAL [<文件和空间限制设置>][,ARCH_FLUSH_BUF_SIZE = <归档合
并刷盘缓存大小>][,HANG_FLAG=<0|1>] | REALTIME| ASYNC ,TIMER_NAME = <定时器名称>
[,ARCH_SEND_DELAY = <归档延时发送时间>] | REMOTE ,INCOMING_PATH = <远程归档路径>
[<文件和空间限制设置>]| TIMELY
   <文件和空间限制设置>::=[,FILE_SIZE = <文件大小>][,SPACE_LIMIT = <空间大小限制>]
```

参数说明：

（1）<文件路径>：指明被操作的数据文件在操作系统下的绝对路径"路径＋数据文件名"。
例如"C:\DMDBMS\data\dmlog_0.log"。

（2）<文件大小>：整数值，单位为MB。

（3）<归档目标>：指归档日志所在位置，若本地归档，则为本地归档目录；若远程归档，
则为远程服务实例名；删除操作，只需指定归档目标。

（4）<归档类型>：指归档操作类型，包括REALTIME/ASYNC/LOCAL/REMOTE/
TIMELY，分别表示远程实时归档/远程异步归档/本地归档/远程归档/主备即时归档。其中，<文
件和空间限制设置>中SPACE_LIMIT和FILE_SIZE两项，在MOUNT状态NORMAL模式或OPEN
状态下均可被修改。

（5）每个用户均可修改自身的口令的HANG_FLAG——本地归档写入失败时系统是否挂起
标志。取值为0或1，0为不挂起；1为挂起。默认为1（第一份本地归档系统内固定设置为1，设
为0实际也不起作用）。

（6）<空间大小限制>整数值，范围为1024～4294967294，若设为0，表示不限制，仅本地
归档有效。

（7）<定时器名称>异步归档中指定的定时器名称，仅异步归档有效。

（8）<归档延时发送时间>指源库到异步备库的归档延时发送时间，单位为分，范围为
0～1440，默认为0，表示不启用归档延时发送功能。仅异步归档有效。如果源库是DSC集群，
建议用户配置时保证各节点上配置的值是一致的，并保证各节点所在机器的时钟一致，避免控
制节点发生切换后计算出的归档延时发送时间不一致。

（9）<归档合并刷盘缓存大小>整数值，单位为MB，范围为0～128，若设为0，表示不使用
归档合并刷盘。

使用说明：

（1）归档的配置也可以通过dm.ini参数ARCH_INI和归档配置文件dmarch.ini进行，SQL语句提供了在数据库运行时对归档配置进行动态修改的手段，通过SQL语句修改成功后会将相关配置写入dmarch.ini中。

（2）修改日志文件大小时，只能增加文件的大小，否则失败。

（3）ADD NODE LOGFILE用于DMDSC集群扩展节点时使用。

（4）只有MOUNT状态NORMAL模式下才能启用或关闭归档，添加、修改、删除归档，重命名日志文件。

（5）归档模式下，不允许删除本地归档。

（6）ARCHIVELOG CURRENT把新生成的，还未归档的联机日志都进行归档。

（7）本地归档仅支持修改space_limit/file_size配置项值。

举例说明如下。

给数据库增加一个日志文件C:\DMDBMS\data\dmlog_0.log，其大小为200MB：

```
SQL> ALTER DATABASE ADD LOGFILE 'C:\DMDBMS\data\dmlog_0.log' SIZE 200;
```

扩展数据库中的日志文件C:\DMDBMS\data\dmlog_0.log，使其大小增大为300MB：

```
SQL> ALTER DATABASE RESIZE LOGFILE 'C:\DMDBMS\data\ dmlog_0.log' TO 300;
```

设置数据库状态为MOUNT：

```
SQL> ALTER DATABASE MOUNT;
```

设置数据库状态为OPEN：

```
SQL> ALTER DATABASE OPEN;
```

设置数据库状态为SUSPEND：

```
SQL> ALTER DATABASE SUSPEND;
```

重命名日志文件C:\DMDBMS\data\dmlog_0.log为d:\dmlog_1.log：

```
SQL> ALTER DATABASE MOUNT;
SQL> ALTER DATABASE RENAME LOGFILE 'C:\DMDBMS\data\dmlog_0.log' TO 'd:\
dmlog_1.log';
SQL> ALTER DATABASE OPEN;
```

设置数据库模式为PRIMARY：

```
SQL> ALTER DATABASE MOUNT;
SQL> ALTER DATABASE PRIMARY;
SQL> ALTER DATABASE OPEN FORCE;
```

设置数据库模式为STANDBY：

```
SQL> ALTER DATABASE MOUNT;
SQL> ALTER DATABASE STANDBY;
SQL> ALTER DATABASE OPEN FORCE;
```

设置数据库模式为NORMAL：

```
SQL> ALTER DATABASE MOUNT;
SQL> ALTER DATABASE NORMAL;
SQL> ALTER DATABASE OPEN;
```

设置数据库归档模式为非归档：

```
SQL> ALTER DATABASE MOUNT;
SQL> ALTER DATABASE NOARCHIVELOG;
```

设置数据库归档模式为归档：

```
SQL> ALTER DATABASE MOUNT;
SQL> ALTER DATABASE ARCHIVELOG;
```

增加本地归档配置，归档目录为C:\arch_local，文件大小为128MB，空间限制为1024MB：

```
SQL> ALTER DATABASE MOUNT;
SQL> ALTER DATABASE ADD ARCHIVELOG 'DEST = C:\arch_local, TYPE = local,
FILE_SIZE =128, SPACE_LIMIT = 1024';
```

增加一个实时归档配置，远程服务实例名为realtime，需事先配置mail：

```
SQL> ALTER DATABASE MOUNT;
SQL> ALTER DATABASE ADD ARCHIVELOG 'DEST = realtime, TYPE = REALTIME';
```

增加一个异步归档配置，远程服务实例名为asyn1，定时器名为timer1，需事先配置好mail和timer：

```
SQL> ALTER DATABASE MOUNT;
SQL> ALTER DATABASE ADD ARCHIVELOG 'DEST = asyn1, TYPE = ASYNC, TIMER_NAME
= timer1';
```

增加一个异步归档配置，远程服务实例名为asyn2，定时器名为timer2，源库到异步备库的归档延时发送时间为10分钟，需事先配置好timer：

```
SQL> ALTER DATABASE MOUNT;
SQL> ALTER DATABASE ADD ARCHIVELOG 'DEST=asyn2, TYPE=ASYNC, TIMER_
NAME=timer2, ARCH_SEND_DELAY=10';
```

▶6.2.2　管理模式

模式（schema）是数据库对象的集合。

1. 模式定义

定义模式需要具有DBA角色或CREATE SCHEMA权限。

模式定义语句创建一个架构，达梦数据库中一个用户可以创建多个模式，一个模式中的对象(表、视图)可以被多个用户使用。

系统为每一个用户自动建立了一个与用户名同名的模式作为默认模式，用户还可以用模式定义语句建立其他模式。

语法格式：

```
<模式定义子句1> | <模式定义子句2>
<模式定义子句1> ::= CREATE SCHEMA <模式名> [AUTHORIZATION <用户名>][<DDL_
GRANT子句> {< DDL_GRANT子句>}];
<模式定义子句2> ::= CREATE SCHEMA AUTHORIZATION <用户名> [<DDL_GRANT子句>
{< DDL_GRANT子句>}];
```

使用说明：

（1）在创建新的模式时，如果已存在同名的模式，或当存在能够按名字不区分大小写匹配的同名用户时（此时认为模式名为该用户的默认模式），那么创建模式的操作会被跳过，而如果后续还有DDL子句，根据权限判断是否可在已存在模式上执行这些DDL操作。

（2）AUTHORIZATION<用户名>标识了拥有该模式的用户；它是为其他用户创建模式时使用的；默认拥有该模式的用户为SYSDBA。

（3）使用sch_def_clause2创建模式时，模式名与用户名相同。

（4）使用该语句的用户必须具有DBA角色或CREATE SCHEMA权限。

（5）创建模式语句中的标识符不能使用系统的保留字。

（6）定义模式时，用户可以用单条语句同时建多个表、视图，同时进行多项授权。

（7）模式一旦定义，该用户所建基表、视图等均属该模式，其他用户访问该用户所建立的基表、视图等均需在表名、视图名前冠以模式名；而建表者访问自己当前模式所建表、视图时模式名可省；若没有指定当前模式，系统自动以当前用户名作为模式名。

（8）模式定义语句中的基表修改子句只允许添加表约束。

（9）模式定义语句中的索引定义子句不能定义聚集索引。

（10）模式定义语句不允许与其他SQL语句一起执行。

（11）在DISQL中使用该语句必须以"/"结束。

例如，创建模式fuqiang2，该模式属于用户fuqiang：

```
SQL> create schema fuqiang2 authorization fuqiang;
```

2. 设置当前模式

达梦数据库的模式类似于MySQL数据库的database。MySQL用户切换数据库使用命令：use 数据库名。达梦数据库用户登录后进入的当前模式是用户的默认模式，如果需要进入其他模式需要设置。

查询当前模式可以使用系统存储过程SF_GET_SCHEMA_NAME_BY_ID，需要用到当前模式的CURRENT_SCHID：

```
SQL> select sf_get_schema_name_by_id(current_schid);
行号        SF_GET_SCHEMA_NAME_BY_ID(CURRENT_SCHID)
1          SYSDBA
```

达梦数据库设置当前模式的语法格式：

```
SET SCHEMA <模式名>;
```

例如：

```
SQL> select sf_get_schema_name_by_id(current_schid);
行号        SF_GET_SCHEMA_NAME_BY_ID(CURRENT_SCHID)
1          FUQIANG
```

切换到fuqiang2模式下：

```
SQL> set schema fuqiang2;
操作已执行
```

设置当前模式只需模式存在即可设置成功，但在新模式下操作还需要有权限，例如：

```
SQL> select user();
行号        USER()
1          TEST
已用时间: 0.244(毫秒), 执行号:1508
SQL> set schema fuqiang2;
操作已执行
已用时间: 0.268(毫秒), 执行号:0
SQL> create table test_t1(id int);
create table test_t1(id int);
第1行附近出现错误[-5515]:没有创建表权限
已用时间: 0.336(毫秒),执行号:0
```

3. 删除模式

达梦数据库中拥有DBA角色的用户或该模式的所有者可以删除模式。删除模式的语法格式：

```
DROP SCHEMA [IF EXISTS] <模式名> [RESTRICT | CASCADE];
```

注意事项如下。

（1）不能删除当前模式。

（2）用该语句的用户必须具有DBA角色或是该模式的所有者。

（3）如果使用RESTRICT（默认选项），只有当模式为空时才能删除。

（4）如果使用CASCADE选项，则将整个模式、模式中的对象，以及与该模式相关的依赖关系都删除。

例如，删除当前模式：

```
SQL> select sf_get_schema_name_by_id(current_schid);
行号         SF_GET_SCHEMA_NAME_BY_ID(CURRENT_SCHID)
1            FUQIANG2
已用时间: 1.244(毫秒)，执行号:1423
SQL> drop schema fuqiang2;
drop schema fuqiang2;
第1 行附近出现错误[-6509]:当前对象被占用
已用时间: 0.253(毫秒)，执行号;0
```

切换模式后删除：

```
SQL> set schema fuqiang;
操作已执行
SQL> drop schema fuqiang2;
drop schema fuqiang2;
第1 行附近出现错误[-5001]:模式[FUQIANG2]不为空
SQL> drop schema fuqiang2 cascade;
操作已执行
```

4. 图形化界面管理模式

图形化管理工具manager创建、删除模式非常直观。

右击模式，弹出快捷菜单，如图6-1所示。

选择"常规"选项，在"常规"页面中填写模式名，选择模式拥有者，单击"确定"按钮即可，如图6-2所示。

图 6-1

图 6-2

删除模式只需右击模式名，在弹出的快捷菜单中选择"删除"选项，如图6-3所示。

进入"删除对象"界面，如图6-4所示，单击"确定"按钮即可。

图 6-3

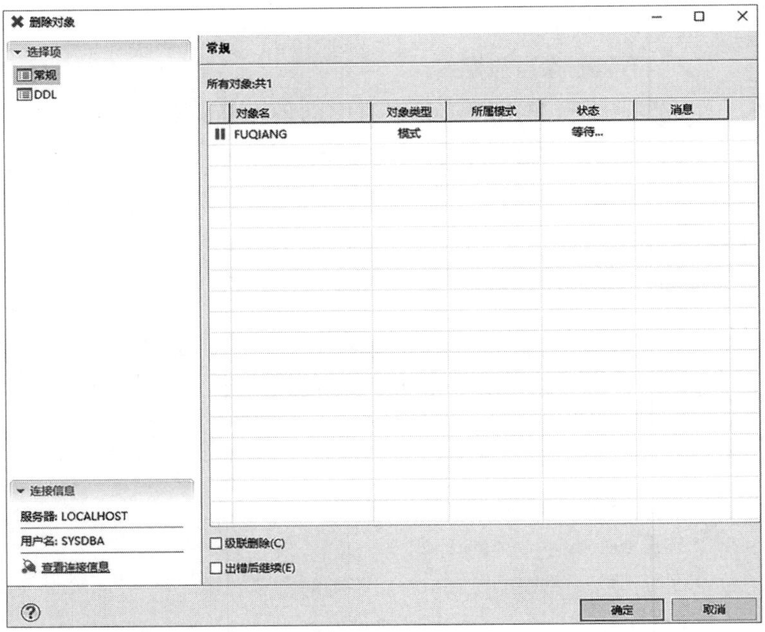

图 6-4

▶6.2.3 管理表空间

1. 创建表空间

达梦数据库的表空间分为普通表空间和混合表空间。使用<HUGE 路径子句>创建的表空间为混合表空间，未使用<HUGE 路径子句>创建的表空间即为普通表空间。普通表空间只能存储普通表和堆表（非HUGE表）；而混合表空间既可以存储普通表、堆表，又可以存储HUGE表。

语法格式：

```
CREATE TABLESPACE <表空间名> <数据文件子句>[<数据页缓冲池子句>][<存储加密子句>]
[<指定DFS副本子句>][<HUGE路径子句>]
    <数据文件子句> ::= DATAFILE <文件说明项>{,<文件说明项>}
    <文件说明项> ::= <文件路径> [ MIRROR <文件路径>] SIZE <文件大小>[<自动扩展子句>]
    <自动扩展子句> ::= AUTOEXTEND <ON [<每次扩展大小子句>][<最大大小子句>] |OFF>
    <每次扩展大小子句> ::= NEXT <扩展大小>
    <最大大小子句> ::= MAXSIZE <文件最大大小>
    <数据页缓冲池子句> ::= CACHE = <缓冲池名>
    <存储加密子句> ::= ENCRYPT WITH <加密算法> [BY <加密密码>]
    <指定DFS副本子句> ::= [<指定副本数子句>][<副本策略子句>]
    <指定副本数子句> ::= COPY <副本数>
    <副本策略子句> ::= GREAT | MICRO
    <HUGE路径子句> ::= WITH HUGE PATH <HUGE数据文件路径> [<副本策略子句>]
```

参数说明：

（1）<表空间名>：表空间的名称，最大长度为128字节。

（2）<文件路径>：指明新生成的数据文件在操作系统下的路径+新数据文件名。数据文件的存放路径符合达梦数据库安装路径的规则，若指定目录不存在则自动创建相应目录。

（3）MIRROR数据文件镜像，用于在数据文件出现损坏时替代数据文件进行服务；MIRROR数据文件的<文件路径>必须是绝对路径。要使用数据文件镜像，必须在建库时开启页校验的参数PAGE_CHECK。

（4）<文件大小>：整数值，指明新增数据文件的大小（单位为MB），取值范围为4096×页大小～2147483647×页大小。

（5）<缓冲池名>：系统数据页缓冲池名NORMAL或KEEP。缓冲池名KEEP是达梦数据库的保留关键字，使用时必须加双引号。

（6）<加密算法>：可以是系统内置的加密算法也可以是第三方加密算法。

（7）<加密密码>：最大长度为32字节，若未指定，由数据库随机生成。

（8）<指定DFS副本子句>：专门用于指定分布式文件系统（DFS）中副本的属性。

（9）<副本数>：表空间文件在DFS中的副本数，默认为dmdfs.ini中的DFS_COPY_NUM的值。

（10）<副本策略子句>：指定管理DFS副本的区块：宏区（GREAT）或是微区（MICRO）。

（11）<HUGE路径子句>：用于创建一个混合表空间。HUGE数据文件存储在<HUGE路径子句>指定的路径中，普通（非HUGE）数据文件存储在<数据文件子句>指定的路径中。

创建表空间常用的参数并不多。例如，创建表空间tt，数据文件存放在目录D:\dmdbms\data\DAMENG下，文件初始大小为128MB，文件空间满后自动扩展，每次扩展64MB，文件最大为4GB：

```
SQL> create tablespace tt datafile 'D:\dmdbms\data\DAMENG\tt.dbf' size
128 autoextend on next 64 maxsize 4906;
操作已执行
已用时间：106.439(毫秒)，执行行号：700
```

查看表空间和数据文件信息的系统视图为DBA_TABLESPACES、DBA_DATE_FILES。

通过图形化管理工具manager创建表空间更加简单。

右击"表空间"选项，弹出的快捷菜单如图6-5所示，选择"新建表空间"选项。

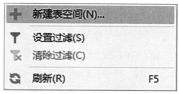

图 6-5

进入"新建表空间"界面，如图6-6所示。在"常规"页面输入表空间名，单击"添加"按钮。输入数据文件信息，单击"确定"按钮即可。

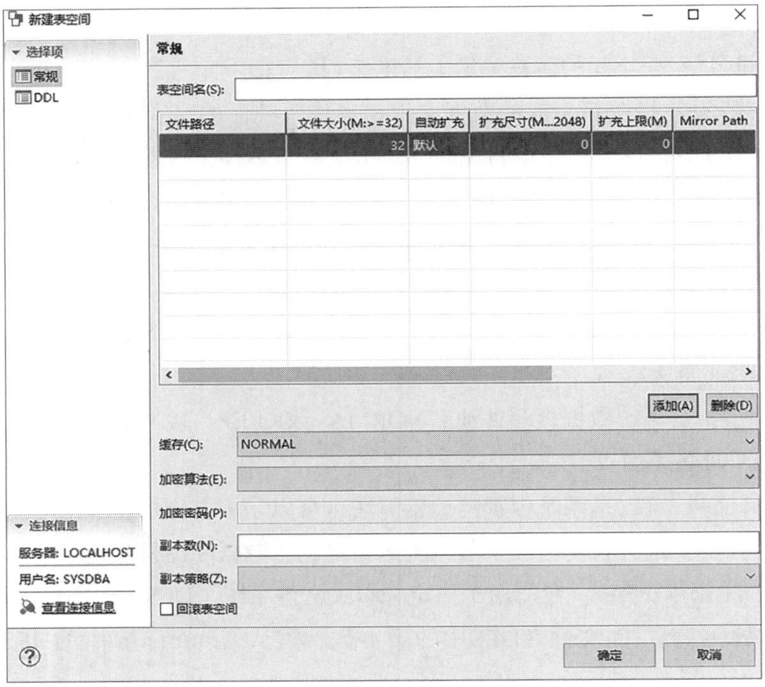

图 6-6

2. 修改表空间

具有DBA角色或ALTER TABLESPACE权限的用户可以修改表空间。

语法格式：

```
ALTER TABLESPACE <表空间名> [ONLINE | OFFLINE | CORRUPT|<表空间重命名子句>｜<数
据文件重命名子句>|<增加数据文件子句>|<修改文件大小子句>|<修改文件自动扩展子句>|<数据页
缓冲池子句>|<DSC集群表空间负载均衡子句>|<增加HUGE路径子句>|<删除表空间文件>|<缩减表空
间大小>]

    <表空间重命名子句> ::= RENAME TO <表空间名>

    <数据文件重命名子句>::= RENAME DATAFILE <文件路径>{,<文件路径>} TO <文件路径>
{,<文件路径>}

    <增加数据文件子句> ::= ADD <数据文件子句>

    <数据文件子句>见上一节表空间定义语句

    <修改文件大小子句> ::= RESIZE DATAFILE <文件路径> TO <文件大小>

    <修改文件自动扩展子句> ::= DATAFILE <文件路径>{,<文件路径>}[<自动扩展子句>]

    <自动扩展子句> ::= AUTOEXTEND <ON [<每次扩展大小子句>][<最大大小子句>] |OFF>

    <数据页缓冲池子句> ::= CACHE = <缓冲池名>

    <DSC集群表空间负载均衡子句> ::= OPTIMIZE <DSC集群节点号>

    <增加HUGE路径子句> ::= ADD HUGE PATH <HUGE数据文件路径> [<副本策略子句>]

    <删除表空间文件>::=DROP DATAFILE <文件路径>

    <缩减表空间大小>::=RESIZE DATAFILE <文件路径> TO <文件大小>
```

参数说明：

（1）<表空间名>：表空间的名称。

（2）ONLINE | OFFLINE | CORRUPT表示表空间的状态。ONLINE为联机状态，ONLINE时才允许用户访问该表空间中的数据；OFFLINE为脱机状态，OFFLINE时不允许访问该表空间中的数据；CORRUPT为损坏状态，当表空间处于CORRUPT状态时，只有被还原恢复后才能提供服务，否则不能使用，只能删除。三种状态的相互转换情况：ONLINE<->OFFLINE->CORRUPT。

（3）<文件路径>：指明数据文件在操作系统下的路径＋新数据文件名。数据文件的存放路径必须符合达梦数据库安装路径的规则，且该路径必须是已经存在的。

（4）<文件大小>：整数值，指明新增数据文件的大小(单位为MB)。

（5）<缓冲池名>：系统数据页缓冲池名NORMAL或KEEP。

（6）<增加HUGE路径子句>：增加一个HUGE数据文件路径。

（7）<删除表空间文件>：删除表空间中某一路径对应的数据文件。删除的前提条件：表空间必须处于ONLINE状态；数据库必须处于OPEN状态；不支持SYSTEM、回滚表空间及联机日志；不能删除表空间中0号文件或表空间中唯一文件；必须先删除最大文件id的文件；执行文件删除前必须删除从该文件分配了簇的数据库对象。

（8）<缩减表空间大小>将表空间中某一路径对应的数据文件缩减到一个更小的体积。缩减的前提条件为：表空间必须处于ONLINE状态；数据库必须处于OPEN状态。另外，不支持缩减联机日志；只有当指定偏移之后的簇被释放后截断操作才能执行，因而操作并不总是能够截断到指定偏移。

使用说明：

（1）不论配置文件dm.ini中的DDL_AUTO_COMMIT设置为自动提交还是非自动提交，ALTER TABLESPACE操作都会被自动提交。

（2）SYSTEM表空间不允许关闭自动扩展，且不允许限制空间大小。

（3）如果表空间有未提交事务，则表空间不能修改为OFFLINE状态。

（4）重命名表空间数据文件时，表空间必须处于OFFLINE状态，修改成功后再将表空间修改为ONLINE状态。

（5）表空间发生损坏（表空间还原失败，或者数据文件丢失或损坏）的情况下，允许将表空间切换为CORRUPT状态，并删除损坏的表空间，如果表空间上定义有对象，需要先将所有对象删除，再删除表空间。

（6）DSC集群表空间负载均衡子句用于在DSC集群环境中进行基于表空间的负载均衡设置，可指定优化节点号，当INI参数DSC_TABLESPACE_BALANCE为1时，符合条件的查询语句会被自动重连至<DSC集群节点号>指定的节点执行，从而实现负载均衡。当指定的<DSC集群节点号>为非法节点号时，此表空间的优化节点失效。

（7）对普通表空间使用<增加HUGE路径子句>，可将普通表空间升级为混合表空间；对混合表空间使用<增加HUGE路径子句>，可为混合表空间添加新的HUGE数据文件路径。需要注意的是，DFS环境下的表空间仅支持最多一个HUGE数据文件路径。

常见的改变表空间的情况是向表空间增加数据文件，例如向表空间tt增加数据文件，文件大小为128MB，自动扩展，每次扩展64MB，文件最大为4GB：

```
SQL> alter tablespace tt add datafile 'D:\dmdbms\data\DAMENG\tt02.dbf' size
128 autoextend on next 64 maxsize 4096;
```

还有就是可手动改变数据文件大小：

```
SQL> alter tablespace tt resize datafile 'D:\dmdbms\data\DAMENG\tt02.dbf' to 256;
```

3. 删除表空间

删除表空间需要具有DBA角色或DROP TABLESPACE权限。

语法格式：

```
DROP TABLESPACE [IF EXISTS] <表空间名>
```

说明：

（1）SYSTEM、RLOG、ROLL和TEMP表空间不允许删除。

（2）系统处于SUSPEND或MOUNT状态时不允许删除表空间，系统只有处于OPEN状态下才允许删除表空间。

（3）如果表空间存放有数据对象，也不能直接删除，必须先删除其中的数据对象后才能删除表空间。

例如，表空间tt中存在表tt_test，删除表空间tt：

```
SQL> drop tablespace tt;
drop tablespace tt;
[-3412]:试图删除已经使用的表空间
SQL> drop table tt_test;
操作已执行
SQL> drop tablespace tt;
操作已执行
```

▶6.2.4 管理序列

序列是一个数据库实体，通过它可以产生唯一的整数值，可以用来自动生成主关键字值。

1. 创建序列

语法格式：

```
CREATE SEQUENCE [ <模式名>.] <序列名> [ <序列选项列表>];
<序列选项列表> ::= <序列选项>{<序列选项>}
<序列选项> ::=
    INCREMENT BY <增量值>|
    START WITH <初值>|
```

```
      MAXVALUE <最大值>|
      NOMAXVALUE|
      MINVALUE <最小值>|
      NOMINVALUE|
      CYCLE|
      NOCYCLE|
      CACHE <缓存值>|
      NOCACHE|
      ORDER |
      NOORDER |
      GLOBAL |
      LOCAL
```

参数说明:

(1)<模式名>:指明被创建的序列属于哪个模式,默认为当前模式。

(2)<序列名>:指明被创建的序列的名称,序列名称最大长度为128字节。

(3)<增量值>:指定序列数之间的间隔,这个值可以是[-9223372036854775808,9223372036854775807]区间任意的正整数或负整数,但不能为0。如果此值为负,序列是下降的;如果此值为正,序列是上升的。如果忽略INCREMENT BY子句,则间隔默认为1。增量值的绝对值必须小于或等于(<最大值> - <最小值>)。

(4)<初值>:指定被生成的第一个序列数,可以用这个选项来从比最小值大的一个值开始升序序列或比最大值小的一个值开始降序序列。对于升序序列,默认值为序列的最小值,对于降序序列,默认值为序列的最大值。

(5)<最大值>:指定序列能生成的最大值,如果忽略MAXVALUE子句,则降序序列的最大值默认为-1,升序序列的最大值默认为9223372036854775807(0x7FFFFFFFFFFFFFFF),若指定的最大值超出默认的最大值,则自动将最大值设置为默认的最大值。非循环序列在到达最大值之后,将不能继续生成序列数。

(6)<最小值>:指定序列能生成的最小值,如果忽略MINVALUE子句,则升序序列的最小值默认为1,降序序列的最小值默认为-9223372036854775808(0x8000000000000000),若指定的最小值超出默认的最小值,则自动将最小值置为默认的最小值。循环序列在到达最小值之后,将不能继续生成序列数。最小值必须小于最大值。

(7)CYCLE:该关键字指定序列为循环序列,当序列的值达到最大值/最小值时,序列将从最小值/最大值计数。

(8)NOCYCLE:该关键字指定序列为非循环序列,当序列的值达到最大值/最小值时,序列将不再产生新值。

(9)CACHE:该关键字表示序列的值是预先分配的,并保持在内存中,以便更快地访问。

(10)NOCACHE:该关键字表示序列的值是不预先分配的。

(11)ORDER:该关键字表示以保证请求顺序生成序列号。

（12）NOORDER：该关键字表示不保证请求顺序生成序列号。

（13）GLOBAL：该关键字表示MPP环境下序列为全局序列，默认为GLOBAL。

（14）LOCAL：该关键字表示MPP环境下序列为本地序列。

序列生成后可以在SQL语句中用以下伪列来存取序列的值。

（1）CURRVAL返回当前的序列值。

（2）NEXTVAL如果为升序序列，序列值增加并返回增加后的值；如果为降序序列，序列值减少并返回减少后的值。如果第一次对序列使用该函数，则返回序列当前值。

注意 在第一次使用CURRVAL之前应先使用NEXTVAL获取序列当前值；之后除非会话使用NEXTVAL获取序列当前值，否则每次使用CURRVAL返回的值不变。

例如，创建序列myseq，增量为1，从1开始，最大值为100，循环生成：

```
SQL> create sequence myseq increment by 1 start with 1 maxvalue 100 cycle;
```

查询当前序列值：

```
SQL> select myseq.currval;
select myseq.currval;
[-7147]:序列当前值尚未在此会话中定义
```

调用nextval生成序列当前值：

```
SQL> select myseq.nextval;
行号        NEXTVAL
1         1
SQL> select myseq.currval;
行号        CURRVAL
1         1
SQL> select myseq.nextval;
行号        NEXTVAL
1          2
```

2. 修改序列

序列生成后还可以修改序列步长值、设置序列最大值和最小值、改变序列的缓存值、循环属性、ORDER属性、当前值等。

语法格式：

```
ALTER  SEQUENCE [ <模式名>.] <序列名> [ <序列修改选项列表>];
<序列选项列表> ::=  <序列修改选项>{<序列修改选项>}
<序列修改选项> ::=
    INCREMENT BY <增量值>|
    MAXVALUE <最大值>|
```

```
        NOMAXVALUE|
        MINVALUE <最小值>|
        NOMINVALUE|
        CYCLE|
        NOCYCLE|
        CACHE <缓存值>|
        NOCACHE|
        ORDER|
        NOORDER |
        CURRENT VALUE <当前值>
```

使用说明：

（1）如果创建完序列后直接修改序列步长值，则序列的当前值为起始值加上新步长值与旧步长值的差；例如：

```
SQL> create sequence myseq2 increment by 5 start with 1;
```

修改序列步长为10：

```
SQL> alter sequence myseq2 increment by 10;
操作已执行
SQL> select myseq2.currval;
select myseq2.currval;
[-7147]:序列当前值尚未在此会话中定义
SQL> select myseq2.nextval;
行号        NEXTVAL
1          6
```

（2）如果在修改前用NEXTVAL访问了序列，然后修改序列步长值，则再次访问序列的当前值为序列的上一次的值加上新步长值；例如：

修改myseq的增量为10：

```
SQL> alter sequence myseq increment by 10;
SQL> select myseq.currval;
行号        CURRVAL
1          2
SQL> select myseq.nextval;
行号        NEXTVAL
1          12
SQL> select myseq.currval;
行号        CURRVAL
1          12
```

（3）默认序列选项：如果在修改序列语句中没有指出某选项，则默认是修改前的选项值。不允许未指定任何选项、禁止重复或冲突的选项说明。

（4）序列的起始值不能修改。

（5）修改序列的最小值不能大于起始值，最大值不能小于起始值。

（6）修改序列的步长的绝对值必须小于MAXVALUE与MINVALUE的差。

（7）序列的当前值不能大于最大值，不能小于最小值。

（8）修改序列的当前值后，需要使用NEXTVAL获取修改后的序列当前值。

例如，修改myseq当前值为20。

```
SQL> alter sequence myseq current value 20;
SQL> select myseq.currval;
行号       CURRVAL
1         12
SQL> select myseq.nextval;
行号       NEXTVAL
1         20
SQL> select myseq.nextval;
行号       NEXTVAL
1         30
```

3. 删除序列

语法格式：

```
DROP SEQUENCE [IF EXISTS] [ <模式名>.]<序列名>;
```

例如：

```
SQL> drop sequence myseq;
```

4. 图形化工具管理序列

图形化管理工具manager可以非常方便地创建、删除序列。

创建序列，右击"序列"选项，弹出快捷菜单，如图6-7所示，选择"新建序列"选项。

图 6-7

进入"新建序列"界面，如图6-8所示。在"常规"页面填写序列名、起始值、增量、最小值、最大值，勾选"循环"等复选框，单击"确定"按钮即可。

删除序列只需右击序列名，在弹出的快捷菜单中选择"删除"选项，如图6-9所示。

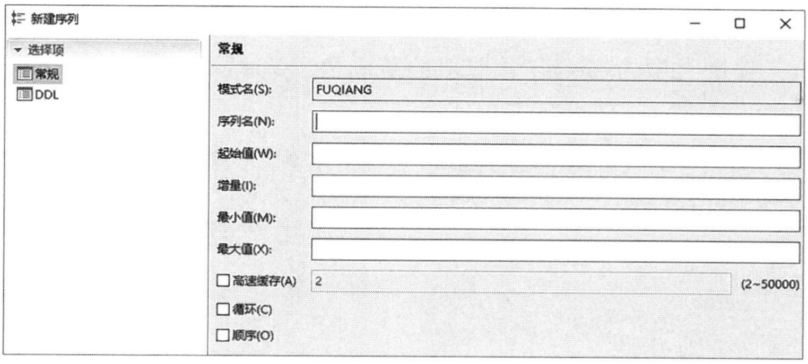

图 6-8

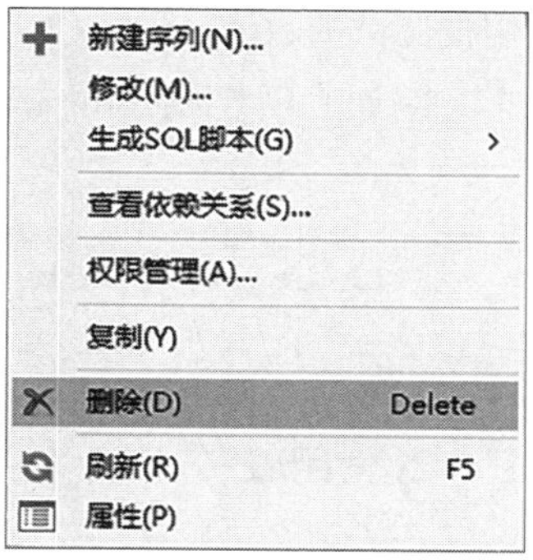

图 6-9

进入"删除对象"页面，单击"确定"按钮即可删除。

6.2.5 管理域

域（DOMAIN）是值的集合。域在模式中定义，并由<域名>标识。域是用来约束由各种操作存储于基表中某列的有效值集。域定义说明一种数据类型，它也能进一步说明约束域的有效值的<域约束>，还可说明一个<默认子句>，该子句规定没有显式指定值时所要用的值或列的默认值。

1. 创建域

语法格式：

```
CREATE DOMAIN <DOMAIN name> [ AS ] <数据类型> [ <default clause> | <DOMAIN
constraint>] ;
  <DOMAIN constraint>::=[<constraint name definition>]<check constraint
definition>
  <constraint name definition>::=CONSTRAINT <约束名>
  <check constraint definition>::= CHECK (<expression>)
```

参数说明：

（1）<DOMAIN name>：要创建的域名字（可以有模式前缀）。如果在CREATE SCHEMA语句中定义DOMAIN，则<DOMAIN name>中的模式前缀（如果有）必须与创建的模式名一致。

（2）<data type>：域的数据类型。仅支持定义标准的SQL数据类型。

（3）<default clause>：DEFAULT子句为域数据类型的字段声明一个默认值。该值是任何不含变量的表达式（但不允许子查询）。默认表达式的数据类型必须匹配域的数据类型。如果没有声明默认值，那么默认值就是空值。默认表达式将用在任何为该字段声明数值的插入操作。如果为特定的字段声明了默认值，那么它覆盖任何和该域相关联的默认值。

（4）<constraint name definition>：一个约束的可选名称。如果没有名称，系统生成一个名字。

（5）<check constraint definition>：CHECK子句声明完整性约束或者是测试，域的数值必须满足这些要求。每个约束必须是一个生成一个布尔结果的表达式。它应该使用名字VALUE来引用被测试的数值。CHECK表达式不能包含子查询，也不能引用除VALUE之外的变量。

例如，创建域dom_answer，数据类型为varchar，取值的范围为"Yes""No""Y""N""y""n"：

```
SQL> create domain dom_answer varchar(3) check(value in('yes','no','Y','N',
'y','n'));
```

2. 使用域

在表定义语句中，支持为表列声明使用域。

例如，创建表domain_test，其中字段anser的数据类型为dom_answer：

```
SQL> create table domain_test (id int,anser dom_answer);
```

插入符合dom_answer的数据：

```
SQL> insert into domain_test values(1,'Y');
影响行数 1
```

插入不符合dom_answer的数据：

```
SQL> insert into domain_test values(1,'YY');
insert into domain_test values(1,'YY');
[-6604]:违反CHECK约束[CONS134218964]
```

注意 如果字段定义使用了域，其默认值也应该符合域定义的取值范围。否则，使用默认值时会报错。

例如，创建表domain_test2，其中字段answer的数据类型为dom_answer，但默认值"X"不在域定义范围：

```
SQL> create table domain_test2(id int, answer dom_answer default 'X');
插入id为1 的记录，answer字段使用默认值：
SQL> insert into domain_test2(id) values(1);
insert into domain_test2(id) values(1);
[-6604]:违反CHECK约束[CONS134218965]
已用时间: 0.759(毫秒), 执行号:0
```

3. 删除域

语法格式：

```
DROP DOMAIN [IF EXISTS] <DOMAIN name> [<drop behavior>];
<drop behavior> ::= RESTRICT | CASCADE
```

RESTRICT表示仅当DOMAIN未被表列使用时才可以被删除；CASCADE表示级联删除。

例如：

```
SQL> drop domain dom_answer;
drop domain dom_answer;
[-5021]:SQL域被引用
SQL> drop domain dom_answer cascade;
```

注意 虽然域dom_anser被删除了，但使用过该域的表的约束不受影响，仍然存在：

```
SQL> sp_tabledef('FUQIANG','DOMAIN_TEST');
行号           COLUMN_VALUE
1              CREATE TABLE "FUQIANG"."DOMAIN_TEST"  ( "ID" INT, "ANSWER"
VARCHAR(3),  CHECK(ANSER IN ('yes', 'no', 'Y', 'N', 'y', 'n'))) STORAGE(ON
"MAIN", CLUSTERBTR) ;
SQL> insert into domain_test values(10,'x');
insert into domain_test values(10,'x');
[-6604]:违反CHECK约束[CONS134218964]
已用时间: 0.501(毫秒), 执行号:0
```

4. 图形化工具管理域

进入管理工具manager，右击"域"选项，弹出快捷菜单，如图6-10所示，选择"新建域"选项。

进入"新建域"界面，如图6-11所示。在"常规"页面填写域名，选择数据类型、默认值、约束等，单击"确定"按钮即可。

图 6-10   图 6-11

删除域只需右击域名，在弹出的快捷菜单中选择"删除"选项，如图6-12所示。

进入"删除对象"界面，单击"确定"按钮即可。

图 6-12

▶6.2.6 管理目录

数据库可以对操作系统的文件系统的目录进行读写等操作。

1. 创建目录

创建目录前需要有DBA角色或CREATE DIRECTORY的权限。

语法格式:

```
CREATE [OR REPLACE] DIRECTORY <目录名> AS 'dir_path';
```

注意 创建目录是对操作系统的文件目录建立一个映射,但并不验证文件系统上的目录是否存在。

查询创建的目录可以通过系统视图DBA_DIRECTORIES查看。

2. 删除目录

删除目录需要有DBA角色或DROP DIRECTORY的权限。

语法格式:

```
DROP DIRECTORY [IF EXISTS] <目录名>;
```

3. 图形化工具管理目录

进入管理工具manager,右击"目录"选项,在弹出的快捷菜单中选择"新建目录"选项,如图6-13所示。

进入"新建目录"界面,如图6-14所示,在"常规"页面填写目录名和路径,单击"确定"按钮即可。

图 6-13

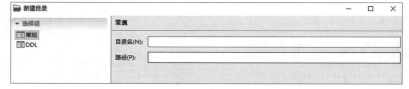

图 6-14

删除目录只需右击目录名,在弹出的快捷菜单中选择"删除"选项,如图6-15所示。

图 6-15

进入"删除对象"界面,单击"确定"按钮即可。

6.3 数据查询

数据查询是SQL的核心，也是数据库日常应用中最常见的操作，每一个系统开发人员、数据库管理员都应该熟练掌握。

语法格式：

```
<查询表达式>::=
    <simple_select>|
    <select_clause> <ORDER BY子句> <LIMIT限制条件> <FOR UPDATE 子句>  |
    <select_clause> <ORDER BY子句> [<FOR UPDATE 子句>] [<LIMIT限制条件>] |
    <select_clause> <LIMIT子句> <ORDER BY 子句> [<FOR UPDATE 子句>]        |
    <select_clause> <FOR UPDATE 子句> [<LIMIT限制条件>]      |
    <select_clause> <LIMIT限制条件>[<FOR UPDATE 子句>]
<simple_select> ::=
    <query_exp_with>|
    <select_clause>  <UNION| EXCEPT | MINUS | INTERSECT > [ALL | DISTINCT |
UNIQUE] [CORRESPONDING [BY (<列名> {,<列名>})]] <select_clause>
<select_clause>::=
    <simple_select>|
    (<查询表达式>)|
    (<select_clause>)
<ORDER BY 子句>::= ORDER [SIBLINGS] BY< order_by_list>
<order_by_list>::= < order_by_item >{,<order_by_item>}
<order_by_item>::= <exp> [ASC | DESC] [NULLS FIRST|LAST]
<exp >::=<无符号整数> | <列说明> | <值表达式>
<FOR UPDATE 子句> ::=
    FOR READ ONLY|
    FOR UPDATE [OF <选择列表>] [NOWAIT | WAIT N | SKIP LOCKED]
<LIMIT限制条件> ::=<LIMIT子句>|< ROW_LIMIT子句>
<LIMIT子句>::=LIMIT< <记录数> | <<记录数>,<记录数>>| <<记录数> OFFSET <偏移量>> >
<记录数>::=<整数>
<偏移量>::=<整数>
< ROW_LIMIT子句>::= [OFFSET <offset> <ROW | ROWS> ] [<FETCH说明>]
<FETCH说明>::= FETCH <FIRST | NEXT> <大小> [PERCENT] < ROW | ROWS >
<ONLY| WITH TIES>
<query_exp_with>::=[<WITH 子句>] SELECT      [<HINT 子句>] [ALL | DISTINCT
| UNIQUE] [<TOP子句>] <选择列表>[<bulk_or_single_into_null>] <select_tail>
<选择列表> ::= [[<模式名>.]<基表名> | <视图名> .] * | <值表达式> [[AS] <列别名>]
        {,[[<模式名>.]<基表名> | <视图名>.] * | <值表达式> [[AS] <列别名>]}
<WITH 子句> ::= [<WITH FUNCTION子句>] [WITH CTE子句]
<HINT 子句> ::=/*+ hint{hint}*/
```

145

```
<TOP子句>::=
    TOP <n> |
    <<n1>,<n2>>|
    <n> PERCENT|
    <n> WITH TIES|
    <n> PERCENT WITH TIES
<n>::=整数（>=0）
<bulk_or_single_into_null>::=<bulk_or_single_into>  <变量名 >{,<变量名>}
<bulk_or_single_into>::= <INTO>| <BULK COLLECT INTO>
<select_tail>::=
<FROM子句>
    [<WHERE 子句>]
[<层次查询子句>]
    [<GROUP BY子句>]
    [<HAVING子句>]
<FROM子句>::= FROM <表引用>{,<表引用>}
<表引用>::=<普通表>|<连接表>
<普通表>::=<普通表1>|<普通表2>|<普通表3>|<ARRAY<数组>>
<普通表1>::=<对象名>  [<SAMPLE子句>][[AS <别名>] <PIVOT子句>][[AS <别名>]
<UNPIVOT子句>] [<闪回查询>] [[AS] <别名>]
<普通表 2>::=(<查询表达式>)[[AS <别名>] <PIVOT子句>][[AS <别名>] <UNPIVOT子句>]
[<闪回查询>][[AS] <表别名> [<新生列>]]
<普通表3>::=[<模式名>.]<<基表名>|<视图名>>(<选择列>)[[AS <别名>] <PIVOT子句>]
[[AS <别名>] <UNPIVOT子句>] [<闪回查询>] [[AS] <表别名> [<派生列表>]]
<对象名>::=<本地对象> | <索引> | <分区表>
<本地对象>::=[<模式名>.]<基表名|视图名>
<索引>::=[<模式名>.]<基表名> INDEX <索引名>
<分区表>::=
    [<模式名>.]<基表名> PARTITION (<一级分区名>) |
    [<模式名>.]<基表名> PARTITION FOR (<表达式>,{<表达式>})|
    [<模式名>.]<基表名> SUBPARTITION (<子分区名>)|
    [<模式名>.]<基表名> SUBPARTITION FOR (<表达式>,{<表达式>})
<选择列>::=<列名>[{,<列名> }]
<派生列表>::=(<列名>[{,<列名>}])
<SAMPLE子句>::=
    SAMPLE(<表达式>) |
    SAMPLE(<表达式>) SEED (<表达式>) |
    SAMPLE BLOCK(<表达式>)  |
    SAMPLE BLOCK(<表达式>) SEED (<表达式>)
<闪回查询>::= <闪回查询子句>|<闪回版本查询子句>
<闪回查询子句>::=
```

```
        WHEN <TIMESTAMP time_exp> |
        AS OF <TIMESTAMP time_exp> |
        AS OF <SCN lsn>
```

<闪回版本查询子句>::=VERSIONS BETWEEN <TIMESTAMP time_exp1 AND time_exp2> | <SCN lsn1 AND lsn2>

<连接表>::=[(]<交叉连接>|<限定连接>[)]

<交叉连接>::=<表引用> CROSS JOIN <<普通表>|(<连接表>)>

<限定连接>::=<表引用> [<PARTITION BY子句>] [NATURAL] [<连接类型>] JOIN <<普通表>|(<连接表>)> [<PARTITION BY子句>]

<连接类型>::=

　　　　[<内外连接类型>] INNER|

　　　　<内外连接类型> [OUTER]

<内外连接类型>::=LEFT|RIGHT|FULL

<连接条件>::=<条件匹配>|<列匹配>

<条件匹配>::=ON<搜索条件>

<列匹配>::=USING(<连接列列名>{，<连接列列名>})

<WHERE子句> :: =

　　　WHERE <搜索条件>|

　　　< WHERE CURRENT OF子句>

<搜索条件>::=<逻辑表达式>

< WHERE CURRENT OF子句>: : =WHERE CURRENT OF <游标名>

<层次查询子句>::=

　　　CONNECT BY [NOCYCLE] <连接条件>[START WITH <起始条件>] |

　　　START WITH <起始条件> CONNECT BY [NOCYCLE] <连接条件>

<连接条件>::=<逻辑表达式>

<起始条件>::=<逻辑表达式>

<GROUP BY子句> ::= GROUP BY <group_by项>{,<group_by项>}

<group_by项>::=<分组项>|<ROLLUP项>|<CUBE项>|<GROUPING SETS项>

<分组项>::=<值表达式>

<ROLLUP项>::=ROLLUP (<分组项>)

<CUBE项>::=CUBE (<分组项>)

<GROUPING SETS项>::=GROUPING SETS(<GROUP项>{,<GROUP项>})

<GROUP项>::=

　　　<分组项> |

　　　(<分组项>{,<分组项>})|

　　　()

<HAVING 子句> ::= HAVING <搜索条件>

<PARTITION BY子句> ::=PARTITION BY (<表列名>{,<表列名>})

<PIVOT子句> ::= PIVOT [XML] ((<集函数> {,<集函数>}) <pivot_for_clause> IN (<pivot_in_clause>))

<pivot_for_clause> ::=

```
    FOR <列名> |
    FOR (<列名>{,<列名>})
<pivot_in_clause> ::= <表达式> [ [AS] <别名>] {,<表达式> [[AS] <别名>]} |
(<表达式>) [ [AS] <别名>] {, (<表达式> )[[AS] <别名>]} |
                        <select_clause> |
ANY
<UNPIVOT子句> ::= UNPIVOT [<include_null_clause>](<unpivot_val_col_lst>
<pivot_for_clause> IN (<unpivot_in_clause_low> ))
<include_null_clause> ::=
    INCLUDE NULLS |
    EXCLUDE NULLS
<unpivot_val_col_lst> ::=
    <表达式> |
    (<表达式>{,<表达式>})
<unpivot_in_clause_low> ::= <unpivot_in_clause>{, <unpivot_in_clause>}
<unpivot_in_clause> ::=
    <列名> [AS <别名>] |
    (<列名>{,<列名>}) [ AS (<别名>{,<别名>})] |
    (<列名>{,<列名>}) AS <别名>
```

参数说明：

（1）ALL：返回所有被选择的行，包括所有重复的复制，默认值为ALL。

（2）DISTINCT：从被选择出的具有重复行的每一组中仅返回一个这些行的复制，与UNIQUE等价。集合算符UNION，默认值为DISTINCT，DISTINCT与UNIQUE等价；EXCEPT/MINUS和INTERSECT，操作的两个表中数据类型和个数要完全一致。其中，EXCEPT和MINUS集合算符功能完全一样，返回两个集合的差集；INTERSECT返回两个集合的交集（去除重复记录）。

（3）CORRESPONDING：用于指定列名链表，通过指定列名（或列名的别名）链表来对两个查询分支的查询项进行筛选。无论分支中有多少列，最终的结果集只包含CORRESPONDING指定的列。查询分支和CORRESPONDING的关系为：

```
<查询分支 1> CORRESPONDING [BY (<列名> {,<列名>})]
<查询分支 2>
```

如果CORRESPONDING指定了列名但两个分支中没有相同列名的查询项则报错，如果CORRESPONDING没指定列名，则按照第一个分支的查询项列名进行筛选；例如：select c1, c2, c3 from t1 union all corresponding by (c1,c2) select d1, d2 c1, d3 c2 from t2。

（4）hint：用于优化器提示，可以出现在语句中任意位置，具体可使用的hint可通过V$HINT_INI_INFO动态视图查询。

（5）<模式名>：被选择的表和视图所属的模式，默认为当前模式。

（6）<基表名>：被选择数据的基表的名称。

（7）<视图名>：被选择数据的视图的名称。

（8）*：指定对象的所有的列。

（9）<值表达式>：可以为一个<列引用>、<集函数>、<函数>、<标量子查询>或<计算表达式>等。

（10）<列别名>：为列表达式提供不同的名称，使之成为列的标题，列别名不会影响实际的名称，别名在该查询中被引用。

（11）<相关名>：给表、视图提供不同的名字，经常用于求子查询和相关查询的目的。

（12）<列名>：指明列的名称。

（13）<WHERE：子句>：限制被查询的行必须满足条件，如果忽略该子句，在FROM子句中的表、视图中选取所有的行；其中，<WHERE CURRENT OF子句>专门用于游标更新、删除，用来限定更新、删除与游标有关的数据行。

（14）<HAVING子句>：限制所选择的行组必须满足的条件，默认为恒真，即对所有的组都满足该条件。

（15）<无符号整数>：指明了要排序的<值表达式>在SELECT后的序列号。

（16）<列说明>：排序列的名称。

（17）ORDER SIBLINGS BY必须与CONNECT BY一起配合使用。可用于指定层次查询中相同层次数据返回的顺序。

（18）ASC：指明为升序排列，默认为升序。

（19）DESC：指明为降序排列。

（20）NULLS FIRST：指定排序列的NULL放在最前面，不受ASC和DESC的影响，默认是NULLS FIRST。

（21）NULLS LAST：指定排序列的NULL值放在最后面，不受ASC和DESC的影响。

（22）<PARTITION BY 子句>：指明分区外连接中的分区项，最多支持255列；仅允许出现在左外连接中的右侧表和右外连接中的左侧表，且不允许同时出现。

（23）BULK COLLECT INTO的作用是将检索结果批量地、一次性地赋给集合变量。与每次获取一条数据，并每次都要将结果赋值给一个变量相比，可以在很大程度上节省开销。使用BULK COLLECT后，INTO后的变量必须是集合类型。

▶6.3.1　查询条件

WHERE子句常用的查询条件由谓词和逻辑运算符组成。谓词指明了一个条件，该条件求解后，结果为一个布尔值：真、假或未知。

逻辑运算符有AND、OR、NOT。

谓词包括比较谓词（＝、＞、＜、＞＝、＜＝、＜＞）、BETWEEN谓词、IN谓词、LIKE谓词、NULL谓词、EXISTS谓词。

逻辑运算符AND、OR用来组合多个谓词条件，NOT则对谓词条件进行非（否）的判断。例如，NOT BETWEEN、NOT LIKE等。

NULL谓词的使用格式：IS [NOT] NULL。

达梦数据库的LIKE还支持通过ROW保留字对表的多个字段进行匹配，例如：

```
SQL> select * from like_t;
行号        ID           COL1         COL2
1          1            abcdeft      ABCDEF
2          2            BCD          abcxxx
3          3            a            b
```

查询表like_t中包含"abc"开头的字符串的记录：

```
SQL> select * from like_t where like_t.row like 'abc%';
行号        ID           COL1         COL2
1          1            abcdeft      ABCDEF
2          2            BCD          abcxxx
```

这条语句等价于：

```
SQL> select * from like_t where col1 like 'abc%' or col2 like 'abc%';
行号        ID           COL1         COL2
1          1            abcdeft      ABCDEF
2          2            BCD          abcxxx
```

使用ROW不仅让SQL更加简洁，代码开发也简单了。

▶ 6.3.2 集函数

集函数又称库函数，可对查询结果做统计操作并返回单一统计值。

集函数经常与SELECT语句的分组子句GROUP BY一同使用，对于每个分组只返回一行数据。

集函数可分为10类。

（1）COUNT（*）。

（2）相异集函数 AVG|MAX|MIN|SUM|COUNT（DISTINCT<列名>）。

（3）完全集函数 AVG|MAX|MIN| COUNT|SUM（[ALL]<值表达式>）。

（4）方差集函数 VAR_POP、VAR_SAMP、VARIANCE、STDDEV_POP、STDDEV_SAMP、STDDEV。

（5）协方差函数 COVAR_POP、COVAR_SAMP、CORR。

（6）首行函数 FIRST_VALUE。

（7）求区间范围内最大值集函数 AREA_MAX。

（8）FIRST/LAST 集函数 AVG|MAX|MIN| COUNT|SUM（[ALL] <值表达式>）KEEP (DENSE_RANK FIRST|LAST ORDER BY 子句)。

（9）字符串集函数 LISTAGG/LISTAGG2、WM_CONCAT。

（10）求中位数函数 MEDIAN。

相异集函数是对表中的列值消去重复值后再做集函数运算，完全集函数是对包含列名的值表达式做集函数运算且不消去重复值。默认情况下，集函数均为完全集函数。

集函数中的自变量可以是集函数，但最多只能嵌套两层。

AVG、SUM的参数必须为数值类型；MAX、MIN的结果数据类型与参数类型保持一致；对于SUM函数，如果参数类型为 BYTE、BIT、SMALLINT 或 INTEGER，那么结果类型为INTEGER；如果参数类型为NUMERIC、DECIMAL、FLOAT和DOUBLE PRECISION，那么结果类型为DOUBLE PRECISION；COUNT 结果类型统一为BIGINT。

▶ 6.3.3 分析函数

分析函数可以在数据中进行分组然后计算基于组的某种统计值，并且每一组的每一行都可以返回一个统计值，专门用于解决复杂报表统计需求的函数。

集函数使用GROUP BY分组，每个分组返回一个统计值。分析函数采用PARTITION BY分组，并且每组每行都可以返回一个统计值。分析函数的组称为窗口，窗口决定了执行当前行的计算范围，窗口的大小可以由组中定义的行数或者范围值滑动。

分析函数可分为12类。

（1）COUNT（*）。

（2）完全分析函数AVG|MAX|MIN|COUNT|SUM（[ALL]<值表达式>），这5个分析函数的参数和作为集函数时的参数一致。

（3）方差函数VAR_POP、VAR_SAMP、VARIANCE、STDDEV_POP、STDDEV_SAMP、STDDEV。

（4）协方差函数COVAR_POP、COVAR_SAMP、CORR。

（5）首尾函数FIRST_VALUE、LAST_VALUE。

（6）相邻函数LAG和LEAD。

（7）分组函数NTILE。

（8）排序函数RANK、DENSE_RANK、ROW_NUMBER。

（9）百分比函数PERCENT_RANK、CUME_DIST、RATIO_TO_REPORT、PERCENTILE_CONT、NTH_VALUE。

（10）字符串函数LISTAGG、WM_CONCAT。

（11）指定行函数NTH_VALUE。

（12）中位数函数MEDIAN。

使用说明：

（1）分析函数只能出现在选择项或者ORDER BY子句中。

（2）分析函数有DISTINCT时，不允许与ORDER BY一起使用。

（3）分析函数参数、PARTITION BY项和ORDER BY项中不允许使用分析函数，即不允许嵌套。

（4）<PARTITION BY项>为分区子句，表示对结果集中的数据按指定列进行分区。不同的区互不相干。当PARTITION BY项包含常量表达式时，表示以整个结果集分区；当省略PARTITION

BY项时，将所有行视为一个分组。

（5）<ORDER BY项>为排序子句，对经<PARTITION BY项>分区后的各分区中的数据进行排序。ORDER BY项中包含常量表达式时，表示以该常量排序，即保持原来结果集顺序。

（6）<窗口子句>为分析函数指定的窗口。窗口就是分析函数在每个分区中的计算范围；<窗口子句>必须和<ORDER BY子句>同时使用。

（7）AVG、COUNT、MAX、MIN、SUM这5类分析函数的参数和返回的结果集的数据类型与对应的集函数保持一致，详情参见集函数部分。

（8）只有MIN、MAX、COUNT、SUM、AVG、STDDEV、VARIANCE的参数支持DISTINCT，其他分析函数的参数不允许为DISTINCT。

（9）FIRST_VALUE分析函数返回组中数据窗口的第一个值，LAST_VALUE表示返回组中数据窗口ORDER BY项相同的最后一个值。

（10）FIRST_VALUE/LAST_VALUE/LAG/LEAD/NTH_VALUE函数支持 RESPECT|IGNORE NULLS子句，该子句用来指定计算中是否跳过NULL值。

（11）NTH_VALUE函数支持FROM FIRST/LAST子句，该子句用来指定计算中是从第一行向后还是从最后一行向前。

分析函数的分析子句语法：

```
<分析函数>::=<函数名>（<参数>）OVER（<分析子句>）
<分析子句>::= [<PARTITION BY项>] [<ORDER BY项> [<窗口子句>]]
<PARTITION BY项>::= PARTITION BY <<常量表达式>| <列名>>
<ORDER BY项>::= ORDER BY <<常量表达式>| <列名>>
<窗口子句>::=<ROWS | RANGE> < <范围子句1>|<范围子句2> >
<范围子句1>::=BETWEEN {<UNBOUNDED PRECEDING>|<CURRENT ROW>|<value_expr
<PRECEDING|FOLLOWING> >}
    AND    {<UNBOUNDED FOLLOWING>|<CURRENT ROW>|<value_expr <PRECEDING|
FOLLOWING> >}
<范围子句2>::=<UNBOUNDED PRECEDING>|<CURRENT ROW>| <value_expr PRECEDING>
```

分析函数的功能十分强大，对统计数据工作帮助很大。限于篇幅，这里只举几个简单的例子。

薪酬表salary_t中存放着员工的薪酬待遇。现在查询各个部门的薪酬情况（按薪酬由高到低排序）：

```
SQL> select * from salary_t order by dept,salary desc;
行号      EMPLOYEE_ID DEPT SALARY
1         2021005     A    6500.00
2         2020001     A    4100.00
3         2020010     A    4100.00
4         2020011     A    2800.00
5         2022008     A    2800.00
```

6	2020002	A	2800.00
7	2021002	B	4000.00
8	2021003	B	4000.00
9	2022005	B	4000.00
10	2022002	B	3200.00
11	2020015	B	3200.00
12	2020004	B	2100.00
13	2022001	C	8100.00
14	2021008	C	8000.00
15	2022009	C	7600.00
16	2020009	C	7600.00
17	2022004	C	1600.00
18	2021007	C	1600.00

18 rows got

使用分析函数中的ROW_NUMBER进行排名：

```
SQL> select row_number() over(partition by dept order by salary desc)
rank_salary,* from salary_t;
```

行号	RANK_SALARY	EMPLOYEE_ID	DEPT	SALARY
1	1	2021005	A	6500.00
2	2	2020001	A	4100.00
3	3	2020010	A	4100.00
4	4	2020011	A	2800.00
5	5	2022008	A	2800.00
6	6	2020002	A	2800.00
7	1	2021002	B	4000.00
8	2	2021003	B	4000.00
9	3	2022005	B	4000.00
10	4	2022002	B	3200.00
11	5	2020015	B	3200.00
12	6	2020004	B	2100.00
13	1	2022001	C	8100.00
14	2	2021008	C	8000.00
15	3	2022009	C	7600.00
16	4	2020009	C	7600.00
17	5	2022004	C	1600.00
18	6	2021007	C	1600.00

18 rows got

因为存在很多薪酬相同的情况，row_number排名会对排序值相同的记录随机排序。
如果想对相同薪酬的记录赋予同样的排名，可以使用RANK：

```
SQL> select rank() over(partition by dept order by salary desc) rank_
salary,* from salary_t;
```

行号	RANK_SALARY	EMPLOYEE_ID	DEPT	SALARY
1	1	2021005	A	6500.00
2	2	2020001	A	4100.00
3	2	2020010	A	4100.00
4	4	2020011	A	2800.00
5	4	2022008	A	2800.00
6	4	2020002	A	2800.00
7	1	2021002	B	4000.00
8	1	2021003	B	4000.00
9	1	2022005	B	4000.00
10	4	2022002	B	3200.00
11	4	2020015	B	3200.00
12	6	2020004	B	2100.00
13	1	2022001	C	8100.00
14	2	2021008	C	8000.00
15	3	2022009	C	7600.00
16	3	2020009	C	7600.00
17	5	2022004	C	1600.00
18	5	2021007	C	1600.00

```
18 rows got
```

RANK排序对相同排序值的记录赋予同样的排名，因此排名中会出现跳跃。如果想要排名连续，可以使用DENSE_RANK：

```
SQL> select dense_rank() over(partition by dept order by salary desc)
rank_salary,* from salary_t;
```

行号	RANK_SALARY	EMPLOYEE_ID	DEPT	SALARY
1	1	2021005	A	6500.00
2	2	2020001	A	4100.00
3	2	2020010	A	4100.00
4	3	2020011	A	2800.00
5	3	2022008	A	2800.00
6	3	2020002	A	2800.00
7	1	2021002	B	4000.00
8	1	2021003	B	4000.00
9	1	2022005	B	4000.00
10	2	2022002	B	3200.00
11	2	2020015	B	3200.00
12	3	2020004	B	2100.00

```
13          1                 2022001     C     8100.00
14          2                 2021008     C     8000.00
15          3                 2022009     C     7600.00
16          3                 2020009     C     7600.00
17          4                 2022004     C     1600.00
18          4                 2021007     C     1600.00
18 rows got
```

▶ 6.3.4 连接查询

在系统开发中，为避免数据冗余，方便维护数据完整性，数据库的设计一般要达到第三范式的要求。例如，员工基本信息表中存放着员工的id、姓名、部门、联系方式等，其他涉及员工信息的数据表只需要存放员工的id即可。如果员工的信息发生了变化，只需要修改员工基本信息表即可。

第三范式减少了数据冗余，保证了数据的完整性和一致性，数据库结构清晰简洁，运行效率会更高，业务处理速度也会更快。但也出现了一条完整的数据分散存放在多个表中的情况。为了获取完整的信息，往往要从多个数据表中获取数据。这种同时从多个数据表中读取数据的查询称为连接查询。

1. 笛卡儿积

当两个表没有任何连接、过滤条件时，会将两个表记录的所有组合结果输出。例如：

```
SQL> select * from t1;
行号        COL1
1          1
2          2
SQL> select * from t2;
行号        COL2
1          a
2          b
3          c
```

对表t1、t2的笛卡儿积进行查询：

```
SQL> select * from t1,t2;
行号        COL1        COL2
1          1           a
2          1           b
3          1           c
4          2           a
5          2           b
6          2           c
```

```
6 rows got
```

2. 有连接和过滤条件的查询

例如：

```
SQL> select * from t1;
行号        ID          DEMO1
1          2           b
2          3           c
3          4           d
SQL> select * from t2;
行号        ID          DEMO2
1          1           A
2          3           C
3          2           B
```

查询t1、t2中id相同的记录：

```
SQL> select * from t1,t2 where t1.id=t2.id;
行号        ID          DEMO1 ID           DEMO2
1          3           c     3            C
2          2           b     2            B
```

查询t1、t2中id相同，且id大于2的记录：

```
SQL> select * from t1,t2 where t1.id=t2.id and t1.id>2;
行号        ID          DEMO1 ID           DEMO2
1          3           c     3            C
```

3. 自然连接

自然连接是把两张连接表中的同名列作为连接条件，进行等值连接。

例如，表t1和表t2中有相同的字段名id：

```
SQL> select * from t1 natural join t2;
行号        ID          DEMO1 DEMO2
1          3           c     C
2          2           b     B
```

这条自然连接的SQL等价于下面的SQL：

```
SQL> select * from t1,t2 where t1.id=t2.id;
行号        ID          DEMO1 ID           DEMO2
1          3           c     3            C
```

2	2	b	2	B

注意：

（1）自然连接表中如果不存在同名列，则会产生笛卡儿积。

例如：

```
SQL> select * from t3;
行号        DEMO3
1          AA
2          BB
SQL> select * from t1 natural join t3;
行号        ID          DEMO1 DEMO3
1          2           b     AA
2          3           c     AA
3          4           d     AA
4          2           b     BB
5          3           c     BB
6          4           d     BB
6 rows got
```

（2）如果有多个同名列，则会产生多个等值连接条件。

例如：

```
SQL> select * from t2;
行号        ID          DEMO2
1          1           A
2          3           C
3          2           B
SQL> select * from t4;
行号        ID          DEMO2
1          1           A
2          2           B
```

对t2、t4进行自然连接查询：

```
SQL> select * from t2 natural join t4;
行号        ID          DEMO2
1          1           A
2          2           B
```

这条自然连接的SQL等价于：

```
SQL> select * from t2,t4 where t2.id=t4.id and t2.demo2=t4.demo2;
```

行号	ID	DEMO2	ID	DEMO2
1	1	A	1	A
2	2	B	2	B

（3）如果连接表中的同名列类型不匹配，则报错处理。

例如：

```
SQL> select * from t5;
行号        ID
1          a
2          b
SQL> select * from t2 natural join t5;
select * from t2 natural join t5;
[-6111]:字符串转换出错
```

自然连接会自动匹配所有同名的字段，也可以使用using子句指定匹配哪些同名字段，例如：

```
SQL> select * from t2;
行号        ID          DEMO2
1          1           A
2          3           C
3          2           B
SQL> select * from t4;
行号        ID          DEMO2
1          1           A
2          2           B
3          3           4
```

对t2、t4进行自然连接查询：

```
SQL> select * from t2 natural join t4;
行号        ID          DEMO2
1          1           A
2          2           B
```

指定id字段进行自然连接：

```
SQL> select * from t2 join t4 using(id);
行号        ID          DEMO2 DEMO2
1          1           A     A
2          2           B     B
3          3           C     4
```

这条SQL等价于：

```
SQL> select * from t2,t4 where t2.id=t4.id;
行号          ID            DEMO2 ID            DEMO2
1           1             A     1             A
2           3             C     3             4
3           2             B     2             B
```

4. 内连接

内连接的结果集仅包含满足全部连接条件的记录。

例如：

```
SQL> select * from t1 inner join t2 on t1.id=t2.id;
行号          ID            DEMO1 ID            DEMO2
1           3             c     3             C
2           2             b     2             B
```

inner join的连接等价于：

```
SQL> select * from t1,t2 where t1.id=t2.id;
行号          ID            DEMO1 ID            DEMO2
1           3             c     3             C
2           2             b     2             B
```

inner join也可以省略写成join。

5. 外连接

外连接对结果集进行了扩展，会返回一张表的所有记录，对于另一张表无法匹配的字段用NULL填充返回。

外连接中常用到的术语：左表、右表。根据表所在外连接中的位置来确定，位于左侧的表，称为左表；位于右侧的表，称为右表。

达梦数据库支持3种方式的外连接。

（1）左外连接（left outer join），返回左表所有记录。

（2）右外连接（right outer join），返回右表所有记录。

（3）全外连接（full outer join），返回两张表所有记录。处理过程为分别对两张表进行左外连接和右外连接，然后合并结果集。

通常简写为left join、right join、full join。

例如：

```
SQL> select * from t1;
行号          ID            DEMO1
1           2             b
```

```
2              3              c
3              4              d
SQL> select * from t2;
行号           ID             DEMO2
1              1              A
2              3              C
3              2              B
SQL> select * from t1 left join t2 on t1.id=t2.id;
行号           ID             DEMO1 ID              DEMO2
1              3              c     3               C
2              2              b     2               B
3              4              d     NULL            NULL
SQL> select * from t1 right join t2 on t1.id=t2.id;
行号           ID             DEMO1 ID              DEMO2
1              2              b     2               B
2              3              c     3               C
3              NULL          NULL  1               A
SQL> select * from t1 full join t2 on t1.id=t2.id;
行号           ID             DEMO1 ID              DEMO2
1              NULL          NULL  1               A
2              3              c     3               C
3              2              b     2               B
4              4              d     NULL            NULL
```

注意 on子句的筛选条件不能减少外连接的记录数量，否则会被忽略。

以left join为例：

```
SQL> select * from t1 left join t2 on t1.id=t2.id and t1.id>2;
行号           ID             DEMO1 ID              DEMO2
1              3              c     3               C
2              4              d     NULL            NULL
3              2              b     NULL            NULL
已用时间：3.903(毫秒)，执行号：1219
```

尽管on子句中限定了t1.id>2，但结果仍然包括t1中id=2的记录。这是因为无论on子句的条件如何，left join都要返回左表的全部记录。虽然不符合on子句条件的左表记录保留了，但这条记录关联的右表记录为空（NULL）。

如果要过滤掉id>2的t1记录，可以增加where子句进行筛选：

```
SQL> select * from t1 left join t2 on t1.id=t2.id where t1.id>2;
行号           ID             DEMO1 ID              DEMO2
```

```
1          3          c     3          C
2          4          d     NULL       NULL
```

right join和full join同样如此:

```
SQL> select * from t1 right join t2 on t1.id=t2.id and t2.id>1;
行号        ID         DEMO1 ID           DEMO2
1          2          b     2            B
2          3          c     3            C
3          NULL       NULL  1            A
SQL> select * from t1 full join t2 on t1.id=t2.id and t1.id>2 and t2.id>1;
行号        ID         DEMO1 ID           DEMO2
1          NULL       NULL  1            A
2          3          c     3            C
3          NULL       NULL  2            B
4          4          d     NULL         NULL
5          2          b     NULL         NULL
```

▶6.3.5 子查询

在 DM_SQL 语言中,一条SELECT…FROM…WHERE语句称为一个查询块,如果在一个查询块中嵌套一个或多个查询块,则称这种查询为子查询,它通常采用(SELECT…)的形式嵌套在表达式中。

一个子查询就是一个数据记录的集合,也可以看作一个数据表。

例如:

```
SQL> select * from
2    (select * from t1 where id>2) tt1,
3    (select * from t2 where id>1) tt2
4    where tt1.id=tt2.id;
行号        ID         DEMO1             ID         DEMO2
1          3          c                 3          C
```

子查询在计算逻辑复杂的查询中经常用到。

▶6.3.6 WITH 子句

1. WITH FUNCTION 子句

WITH FUNCTION子句用于在SQL语句中临时声明并定义存储函数,这些存储函数可以在其作用域内被引用。相比模式对象中的存储函数,通过WITH FUNCTION定义的存储函数在对象名解析时拥有更高的优先级。

例如,定义一个求两个整数相加的函数:

```
SQL> with function fun_add(a int,b int) return int as begin return a+b; end;
2    select fun_add(100,20);
3    /
行号        FUN_ADD(100,20)
1           120
```

2. WITH CTE 子句

子查询语句如果较为复杂冗长，可以使用WITH CTE预先定义好，然后再引用。例如：

```
SQL> with tt1 as(select * from t1 where id>2),
2    tt2 as(select * from t2 where id>1)
3    select * from tt1,tt2 where tt1.id=tt2.id;
行号        ID          DEMO1 ID          DEMO2
1           3           c     3           C
```

▶ 6.3.7 合并记录集

语法格式：

```
<查询表达式>
UNION [ALL][DISTINCT]
[ ( ]<查询表达式> [ ) ];
```

使用说明：

（1）每个查询块的查询列数目必须相同。

（2）每个查询块对应的查询列的数据类型必须兼容。

（3）UNION ALL为合并所有记录。

（4）UNION [DISTINCT]为合并后删除重复记录。

例如：

```
SQL> select * from t1;
行号        ID          DEMO1
1           1           a
2           2           b
SQL> select * from t2;
行号        ID          DEMO2
1           2           b
2           3           c
```

将表t1与表t2的数据记录进行合并：

```
SQL> select * from t1 union all select * from t2;
行号        ID          DEMO1
```

1	1	a
2	2	b
3	2	b
4	3	c

将表t1和表t2的数据记录去重后合并：

```
SQL> select * from t1 union select * from t2;
行号        ID          DEMO1
1          1           a
2          2           b
3          3           c
```

UNION操作因为需要删除重复记录，所以效率会比UNION ALL低，在数据记录较多的场景下尤为明显。因此，如果确定记录没有重复，或无须删除重复记录，请务必使用UNION ALL。

▶ 6.3.8　分组子句

1. GROUP BY

GROUP BY子句是SELECT语句的可选项部分，它定义了分组表。

语法如下：

```
<GROUP BY 子句> ::= GROUP BY <group_by项>{,<group_by项>}
<group_by项>::=<分组项> | <ROLLUP项> | <CUBE项> | <GROUPING SETS项>
<分组项>::= <值表达式>
<ROLLUP项>::=ROLLUP （<分组项>）
<CUBE项>::=CUBE （<分组项>）
<GROUPING SETS项>::=GROUPING SETS(<GROUP项>{,<GROUP项>})
<GROUP项>::=<分组项>
    |(<分组项>{,<分组项>})
    |()
```

GROUP BY主要用于数据的分组统计。例如，统计各部门的最高和最低薪酬，以及部门的平均薪酬：

```
SQL> select dept,max(salary),min(salary),trunc(avg(salary),2) from salary_
t group by dept;
行号        DEPT MAX(SALARY)  MIN(SALARY)  TRUNC(AVG(SALARY),2)
1          A    6500.00      2800.00      3850
2          B    4000.00      2100.00      3416.66
3          C    8100.00      1600.00      5750
```

注意事项：

（1）在GROUP BY子句中的每一列必须明确地命名属于在FROM子句中命名的表的一列，且分组列的数据类型不能是多媒体数据类型。

（2）分组列不能为集函数表达式或者在SELECT子句中定义的别名。

（3）当分组列值包含空值时，则空值作为一个独立组。

（4）当分组列包含多个列名时，则按照GROUP BY子句中列出现的顺序进行分组。

（5）GROUP BY子句中至多可包含255个分组列。

2. ROLLUP

ROLLUP主要用于对分组列以及分组列的部分子集再进行分组统计。

例如：

```
SQL> select dept,max(salary),min(salary),trunc(avg(salary),2) from salary_
t group by rollup(dept);
行号        dept max(salary) min(salary) trunc(avg(salary),2)
1           A    6500.00     2800.00     3850
2           B    4000.00     2100.00     3416.66
3           C    8100.00     1600.00     5750
4           NULL 8100.00     1600.00     4338.88
```

第4行的结果是对全部记录的统计，计算出了最高、最低和平均值。因为这行数据包含了所有部门，所以dept字段为NULL。

例如：

```
SQL> select * from rollup_t;
行号        id1        id2        demo
1           1          1          100
2           1          1          200
3           1          2          300
4           1          2          400
5           2          1          200
6           2          2          400
7           2          2          500
7 rows got
SQL> select id1,id2,min(demo) min,max(demo) max,trunc(avg(demo),2) avg
from rollup_t group by rollup(id1,id2);
行号        id1        id2        min        max        avg
1           1          1          100        200        150
2           1          2          300        400        350
3           2          1          200        200        200
4           2          2          400        500        450
```

5	1	NULL	100	400	250
6	2	NULL	200	500	366.66
7	NULL	NULL	100	500	300

7 rows got

前四行数据是根据字段id1和id2值的不同组合进行统计，第5、6行是对id1的不同值进行统计，第7行是对所有记录进行统计。

NULL表示不考虑此字段值的统计结果。

注意事项：

（1）ROLLUP项不能包含集函数。

（2）不支持包含ROWNUM、WITH FUNCTION的相关查询。

（3）不支持包含存在ROLLUP的嵌套相关子查询。

（4）ROLLUP项最多支持511个。

（5）子查询中的ROLLUP项不能引用外层列。

3. CUBE

CUBE的使用场景与ROLLUP类似，常用于统计分析，对分组列以及分区列的所有子集进行分组，输出所有分组结果。

ROLLUP(id1,id2)会对id1所有值（包括NULL）的情况进行统计，但不会对id1为NULL、id2有值的记录集进行统计。如果要对id2为NULL的情况也进行统计，可以使用CUBE（id1,id2）。例如：

```
SQL> select id1,id2,min(demo) min,max(demo) max,trunc(avg(demo),2) avg
from rollup_t group by cube(id1,id2);
```

行号	id1	id2	min	max	avg
1	1	1	100	200	150
2	1	2	300	400	350
3	2	1	200	200	200
4	2	2	400	500	450
5	NULL	1	100	200	166.66
6	NULL	2	300	500	400
7	1	NULL	100	400	250
8	2	NULL	200	500	366.66
9	NULL	NULL	100	500	300

9 rows got

注意事项：

（1）CUBE项不能包含集函数。

（2）不支持包含WITH FUNCTION的相关查询。

（3）不支持包含存在CUBE的嵌套相关子查询。

（4）CUBE项最多支持9个。

（5）子查询中的CUBE项不能引用外层列。

4. GROUPING

GROUPING可以视为集函数，用于GROUP BY的语句中标识某子结果集是否是按指定分组项分组的结果，如果是，GROUPING值为0；否则为1。

例如：

```
SQL> select grouping(id1) g_id1,grouping(id2) g_id2,id1,id2,min(demo)
min,max(demo) max,trunc(avg(demo),2) avg from rollup_t group by cube(id1,id2);
 行号    g_id1    g_id2    id1     id2       min       max        avg
 1       0        0        1       1         100       200        150
 2       0        0        1       2         300       400        350
 3       0        0        2       1         200       200        200
 4       0        0        2       2         400       500        450
 5       1        0        NULL    1         100       200        166.66
 6       1        0        NULL    2         300       500        400
 7       0        1        1       NULL      100       400        250
 8       0        1        2       NULL      200       500        366.66
 9       1        1        NULL    NULL      100       500        300
9 rows got
```

使用说明：

（1）GROUPING中只能包含一列。

（2）GROUPING只能在GROUP BY查询中使用。

（3）GROUPING不能在WHERE或连接条件中使用。

（4）GROUPING支持表达式运算。例如GROUPING(c1)+GROUPING(c2)。

5. GROUPING SETS

GROUPING SETS是对GROUP BY的扩展，可以指定不同的列进行分组，每个分组列集作为一个分组单元。使用GROUPING SETS，用户可以灵活地指定分组方式，避免ROLLUP/CUBE过多的分组情况，满足实际应用需求。GROUPING SETS的分组过程为依次按照每一个分组单元进行分组，最后把每个分组结果通过UNION ALL命令输出最终结果。如果查询项不属于分组列，则用NULL代替。

语法格式：

```
GROUP BY GROUPING SETS （<分组项>）
<分组项> ::= <分组子项> {,<分组子项>}
<分组子项> ::= <表达式> | () |(<表达式>{,<表达式>})
<表达式> ::= <列名> | <值表达式>
```

例如：

```
SQL> select * from group_t;
行号          id1          id2          id3          demo
1            1            1            1            100
2            1            1            1            200
3            1            1            2            300
4            1            1            2            200
5            1            2            1            400
6            1            2            1            500
7            2            1            1            200
8            2            1            1            500
9            2            2            1            800
10           2            2            1            100
11           2            2            2            400
12           2            2            2            800
13           2            1            2            300
14           2            1            2            500
14 rows got

SQL> select id1,id2,id3,min(demo) min,max(demo) max from group_t group by
grouping sets(id1,(id2,id3));
行号          id1          id2          id3          min          max
1            1            NULL         NULL         100          500
2            2            NULL         NULL         100          800
3            NULL         1            1            100          500
4            NULL         1            2            200          500
5            NULL         2            1            100          800
6            NULL         2            2            400          800
6 rows got
```

grouping sets(id1,(id2,id3))指定了两种分组方式。

（1）按id1进行分组统计。

（2）按id2、id3进行分组统计。

两种分组方式互不干扰，最终结果是两种分组的合集。

分组子项中的字段可以重复，例如：

```
SQL> select id1,id2,id3,min(demo) min,max(demo) max from group_t group by
grouping sets(id1,(id1,id2,id3));
行号          id1          id2          id3          min          max
1            1            NULL         NULL         100          500
2            2            NULL         NULL         100          800
3            1            1            1            100          200
```

4	1	1	2	200	300
5	1	2	1	400	500
6	2	1	1	200	500
7	2	2	1	100	800
8	2	2	2	400	800
9	2	1	2	300	500

9 rows got

6. HAVING

WHERE子句用于选择表中满足条件的行，而HAVING子句用于选择满足条件的组。例如：

```
SQL> select id1,id2,id3,min(demo) min,max(demo) max from group_t group by
grouping sets(id1,(id1,id2,id3)) having max(demo)>500;
```

行号	id1	id2	id3	min	max
1	2	NULL	NULL	100	800
2	2	2	1	100	800
3	2	2	2	400	800

▶ 6.3.9　ORDER BY 子句

ORDER BY子句用来展示数据记录的顺序，默认为升序（ASC），倒序为DESC。例如：

```
SQL> select id1,id2,id3,min(demo) min,max(demo) max from group_t group
by grouping sets(id1,(id1,id2,id3)) order by min;
```

行号	id1	id2	id3	min	max
1	2	2	1	100	800
2	1	1	1	100	200
3	2	NULL	NULL	100	800
4	1	NULL	NULL	100	500
5	2	1	1	200	500
6	1	1	2	200	300
7	2	1	2	300	500
8	1	2	1	400	500
9	2	2	2	400	800

9 rows got

▶ 6.3.10　FOR UPDATE 子句

FOR UPDATE子句会修改行数据物理记录上的事务号（TID）并对该TID上锁，以保证该更新操作的待更新数据不被其他事务修改。只要FOR UPDATE语句不提交（COMMIT或ROLLBACK），其他会话就不能修改此结果集。

语法格式：

```
<FOR UPDATE 子句> ::= FOR READ ONLY   | <FOR UPDATE 选项>
<FOR UPDATE 选项> ::= FOR UPDATE [OF <选择列表>] [ NOWAIT
        |WAIT N
        |[N]SKIP LOCKED
    ]
<选择列表> : : = [<模式名>.] <基表名>|<视图名> .] <列名> {,[<模式名>.] <基表名>
| <视图名> .] <列名>}
```

例如：

```
SQL> select * from t1 where id=1 for update;
行号         id              demo1
1           1               a
```

id=1的记录被锁定，直到当前会话执行COMMIT或ROLLBACK命令后，其他会话才能修改
或删除这条记录。

▶ 6.3.11 TOP 子句

TOP子句可以用来筛选结果。

语法格式：

```
<TOP子句>::=TOP <n>
    | <n1>,<n2>
    | <n> PERCENT
    | <n> WITH TIES
    | <n> PERCENT WITH TIES
<n>::=整数(>=0)
```

参数说明：

（1）TOP<n> 选择结果的前n条记录。

（2）TOP<n1>,<n2>选择第n1条记录之后的n2条记录。

（3）TOP<n> PERCENT表示选择结果的前n%条记录。

（4）TOP<n>PERCENT WITH TIES表示选择结果的前n%条记录，同时指定结果集可以返回
额外的行。额外的行是指与最后一行以相同的排序键排序的所有行。WITH TIES必须与ORDER
BY子句同时出现，如果没有ORDER BY子句，则忽略WITH TIES。

例如：

```
SQL> select * from t1;
行号         id
1           1
2           2
```

```
3          3
4          4
5          5
6          6
7          7
8          8
9          9
10         10
10 rows got
```

查询头两条记录：

```
SQL> select top 2 * from t1;
行号        id
1          1
2          2
```

查询第3条开始的5条记录：

```
SQL> select top 3,5 * from t1;
行号        id
1          4
2          5
3          6
4          7
5          8
```

查询前20%的记录：

```
SQL> select top 20 percent * from t1;
行号        id
1          1
2          2
```

▶ 6.3.12 LIMIT 限定条件

在WHERE子句后面也可以使用LIMIT子句和ROW_LIMIT子句对结果集做出筛选。

1. LIMIT 子句

LIMIT子句按顺序选取结果集中某条记录开始的n条记录。

语法格式：

```
<LIMIT子句>::=<LIMIT子句1> | <LIMIT子句2>
```

```
<LIMIT子句1>::= LIMIT <记录数>
    | <记录数>,<记录数>
    | <记录数> OFFSET <偏移量>
<LIMIT子句2>::= OFFSET <偏移量> LIMIT <记录数>
<记录数>::=<整数>
<偏移量>::=<整数>
```

总共有四种方式。

（1）LIMIT n：选择前n条记录。

（2）LIMIT m,N：选择第m条记录之后的n条记录。

（3）LIMIT m OFFSET n：选择第n条记录之后的m条记录。

（4）OFFSET n LIMIT m：选择第n条记录之后的m条记录。

例如：

```
SQL> select * from t1;
行号        id
1          1
2          2
3          3
4          4
5          5
6          6
7          7
8          8
9          9
10         10
10 rows got
```

查询前3条记录：

```
SQL> select * from t1 limit 3;
行号        id
1          1
2          2
3          3
```

查询第2条记录之后的5条记录：

```
SQL> select * from t1 limit 2,5;
行号        id
1          3
2          4
```

3	5
4	6
5	7

查询第5条记录之后的2条记录：

```
SQL> select * from t1 limit 2 offset 5;
行号        id
1          6
2          7
```

查询第5条记录后的2条记录也可以写成：

```
SQL> select * from t1 offset 5 limit 2;
行号        id
1          6
2          7
```

2. ROW_LIMIT 子句

ROW_LIMIT子句用于指定查询结果中偏移位置的行数或者百分比行数。

语法格式：

```
< ROW_LIMIT子句>::= [OFFSET <offset> <ROW | ROWS> ] [<FETCH说明>]
<FETCH说明>::= FETCH <FIRST | NEXT> <大小> [PERCENT] < ROW | ROWS ><ONLY|
WITH TIES>
```

参数说明：

（1）< OFFSET>：指定查询返回行的起始偏移。必须为数字。OFFSET为负数时视为0；为NULL或大于等于所返回的行数时，返回0行；为小数时，小数部分截断。

（2）<FIRST | NEXT>：FIRST为从偏移为0的位置开始。NEXT为从指定的偏移的下一行开始获取结果。只做注释说明的作用，没有实际的限定作用。

（3）<大小>[PERCENT]：指定返回行的行数（无PERCENT）或者百分比（有 PERCENT）。其中<大小>只能为数字。percent指定为负数时，视为0%；为 NULL时返回0行，如果没有指定percent，返回1行。

（4）<ONLY | WITH TIES>：指定结果集是否返回额外的行。额外的行是指与最后一行以相同的排序键排序的所有行。ONLY为只返回指定的行数。WITH TIES 必须与ORDER BY子句同时出现，如果没有ORDER BY子句，则忽略WITH TIES。

例如：

```
SQL> select * from t1 order by id offset 2 rows fetch first 5 rows only;
行号        id
1          3
```

2	4
3	5
4	6
5	7

▶ 6.3.13 层次查询子句

层次查询遍历的是一个树形结构，通过层次查询子可以得到数据间的层次关系。
语法格式：

```
<层次查询子句> ::=
    CONNECT BY [NOCYCLE] <连接条件> [ START WITH <起始条件> ] |
    START WITH <起始条件> CONNECT BY [NOCYCLE] <连接条件>
<连接条件>::= <逻辑表达式>
<起始条件>::= <逻辑表达式>
```

参数说明：

（1）<连接条件>：逻辑表达式，指明层次数据间的层次连接关系。

（2）<起始条件>：逻辑表达式，指明选择层次数据根数据的条件。

（3）NOCYCLE：关键字用于指定数据导致环的处理方式，如果在层次查询子句中指定NOCYCLE关键字，则忽略导致环元组的子数据。否则，返回错误。

图6-16所示为一个公司的管理架构，第一层为总公司，第二层为经理办、事业部等，第三层为各事业部的下属部门。

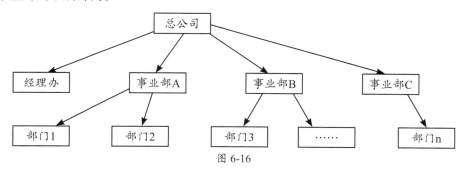

图 6-16

创建相应的表结构：

```
SQL> desc company_t;
行号        name        type$        nullable
1          DEPT_ID     INTEGER      N
2          DEPT_NAME   VARCHAR(20)  Y
3          PARENT_ID   INTEGER      Y
```

其中，dept_id为机构编号，dept_name为机构名称，parent_id为机构的上级编号（总公司是最顶级机构，其上级机构为空）。

```
SQL> select * from company_t;
行号        dept_id      dept_name parent_id
1          1            总公司       NULL
2          2            事业部A      1
3          3            事业部B      1
4          4            事业部C      1
5          5            部门1        2
6          6            部门2        2
7          7            部门3        2
8          8            部门4        3
9          9            部门5        3
10         10           部门6        3
11         11           部门7        4
12         12           部门8        4
13         13           部门9        4
14         14           经理办        1
14 rows got
```

查询公司机构层次：

```
SQL> select level,dept_id,dept_name,parent_id from company_t start with
dept_id=1 connect by prior dept_id=parent_id order by level,dept_id;
行号        level      dept_id      dept_name parent_id
1          1          1            总公司       NULL
2          2          2            事业部A      1
3          2          3            事业部B      1
4          2          4            事业部C      1
5          2          14           经理办        1
6          3          5            部门1        2
7          3          6            部门2        2
8          3          7            部门3        2
9          3          8            部门4        3
10         3          9            部门5        3
11         3          10           部门6        3
12         3          11           部门7        4
13         3          12           部门8        4
14         3          13           部门9        4
14 rows got
```

LEVEL列表示当前产品属于第几层级。START WITH表示从哪一个机构开始查询，CONNECT BY PRIOR表示父节点与子节点的关系，每一个机构的dept_id指向一个父节点。

如果想查询某个机构及其下级机构，只需指定START WITH即可。例如查询事业部A（dept_id为2）及其下级机构的层级：

```
SQL> select level,dept_id,dept_name,parent_id from company_t start with
dept_id=2 connect by prior dept_id=parent_id order by level,dept_id;
行号        level        dept_id       dept_name parent_id
1          1            2             事业部A    1
2          2            5             部门1      2
3          2            6             部门2      2
4          2            7             部门3      2
```

层次查询还可以用来生成数字序列。例如生成1~10的数字：

```
SQL> select rownum num from dual connect by level<=10;
行号        num
1          1
2          2
3          3
4          4
5          5
6          6
7          7
8          8
9          9
10         10
10 rows got
```

▶ 6.3.14 ROWNUM

ROWNUM是一个伪列，表示查询结果集的行号。

例如：

```
SQL> select rownum,* from company_t where rownum<=5;
行号        rownum            dept_id            dept_name      parent_id
1          1                 1                  总公司         NULL
2          2                 2                  事业部A        1
3          3                 3                  事业部B        1
4          4                 4                  事业部C        1
5          5                 5                  部门1          2
```

6.4 数据更新

数据更新包括插入、删除、更改三种操作。

▶6.4.1 数据插入

数据插入语句用于向已定义好的表中插入单行或多行数据。

插入语句有两种方式。

（1）数值插入，即构造一行或者多行，并将它们插入到表中。

（2）查询插入，通过<查询表达式>返回一个查询结果集构造出要插入表的数据记录集，然后批量插入表。

语法格式：

```
<插入表达式>::=
[@]INSERT  <single_insert_stmt> | <multi_insert_stmt>;
<single_insert_stmt>::=[INTO] <full_tv_name> [<t_alias>] <insert_tail>
[<return_into_obj>]
<full_tv_name>::=
      | <单表引用>  [@ <dblink_name>]
      | [<模式名>.]<基表名>  INDEX <索引名>
      | [<模式名>.]<基表名>  PARTITION (<分区名>)
  | <子查询表达式>
<单表引用>::=[<模式名>.]<基表或视图名>
<基表或视图名>::=<基表名>|<视图名>
<子查询表达式>::=(<查询表达式>) [[AS] <表别名>]
<t_alias>::=[AS] <表别名>
<insert_tail>::= [(<列名>{,<列名>})]<insert_action>
<insert_action>::= VALUES <ins_value>
      | <查询表达式>|(<查询表达式>)
      | (<select_clause>)
      | DEFAULT VALUES
      | TABLE <full_tv_name>
<return_into_obj>::=
      <RETURN|RETURNING><expr{,expr}>INTO <data_item {,data_item }>
      |<RETURN|RETURNING><expr{,expr}>BULK COLLECT INTO <data_item {,data_
item}>
<multi_insert_stmt>::=ALL <multi_insert_into_list> <查询表达式>
          |[ALL|FIRST]<multi_insert_into_condition_list> [<multi_insert_
into_else>]<查询表达式>
<multi_insert_into_list>::= <insert_into_single>{<insert_into_single>}
<insert_into_single>::=
```

```
    INTO <full_tv_name> [<t_alias>] [(<列名>{,<列名>})][VALUES <ins_value>]
<ins_value>::=
 (<expr>|DEFAULT {,<expr>|DEFAULT}){,(<expr>|DEFAULT {,<expr>|DEFAULT})}
<multi_insert_into_condition_list> ::=
<insert_into_single_condition>{,< insert_into_single_condition>}
<insert_into_single_condition>::=
 WHEN <bool_exp> THEN <multi_insert_into_list>
<multi_insert_into_else>::= ELSE <multi_insert_into_list>
```

参数说明：

（1）<模式名>：指明该表或视图所属的模式，默认为当前模式。

（2）<基表名>：指明被插入数据的基表的名称。

（3）<视图名>：指明被插入数据的视图的名称，实际是将数据插入到视图引用的基表中。

（4）<列名>：表或视图的列的名称。在插入的记录中，这个列表中的每一列都被 VALUES子句或查询说明赋一个值。如果在此列表中省略了表的一个列名，则用先前定义好的默认值插入到这一列中。如果此列表被省略，则在VALUES子句和查询中必须为表中的所有列指定值。

（5）<ins_value>：指明在列表中对应的列的插入的列值，如果列表被省略了，插入的列值按照基表中列的定义顺序排列。所有的插入值和系统内部相关存储信息一起构成了一条记录，一条记录的长度不能大于页面大小的一半。

（6）<查询表达式>：将一个SELECT语句所返回的记录插入表或视图的基表中，子查询中选择的列表必须和INSERT语句中列名清单中的列具有相同的数量；带有<查询表达式>的插入方式，称查询插入。插入中使用的<查询表达式>也称为查询说明。

（7）@：当插入的是大数据数据文件时，启用 @。同时对应的<插入值>格式为@'path'。例如：@INSERT INTO T1 VALUES(@'e:\DSC_1663.jpg')。注意：@ 用法只能在DISQL中使用，其他客户端工具不支持。

（8）<dblink_name>：表示创建的dblink名字，如果添加了该选项，则表示插入远程实例的表。

使用说明：

（1）<基表名>或<视图名>后所跟的<列名>必须是该表中的列，且同一列名不允许出现两次，但排列顺序可以与定义时的顺序不一致。

（2）<INS_VALUE>中插入值的个数、类型和顺序要与<列名>一一对应。

（3）插入在指定值时，可以同时指定多行值，这种叫做多行插入或者批量插入。多行插入不支持列存储表。

（4）如果某一<列名>未在INTO子句后面出现，则新插入的行在这些列上将取空值或默认值，如该列在基表定义时说明为NOT NULL时将会出错。

（5）如果<基表名>或<视图名>后没指定任何<列名>，则隐含指定该表或视图的所有列，这时，新插入的行必须在每个列上均有<插入值>。

（6）当使用<子查询表达式>作为INSERT的目标时，实际上是对查询表达式的基表进行操作，查询表达式的查询项必须都来源于同一个基表且不能是计算列，查询项所属的基表即是查询表达式的基表，如果查询表达式是带有连接的查询，那么对于连接中视图基表以外的表，连接列上必须是主键或者带有UNIQUE约束。不支持PIVOT/UNPIVOT，不支持UNION/UNION ALL查询。

（7）如果两表之间存在引用和被引用的关系，应先插入被引用表的数据，再插入引用表的数据。

（8）<查询表达式>是指用查询语句得到的一个结果集插入到插入语句中<表名>指定的表中，因此该格式的使用可供一次插入多个行，但插入时要求结果集的列与目标表要插入的列一一对应，不然会报错。

（9）多行插入时，对于存在行触发器的表，每一行都会触发相关的触发器；同样如果目标表具有约束，那么每一行都会进行相应的约束检查，只要有一行不满足约束，所有的值都不能插入成功。

（10）在嵌入方式下工作时，<INS_VALUE>>插入的值可以为主变量。

（11）如果插入对象是视图，同时在这个视图上建立了INSTEAD OF触发器，则会将插入操作转换为触发器所定义的操作；如果没有触发器，则需要判断这个视图是否可更新，如果不可更新则报错，否则可以插入成功。

（12）RETURN INTO返回列支持返回ROWID。

（13）RETURN INTO语句中返回结果对象支持变量和数组。如果返回列为记录数组，则返回结果数只能为1，且记录数组属性类型与个数须与返回列一致；如果为变量，则变量类型与个数与返回列一致；如果返回普通数组，则数组个数和数组元素类型与返回列一致；返回结果不支持变量、普通数组和记录数组混和使用。

（14）增删改语句当前修改表称为变异表（MUTATE TABLE），其调用函数中，不能对此变异表进行插入操作。

（15）BULK COLLECT的作用是将检索结果批量地、一次性地赋给集合变量。与每次获取一条数据，并每次都要将结果赋值给变量相比，可以在很大程度上节省开销。使用BULK COLLECT时，INTO后的变量必须是集合类型的。

举例：

查看表结构：

```
SQL> desc t1;
行号        name   type$       nullable
1          ID     INTEGER     Y
2          DEMO1 VARCHAR(20) Y
```

插入一行数据：

```
SQL> insert into t1(id,demo1) values(1,'a');
影响行数 1
```

如果插入数据覆盖所有字段，可以省略字段说明。

```
SQL> insert into t1 values(2,'b');
影响行数 1
```

插入多行数据：

```
SQL> insert into t1 values(3,'c'),(4,'d');
影响行数 2
```

将表t2的数据插入：

```
SQL> insert into t1(id,demo1) select id,demo2 from t2;
影响行数 2
```

注意 t2相应的字段数据类型要与t1匹配或兼容或可以自动转换。

也可以同时将多个表的数据合并后插入：

```
SQL> insert into t1(id,demo1) select id,demo2 from t2 union all select
id,demo3 from t3;
影响行数 4
```

6.4.2 数据更改

语法格式：

```
UPDATE <更新列表> {<单列修改子句>|<多列修改子句>}
<更新列表>::= <表引用>{,<表引用>}
<单列修改子句>::= SET<列名>=<<值表达式>|DEFAULT>{,<列名>=<<值表达式>|DEFAULT>}
[FROM <表引用>{,<表引用>}][WHERE <条件表达式>][<return_into_obj>];
<多列修改子句>::= SET <列名>{,<列名>}= <subquery>;
<表引用>::= 数据查询语句
<return_into_obj>::=
    <RETURN|RETURNING><列名>{,<列名>}INTO <结果对象>
    |<RETURN|RETURNING><列名>{,<列名>}BULK COLLECT INTO <结果对象>
<结果对象>::= <数组>|<变量>
```

参数说明：

（1）<列名>：表或视图中被更新列的名称。

（2）<值表达式>：指明赋予相应列的新值。

（3）<条件表达式>：指明限制被更新的行必须符合指定的条件，如果省略此子句，则修改表或视图中所有的行。

使用说明：

（1）SET后的<列名>不能重复出现。

（2）WHERE子句也可以包含子查询。如果省略了WHERE子句，则表示要修改所有的元组。

（3）执行基表的UPDATE语句触发任何与之相联系的UPDATE触发器。

（4）对于未指定ENABLE ROW MOVEMENT属性水平分区表的更新，如果更新后的值将导致记录所属分区发生修改，则不能进行更新；更新包含大字段的水平分区表时不允许分区更改。

（5）如果视图的定义查询中含有以下结构则不能更新视图。

● 联结运算。

● 集合运算符。

● GROUP BY子句。

● 集函数。

● INTO子句。

● 分析函数。

● HAVING字句。

● 层次查询子句。

（6）如果更新对象是视图，同时在这个视图上建立了INSTEAD OF触发器，则会将更新操作转换为触发器所定义的操作；如果没有触发器，则需要判断这个视图是否可更新，如果不可更新则报错。

（7）RETURN INTO不支持返回ROWID列。

（8）RETURN INTO语句中返回列如果是更新列，则返回值为列的新值。返回结果对象支持变量和数组。如果返回列为记录数组，则返回结果数只能为1，且记录数组属性类型和个数须与返回列一致；如果为变量，则变量类型与个数与返回列一致；如果返回普通数组，则数组个数与数组元素类型与返回列一致；返回结果不支持变量、普通数组和记录数组混合使用。

▶ 6.4.3 数据删除

语法格式：

```
DELETE  [FROM] <表引用>
[WHERE <条件表达式>][RETURN <列名>{,<列名>} INTO <结果对象>,{<结果对象>}];
<表引用>::= [<模式名>.]{<基表或视图名> |<子查询表达式>}
<基表或视图名>::= <基表名>|<视图名>
<子查询表达式>::=(<查询表达式>) [[AS] <表别名> [<新生列>]]
<结果对象>::=<数组>|<变量>
```

参数说明：

（1）<模式名>：指明该表或视图所属的模式，默认为当前模式。

（2）<基表名>：指明被删除数据的基表的名称。

（3）<视图名>：指明被删除数据的视图的名称，实际上将从视图的基表中删除数据。

（4）<条件表达式>：指明基表或视图的基表中被删除的记录须满足的条件。

使用说明：

（1）如果不带WHERE子句，则表示删除表中全部数据记录。

（2）由于DELETE语句一次只能对一个表进行删除，因此当两个表存在引用与被引用关系时，要先删除引用表里的记录，只有引用表中无记录时，才能删除被引用表中的记录，否则系统会报错。

（3）执行与表相关的DELETE语句将触发定义在表上的DELETE触发器。

（4）如果视图的定义查询中包含以下结构之一，则不能从视图中删除记录。

- 联结运算。
- 集合运算符。
- GROUP BY子句。
- 集函数。
- INTO语句。
- 分析函数。
- HAVING语句。
- CONNECT BY语句。

（5）当<子查询表达式>作为DELETE的目标时，实际上是对查询表达式的基表进行操作，查询表达式的查询项必须都来源于同一个基表且不能是计算列，查询项所属的基表即是查询表达式的基表，如果查询表达式是带有连接的查询，那么对于连接中视图基表以外的表，连接列上必须是主键或者带有UNIQUE约束。不支持PIVOT/UNPIVOT，不支持UNION/UNION ALL查询。

（6）RETURN INTO不支持返回ROWID列。

（7）RETURN INTO返回结果对象支持变量和数组。如果返回列为记录数组，则返回结果数只能为1，且记录数组属性类型和个数须与返回列一致；如果为变量，则变量类型与个数与返回列一致；如果返回普通数组，则数组个数与数组元素类型与返回列一致；返回结果不支持变量、普通数组和记录数组混合使用。

（8）增删改语句当前修改表称为变异表（MUTATE TABLE），其调用函数中，不能对此变异表进行删除操作。

6.4.4 MERGE INTO 语句

在应用中有时会遇到这样的场景：插入数据时，如果表中存在满足某种条件的数据记录，则对这些数据进行修改，否则就插入。

MERGE INTO合并了INSERT和UPDATE操作，简化了SQL语句，而且执行效率要高于分别单独执行INSERT和UPDATE语句。

语法格式：

```
MERGE INTO <merge_into_obj> [表别名] USING <表引用> ON (<条件判断表达式>)
<[<merge_update_clause>] [<merge_insert_clause>]>
<merge_into_obj> ::= <单表引用> | <子查询>
<单表引用> ::= [<模式名>.]<基表或视图名>
```

```
<子查询> ::= (<查询表达式>)
<merge_update_clause>::=WHEN MATCHED THEN UPDATE SET <set_value_list>
<where_clause_null> [DELETE <where_clause_null>]
<merge_insert_clause>::=WHEN NOT MATCHED THEN INSERT [<full_column_
list>] VALUES <ins_value_list> <where_clause_null>;
<表引用>::=<普通表> | <连接表>
<set_value_list> ::= <列名>=<值表达式| DEFAULT> {,<列名>=<值表达式| DEFAULT>}
<where_clause_null> ::= [WHERE <条件表达式>]
<full_column_list>::= (<列名>{,<列名>})
<ins_value_list>::= (<插入值>{,<插入值>})
```

参数说明：

（1）<模式名>：指明该表或视图所属的模式，默认为当前用户的默认模式。

（2）<基表名>：指明被修改数据的基表的名称。

（3）<视图名>：指明被修改数据的视图的名称，实际上是对视图的基表更新数据。

（4）<查询表达式>：指明被修改数据的子查询表达式，实际是对子查询的基表进行数据更新。不支持带有计算列、连接、PIVOT、UNPIVOT、UNION、UNION ALL的查询。

（5）<条件表达式>：指明限制被操作执行的行必须符合指定的条件，如果省略此子句，则对表或视图中所有的行进行操作。

例如：

```
SQL> select * from t1;
行号        id          demo1
1          1           A
2          2           B
SQL> select * from t2;
行号        id          demo2
1          2           b
2          3           c
```

将t2中的数据插入t1，如果存在id相同的，则进行修改操作：

```
SQL> merge into t1 using t2 on(t1.id=t2.id)
2    when matched then update set t1.demo1=t2.demo2
3    when not matched then insert (id,demo1) values(t2.id,t2.demo2);
影响行数 2
SQL> select * from t1;
行号        id          demo1
1          1           A
2          2           b
3          3           c
```

达梦数据库

第7章

视图和物化视图

为了减少数据冗余、方便维护数据一致性，事务型数据库（On-Line Transaction Processing，OLTP）的设计一般至少要达到第三范式的要求。数据库模型中每个基表只存放跟主键相关的数据。为了查询到更多的完整信息，往往要将多个基表的数据进行关联、筛选、计算。这样的查询SQL往往是比较复杂的。为了方便查询、重复利用以前书写的代码，可以将这些涉及多个基表的复杂查询SQL语句定义成视图，这样只需直接查询视图即可获取需要的信息。

7.1 视图

视图是一个虚拟表，并不存放任何数据，其本质是存储在数据库中的查询SQL语句。视图定义好之后可以像基表一样被查询、修改和删除，也可以在视图上再建新视图。对视图数据的更新最终是落到基表上，因而操作起来有一些限制。

▶ 7.1.1 定义视图

语法格式：

```
CREATE [OR REPLACE] VIEW [<模式名>.]<视图名>[(<列名> {,<列名>})] AS <查询说明>
[WITH [LOCAL|CASCADED]CHECK OPTION]|[WITH READ ONLY];
<查询说明>::=<表查询> | <表连接>
<表查询>::=<子查询表达式>[ORDER BY子句]
```

参数说明：

（1）<模式名>：指明被创建的视图属于哪个模式，默认为当前模式。

（2）<视图名>：指明被创建的视图的名称。

（3）<列名>：指明被创建的视图中列的名称。

（4）<子查询表达式>：标识视图所基于的表的行和列，语法遵照SELECT语句的语法规则。

（5）WITH CHECK OPTION：此选项用于可更新视图中。指明往该视图中插入或更新数据时，插入行或更新行的数据必须满足视图定义中<查询说明>所指定的条件。如果不带该选项，则插入行或更新行的数据不必满足视图定义中<查询说明>所指定的条件。

[LOCAL|CASCADED]用于当前视图是根据另一个视图定义的情况。当通过视图向基表中INSERT或UPDATE数据时，LOCAL|CASCADED决定了满足CHECK条件的范围。指定LOCAL，要求数据必须满足当前视图定义中<查询说明>所指定的条件；指定CASCADED，数据必须满足当前视图，以及所有相关视图定义中<查询说明>所指定的条件。

MPP系统下不支持WITH CHECK OPTION操作。

（6）WITH READ ONLY指明该视图是只读视图，只可以查询，但不可以做其他DML操作；如果不带该选项，则数据库根据自身的规则判断视图是否只读。

使用说明：

（1）<视图名>后所带<列名>不得同名，个数必须与<查询说明>中SELECT后的<值表达式>的个数相等。如果<视图名>后不带<列名>，则隐含该视图中的列由<查询说明>中SELECT后的各<值表达式>组成，但这些<值表达式>必须是单纯列名。<视图名>后的<列名>必须全部省略或全部写明。如果出现以下三种情况之一，<视图名>后的<列名>不能省略。

● <查询说明>中SELECT后的<值表达式>不是单纯的列名，而是包含集函数或运算表达式。

● <查询说明>包含了多表连接，使得SELECT后出现了几个不同表中的同名列作为视图列。

● 需要在视图中为某列取与<查询说明>不同的列名。

（2）为了防止用户通过视图更新基表数据时，无意或故意更新了不属于视图范围内的基表数据，在视图定义语句的子查询后提供了可选项WITH CHECK OPTION。如选择，表示往该视图中插入或修改数据时，要保证插入行或更新行的数据满足视图定义中<查询说明>所指定的条件，不选则可以不满足。

（3）视图上可以建立INSTEAD OF触发器（只允许行级触发），但不允许创建BEFORE/AFTER触发器。

（4）视图分为可更新视图和不可更新视图。

举例：

```
SQL> select * from t1;
行号        id          demo1
1          1           A
2          2           B
3          3           C
SQL> select * from t2;
行号        id          demo2
1          2           b
2          3           c
```

创建视图t12_v，将表t1和t2的数据通过id关联起来：

```
SQL> create view t12_v as select t1.id,t1.demo1,t2.demo2 from t1,t2 where
t1.id=t2.id;
操作已执行
SQL> select * from t12_v;
行号        id          demo1 demo2
1          2           B     b
2          3           C     c
```

7.1.2　删除视图

语法格式：

```
DROP VIEW [IF EXISTS] [<模式名>.]<视图名> [RESTRICT | CASCADE];
```

例如：

```
SQL> drop view t12_v;
```

7.1.3　更新视图

当视图是可更新时，才可以选择WITH CHECK OPTION项。

达梦数据库规定如下。

（1）如果视图建在单个基表或单个可更新视图上，且该视图包含了表中的全部聚集索引键，则该视图为可更新视图。

（2）如果视图由两个以上的基表导出时，则该视图不允许更新。

（3）如果视图列是集函数，或视图定义中的查询说明包含集合运算符、GROUP BY子句或HAVING子句，则该视图不允许更新。

（4）在不允许更新视图上建立的视图也不允许更新。

例如：

```
SQL> update t12_v set demo2='bb' where id=2;
update t12_v set demo2='bb' where id=2;
第1行附近出现错误[-2651]:试图更新只读视图[T12_V]
```

创建单表视图：

```
SQL> select * from t1;
行号        id          demo1
1          1           A
2          2           B
3          3           C
```

创建视图：

```
SQL> create view t1_v as select * from t1 where id>1;
操作已执行
SQL> select * from t1_v;
行号        id          demo1
1          2           B
2          3           C
```

插入数据：

```
SQL> insert into t1_v values(4,'D');
影响行数 1
SQL> select * from t1_v;
行号        id          demo1
1          2           B
2          3           C
3          4           D
SQL> select * from t1;
行号        id          demo1
1          1           A
2          2           B
3          3           C
4          4           D
```

删除视图中不存在的数据：

```
SQL> delete from t1_v where id=1;
影响行数 0
```

删除视图中存在的数据:

```
SQL> delete from t1_v where id=2;
影响行数 1
SQL> select * from t1;
行号          id            demo1
1           1             A
2           3             C
3           4             D
```

更新视图中不存在的数据:

```
SQL> update t1_v set demo1='AAA' where id=1;
影响行数 0
```

更新存在的数据:

```
SQL> update t1_v set demo1='X' where id=3;
影响行数 1
SQL> select * from t1;
行号          id            demo1
1           1             A
2           3             X
3           4             D
```

7.2 物化视图

视图是一个虚表,其本质是一个查询SQL语句。每次访问视图时,这个查询语句就会被执行一次。如果视图的计算逻辑非常复杂、参与计算的数据量很大,查询时间就会很长。

物化视图则是一个实表(物理表),不光存储了查询SQL语句,还将查询结果集进行了存储。对物化视图进行查询时是直接查询这些事先存储的结果集,因此查询速度很快。当查询SQL语句中的基表中的数据发生了变化,物化视图也会根据定义的更新机制进行更新,保证其中的数据与基表中的数据一致。

▶7.2.1 定义物化视图

语法格式:

```
CREATE MATERIALIZED VIEW [<模式名>.]<物化视图名>[(<列名>{,<列名>})][BUILD
IMMEDIATE|BUILD DEFERRED][<STORAGE子句>][<物化视图刷新选项>][<查询改写选项>]AS
```

```
<查询说明>
   <查询说明>::= <表查询> | <表连接>
   <表查询>::=<子查询表达式>[ORDER BY子句]
   <物化视图刷新选项> ::= REFRESH <刷新选项> {<刷新选项>} | NEVER REFRESH
   <刷新选项> ::= [<刷新方法>][<刷新时机>][<刷新规则>]
   <刷新方法> ::= FAST | COMPLETE | FORCE
   <刷新时机> ::= [ON DEMAND | ON COMMIT] [START WITH datetime_expr | NEXT
datetime_expr]
   <刷新规则> ::= WITH PRIMARY KEY | WITH ROWID
   <查询改写选项>::= [DISABLE | ENABLE] QUERY REWRITE
   <datetime_expr>::= SYSDATE[+<数值常量>]
```

参数说明：

（1）<模式名>：指明被创建的视图属于哪个模式，默认为当前模式。

（2）<物化视图名>：指明被创建的物化视图的名称。

（3）<列名>：指明被创建的物化视图中列的名称。

（4）[BUILD IMMEDIATE|BUILD DEFERRED]：指明 BUILD IMMEDIATE 为立即填充数据，默认为立即填充；BUILD DEFERRED为延迟填充，使用这种方式要求第一次刷新必须为COMPLETE完全刷新。

（5）<子查询表达式>：标识物化视图所基于的表的行和列。其语法遵照 SELECT 语句的语法规则。

（6）<表连接>：请参看第四章表连接查询部分。

（7）定义查询中的ORDER BY子句仅在创建物化视图时使用，此后ORDER BY被忽略。

（8）刷新方法：

- **FAST**：根据相关表上的数据更改记录进行增量刷新。普通DML操作生成的记录存在于物化视图日志。使用FAST刷新之前，必须先建好物化视图日志。
- **COMPLETE**：通过执行物化视图的定义脚本进行完全刷新。
- **FORCE**：默认选项，当快速刷新可用时采用快速刷新，否则采用完全刷新。

（9）刷新时机：

- **ON DEMAND**：由用户通过REFRESH语法进行手动刷新。如果指定了START WITH和NEX子句就没有必要指定ON DEMAND。
- **ON COMMIT**：在相关表上事务提交时进行快速刷新。刷新是由异步线程执行的，因此COMMIT执行结束后可能需要等待一段时间，物化视图数据才是最新的。包含远程表的物化视图不支持ON COMMIT快速刷新。
- START WITH datetime_expr | NEXT datetime_expr：

START WITH用于指定首次刷新物化视图的时间，NEXT指定自动刷新的间隔。

如果省略START WITH则首次刷新时间为当前时间加上NEXT指定的间隔。

如果指定START WITH省略NEXT则物化视图只会刷新一次。

如果二者都未指定物化视图不会自动刷新。

（10）刷新规则：

- **WITH PRIMARY KEY**：默认选项，只能基于单表。若显式指定刷新方法为 FAST，则必须含有PRIMARY KEY约束，此时选择列必须直接含有所有的 PRIMARY KEY（UPPER(col_name)的形式不可接受），不能含有对象类型。
- **WITH ROWID**：只能基于单表，不能含有对象类型。
- 如果使用WITH ROWID的同时使用快速刷新，则必须将ROWID提取出来，和其他列名一起，以别名的形式显示。

（11）NEVER REFRESH 物化视图从不进行刷新。可以通过 ALTER MATERALIZED VIEW <物化视图名> FRESH 进行更改。

（12）QUERY REWRITE 选项：

- **ENABLE**：允许物化视图用于查询改写。
- **DISABLE**：禁止物化视图用于查询改写。

（13）datetime_expr只能是日期常量表达式，SYSDATE[+<数值常量>]或日期间隔。

（14）如果物化视图中包含大字段列，需要用户手动指定 STORAGE（USING LONG ROW）的存储方式。

例如：

```
SQL> select * from t1;
行号          id          demo1
1            1            A
2            3            X
3            4            D
SQL> select * from t2;
行号          id          demo2
1            2            b
2            3            c
3            4            d
```

创建物化视图，更新方式on commit：

```
SQL> create materialized view mv_t12 refresh on commit as select t1.id,t1.
demo1,t2.demo2 from t1,t2 where t1.id=t2.id;
操作已执行
SQL> select * from mv_t12;
行号          id          demo1   demo2
1            3            X       c
2            4            D       d
```

向t1插入数据：

```
SQL> insert into t1 values(2,'B');
影响行数 1
```

查看物化视图数据是否刷新：

```
SQL> select * from mv_t12;
行号         id          demo1      demo2
1           3           X          c
2           4           D          d
```

提交表t1的更新，然后查看物化视图：

```
SQL> commit;
操作已执行
SQL> select * from mv_t12;
行号         id          demo1      demo2
1           3           X          c
2           2           B          b
3           4           D          d
```

可以看到表t1的操作提交后，物化视图中的数据也随之发生了变化，on commit更新机制发挥了作用。

▶7.2.2 修改物化视图

语法格式：

```
ALTER MATERIALIZED VIEW [<模式名>.]<物化视图名>[<物化视图刷新选项>][<查询改写选项>]
```

例如，修改物化视图的刷新模式：

```
SQL> alter materialized view mv_t12 refresh on demand;
操作已执行
已用时间: 3.082(毫秒), 执行号:1132
SQL> sp_viewdef('FUQIANG','MV_T12');
行号         COLUMN_VALUE
1            CREATE MATERIALIZED VIEW MV_T12 STORAGE(ON "MAIN", CLUSTERBTR)
REFRESH FORCE ON DEMAND WITH PRIMARY KEY DISABLE QUERY REWRITE  AS   SELECT
T1.ID,T1.DEMO1,T2.DEMO2 FROM T1,T2 WHERE T1.ID = T2.ID;
```

▶7.2.3 删除物化视图

语法格式：

```
DROP MATERIALIZED VIEW [IF EXISTS] [<模式名>.]<物化视图名>;
```

▶7.2.4 刷新物化视图

语法格式：

```
REFRESH MATERIALIZED VIEW   [<模式名>.] <物化视图名> [FAST | COMPLETE | FORCE]
```

例如，物化视图mv_t12的刷新机制为手动（on demand）：

```
SQL> select * from mv_t12;
行号        id          demo1  demo2
1          3           X      c
2          2           B      b
3          4           D      d
```

向表t2插入数据并提交：

```
SQL> insert into t2 values(1,'a');
影响行数 1
SQL> commit;
操作已执行
```

查询物化视图，数据没有刷新：

```
SQL> select * from mv_t12;
行号        id          demo1  demo2
1          3           X      c
2          2           B      b
3          4           D      d
```

手动刷新物化视图：

```
SQL> refresh materialized view mv_t12;
操作已执行
```

查看物化视图，发现数据刷新了：

```
SQL> select * from mv_t12;
行号        id          demo1  demo2
1          2           B      b
2          1           A      a
3          4           D      d
4          3           X      c
```

▶ 7.2.5 物化视图的操作

对物化视图进行查询或建立索引时，这两种操作都会转为对其物化视图表的处理。不能直接对物化视图及物化视图表进行插入、删除、更新和截断（TRUNCATE）操作，对物化视图数据的修改只能通过修改物化视图的定义语句进行。

第8章

JSON和正则表达式

JSON数据类型和正则表达式在某些特殊场景下可以极大地提高工作效率。本章对这两部分知识进行简单介绍，有兴趣的读者可以深入研究。

8.1　JSON

对于关系型数据库来说，非结构化数据的存储一直是个难点。JSON数据类型打通了关系型和非关系型数据的存储界限，为业务系统提供了更好的架构选择。

▶8.1.1　JSON 和 NoSQL

关系型数据库存储数据时需要在数据表中预先定义好所有的列以及每列的数据类型。当业务逻辑发生变化时，数据结构往往也会随之进行更改，需要增加、删除或者重新定义一部分数据列。严格的数据定义保证了业务模型描述的准确性和一致性，但同时也限制了软件功能的扩展。

针对关系型数据库横向扩展性较差的弱点，NoSQL数据库采用了no schema方式，数据存取不再受字段的限制，极大地提高了数据库的横向扩展性。例如，文档型数据库MongoDB采用BSON（二进制JSON）格式进行数据存储，取得了良好的扩展性和读写性能。

采用JSON格式存放的数据在业务功能扩展时无须在数据表中再增加字段，避免了数据库结构变化引起的程序架构改动，数据层和业务层的耦合度也降低了，开发人员可以把精力集中在程序代码的编写上。

达梦数据库也支持对JSON的数据处理，最新版的达梦数据库虽然增加了很多JSON函数，但使用起来并不方便，目前正在完善中。因此，这里只做简单介绍。

▶8.1.2　JSON 和 XML

提到JSON就不能不说一下XML，这二者都是目前最流行的数据交换格式。JSON（JavaScript Object Notation）是一种轻量级的数据交换格式。而XML（Extensible Markup Language，扩展标记语言）则是一种"重量级"的数据交换格式。

XML的样式跟HTML（Hyper Text Markup Language，超文本标记语言）很相似，很容易让人误以为XML就是HTML的扩展。其实这两种标记语言用途是完全不一样的：HTML是用来展示数据的，目前的网页展示都用的是HTML；XML是用来描述、存储数据的。

XML格式统一、语法要求严格，标准化程度和可读性都非常高。例如：

```
<person>
    <name>张三</name>
    <age>20</age>
    <job>programmer</job>
    <city>南京</city>
    <hobbies>
        <hobby>游泳</hobby>
        <hobby>登山</hobby>
        <hobby>读书</hobby>
        <hobby>旅游</hobby>
```

```
    </hobbies>
</person>
```

写成JSON格式是这样的：

```
{   name:"张三",
    age:20
    job:"programmer",
    city:"南京",
    hobbies:["游泳","登山","读书","旅游"]
}
```

这样一比较，JSON的优点也就一目了然：结构简洁，解析起来更快；占用的存储空间少，网络传输也更快。

正因为有了这些优点，JSON成为了目前最受欢迎的数据交换格式，广泛应用于各个领域。

▶ 8.1.3   JSON 数据存取

JSON数据在达梦数据库中以字符串形式存储。用户在创建数据表时需要对JSON数据字段使用约束IS JSON进行验证。

例如，创建学生成绩表：

```
SQL> create table json_t(stu_id int cluster primary key,score varchar(400)
check(score is json));
操作已执行
```

插入测试数据：

```
SQL> select * from json_t;
行号        stu_id        score
1          1             {"语文":80,"数学":76,"外语":84,"物理":65,"化学":92}
2          2             {"语文":68,"数学":96,"外语":80,"物理":95,"化学":92}
3          3             {"语文":77,"数学":41,"外语":84,"历史":90,"地理":72}
4          4             {"语文":97,"数学":81,"外语":94,"历史":80,"地理":92}
```

查询JSON数据的函数json_value（col_name, json_name），两个参数，分别为列名和要查询的JSON路径表达式。

例如：

```
SQL> select stu_id,json_value(score,'$."数学"') math from json_t;
行号        stu_id        math
1          1             76
2          2             96
```

| 3 | 3 | 41 |
| 4 | 4 | 81 |

如果JSON路径中的属性不存在，则返回NULL：

```
SQL> select stu_id,json_value(score,'$."化学"') che from json_t;
行号        stu_id        che
1           1             92
2           2             92
3           3             NULL
4           4             NULL
```

筛选条件中也可以使用JSON_VALUE函数：

```
SQL> select * from json_t where json_value(score,'$."物理"')>80;
行号        stu_id    score
1           2         {"语文":68,"数学":96,"外语":80,"物理":95,"化学":92}
```

JSON类型字段也可以存储数组：

```
SQL> insert into json_t values(5,'["语文","数学","外语",100]');
影响行数 1
SQL> select * from json_t;
行号        stu_id    score
1           1         {"语文":80,"数学":76,"外语":84,"物理":65,"化学":92}
2           2         {"语文":68,"数学":96,"外语":80,"物理":95,"化学":92}
3           3         {"语文":77,"数学":41,"外语":84,"历史":90,"地理":72}
4           4         {"语文":97,"数学":81,"外语":94,"历史":80,"地理":92}
5           5         ["语文","数学","外语",100]
```

对数组的访问使用下标（从0开始）：

```
SQL> select stu_id,json_value(score,'$[0]') from json_t;
行号        stu_id    json_value (score,'$[0]')
1           1         NULL
2           2         NULL
3           3         NULL
4           4         NULL
5           5         语文
```

查询使用JSON数据类型的字段的系统视图如下。

USER_JSON_COLUMNS，显示当前用户拥有的JSON数据信息。

ALL_JSON_COLUMNS，显示当前用户有权访问的JSON数据信息。

拥有DBA权限的用户可以通过视图DBA_JSON_COLUMNS查询数据库中所有的JSON数据信息。

虽然JSON类型数据摆脱了数据表字段的束缚，但这一特性不应滥用。数据结构的稳定是保障系统稳定运行的基础，随意增加属性只会增加程序开发的难度和复杂度，为系统后期的运行和维护带来隐患。对于那些共有的、固定不变的属性，建议还是在数据表中单独创建字段来存放。

8.2 正则表达式

正则表达式是用事先定义好的一些特定字符的组合，组成一个"规则字符串"，用来表达对字符串的一种过滤逻辑。在字符串的复杂模式匹配上使用正则表达式非常高效。

Oracle数据库从10G版本开始推出正则表达式函数，主要有四个函数：REGEXP_LIKE、REGEXP_INSTR、REGEXP_SUBSTR、REGEXP_REPLACE，功能与使用方法分别与LIKE、INSTR、SUBSTR、REPLACE类似。

达梦数据库兼容了Oracle数据库的正则表达式函数，使用方法基本一致。

正则表达式函数的使用也很方便。例如，查询字段COL中包含"ab"子串的记录，可以用COL LIKE '%ab%'。但如果是匹配"ab"连续重复2、3次的子串，用LIKE就不方便了，必须写成两个表达式：COL LIKE '%abab%' / COL LIKE '%ababab%'。使用正则表达式就很简单，直接写成REGEXP_LIKE(COL,'(ab){2,3}')即可，而且重复次数可以更灵活地设置。

又例如，匹配以"1"开头、"9"结尾的4个字符长度的子串，用LIKE可以写成1__9。但如果限定必须是数字且长度不限，用LIKE就很难实现了。使用正则表达式直接写成1[0-9]{0, }9或者1[0-9]*9即可。如果是从字符串中截取字串，也很方便：

```
SQL> select regexp_substr('aa54184954dfj','1[0-9]*9') substr ;
行号      substr
1        1849
```

正则表达式的功能十分强大，熟练掌握后会有意想不到的收获。有兴趣的读者可以深入学习。

第 9 章
DMSQL 程序设计

SQL虽然功能强大，但缺少流程控制功能，无法实现逻辑复杂的数据处理。为此，各大数据库厂商对SQL进行了扩展和增强。例如，Oracle数据库开发了PL/SQL（Procedural Language/SQL，过程化SQL），专门用于逻辑复杂的数据库操作。SQL Server数据库则开发了T-SQL（Transact Structured Query Language，事务结构化查询语言）。

DMSQL就是达梦数据库的过程化SQL，而且与Oracle数据库的PL/SQL高度兼容。DMSQL既具备SQL语言的灵活性和易用性，又具备结构化编程语言的过程控制功能，执行效率非常高，是编写存储过程、函数、触发器的最佳语言。熟练使用DMSQL可以极大地提高开发效率，降低前端开发难度，是每个使用数据库的程序员都应该掌握的技能。

9.1 程序块

模块化是DMSQL程序设计的基本思想，把大的、复杂的程序分解为更小的子模块，便于程序调试和维护。

程序块是DMSQL的基本单元。DMSQL可以把相关语句从逻辑上组成一个程序块，也可以把块嵌套到另一个更大的块中，以实现更强大的功能。

▶ 9.1.1 程序块结构

程序块由声明部分、执行部分、异常处理部分组成。语法格式如下：

```
DECLARE（可选）--声明部分
/* 声明部分：在此声明DM SQL程序用到的变量、类型及游标*/
BEGIN（必有）--执行部分
/* 执行部分：过程及SQL语句，即程序的主要部分*/
EXCEPTION（可选）--异常处理部分
/* 异常处理部分：错误处理*/
END；（必有）
```

声明部分由关键字DECLARE开始，包含了变量和常量的数据类型和初始值，也包括游标的声明。如果不需要声明变量或常量，可以忽略这一部分。

执行部分是语句块中的指令部分，由关键字BEGIN开始，以关键字EXCEPTION结束，如果EXCEPTION不存在，以关键字END结束。所有的可执行语句都放在这一部分，其他的语句块也可以放在这一部分。分号分隔每一条语句，使用赋值操作符：=或SELECT INTO或FETCH INTO给变量赋值，执行部分的错误将在异常处理部分解决，在执行部分中可以使用另一个语句块，这种程序块被称为嵌套块。

所有的SQL数据操作语句都可以用于执行部分；执行部分使用的变量和常量必须首先在声明部分声明；执行部分必须至少包括一条可执行语句，NULL是一条合法的可执行语句；事务控制语句COMMIT和ROLLBACK可以在执行部分使用。数据定义语言（Data Definition Language）不能在执行部分中使用，可以使用DDL语句。

异常处理部分是可选的，在这一部分中处理异常或错误。

在DECARE、BEGIN、EXCEPTION后面没有分号，其他命令行都要以英文分号";"结束。

一个语句块意味着一个作用域范围。也就是在一个语句块的声明部分定义的任何对象，其作用域就是该语句块。

单行注释使用"--"符号，多行注释使用"/*…*/"。

▶ 9.1.2 变量

DMSQL像其他高级语言一样，使用变量来临时存储数据。

1. 变量声明和赋值

变量声明是指为变量指定数据类型及名称。

语法格式：

```
<变量名>{,<变量名>}[CONSTANT]<变量类型>[NOT NULL][<默认值定义符><表达式>]
<默认值定义符> ::= DEFAULT | ASSIGN | :=
```

常量的值在定义时赋予且在程序内部不能改变，声明方式与变量相似，但必须包含关键字CONSTANT。

对于基本的数据类型，可以在声明变量的同时赋予初始值。

例如：

```
X int :=100;
str varchar(20):='ABC';
```

在程序的执行部分，变量赋值有如下两种方式。

（1）直接赋值。

```
<变量名>:=<表达式>
SET <变量名>=<表达式>
```

（2）通过SQL SELECT INTO或FETCH INTO给变量赋值。

```
SELECT <表达式>{,<表达式>} [INTO <变量名>{,<变量名>}] FROMb <表引用>{,<表引用>} …;
FETCH [NEXT|PREV|FIRST|LAST|ABSOLUTE N|RELATIVE N]<游标名> [INTO<变量名>{,
<变量名>}];
```

2. 数据类型

DMSQL程序支持所有的常规数据类型，以及%TYPE、%ROWTYPE、记录类型、数组类型、集合类型和类类型等，用户还可以定义自己的子类型。

（1）常规数据类型。

常规的数据类型包括精确数值数据类型、近似数值数据类型、字符数据类型、多媒体数据类型、日期时间数据类型、时间间隔数据类型，以及BLOB、CLOB、TEXT、IMAGE、LONGVARBINARY、LONGVARCHAR和BFILE等。

（2）%TYPE和%ROWTYPE。

在DMSQL程序中，变量通常被用来存储在数据库表中的数据。此时，变量与表列具有相同的类型。如果表的字段定义发生了改变，程序也要及时做相应的修改。例如，VARCHAR(20)扩展为VARCHAR（100），如果程序中定义的变量还是VARCHAR（20），在运行中就有可能出错。

为了减少程序维护的工作量，DMSQL提供了%TYPE类型，可以将变量同表列的数据类型进行绑定。当字段定义发生变化时，程序变量定义无须修改，增加程序的健壮性。

例如：

```
[执行语句1]:
declare
    demo fuqiang.t1.demo1%type;
begin
    select demo1 into demo from fuqiang.t1 where id=1;
    print 'demo=' || demo ;
end
执行成功，执行耗时0毫秒，执行号：674
demo=A影响了1条记录
1条语句执行成功
```

与%TYPE类似，%ROWTYPE将返回一个基于表定义的复合变量，它将一个记录声明为指定数据表的一行。如果表结构定义改变了，那么%ROWTYPE定义的变量也会随之改变。

例如：

```
[执行语句1]:
declare
    datarow fuqiang.t1%rowtype;
begin
    select * into datarow from fuqiang.t1 where id=1;
    print 'id=' || datarow.id ;
    print 'demo=' || datarow.demo1;
end
执行成功，执行耗时0毫秒，执行号：676
id=1
demo=A
影响了1条记录
1条语句执行成功
```

（3）记录类型。

虽然%ROWTYPE可以定义多个变量组合的复合结构变量，但必须与数据表记录的结构一致。DMSQL提供了可以自定义结构的记录类型，使程序设计更加灵活。

定义记录类型的语法格式：

```
TYPE <记录类型名> IS RECORD
(<字段名><数据类型> [<default子句>]{,<字段名><数据类型> [<default子句>]});
<default子句> ::= <default子句1> | <default子句2>
<default子句1> ::= DEFAULT <默认值>
<default子句2> ::= := <默认值>
```

例如：

```
[执行语句1]:
declare
    type rowtype is record(id fuqiang.t1.id%type,demo fuqiang.t1.demo1%type);
    datarow rowtype;
begin
    select id,demo1 into datarow from fuqiang.t1 where id=1;
    print 'id=' || datarow.id ;
    print 'demo=' || datarow.demo;
end
执行成功，执行耗时1毫秒，执行号:693
id=1
demo=A
影响了1条记录
1条语句执行成功
```

注意 SELECT语句中字段的顺序、个数、类型要与记录成员的顺序、个数、类型完全匹配。

（4）数组类型。

DMSQL程序支持数组数据类型，包括静态数组类型和动态数组类型。两种类型的数组下标起始值均为1。

① 静态数组类型。

静态数组是在声明时已经确定了数组大小的数组，其长度是预先定义好的，在整个程序中，一旦给定大小后就无法改变。理论上DMSQL支持静态数组的每一个维度的最大长度为65534，但是静态数组最大长度同时受系统内部堆栈空间大小的限制，如果超出堆栈的空间限制，系统会报错。

静态数组的语法格式：

```
TYPE 数组名 IS ARRAY 数据类型[常量表达式,常量表达式,…];
```

例如：

```
[执行语句1]:
declare
    TYPE array_type IS ARRAY INT[5];
    myarray array_type;
begin
    for i in 1..5 loop
        myarray[i]:=i;
    end loop;
    for i in 1..5 loop
        print myarray[i];
```

```
        end loop;
end
执行成功，执行耗时0毫秒，执行行号：809
1
2
3
4
5
影响了0条记录
1条语句执行成功
```

也可以定义二维数组，例如：

```
[执行语句1]:
declare
    TYPE array_type IS ARRAY varchar[3,3];
    myarray array_type;
begin
    for i in 1..3 loop
        for j in 1..3 loop
            myarray[i][j]:=i||'行 '||j||'列';
        end loop;
    end loop;
    for i in 1..3 loop
        print '第 '||i||' 行: ';
        for j in 1..3 loop
            print myarray[i][j];
        end loop;
    end loop;
end
执行成功，执行耗时0毫秒，执行行号：817
第 1 行:
1行 1列
1行 2列
1行 3列
第 2 行:
2行 1列
2行 2列
2行 3列
第 3 行:
3行 1列
```

3行　2列

3行　3列

影响了0条记录

1条语句执行成功

② 动态数组类型。

与静态数组不同，动态数组可以随程序需要重新指定大小，其内存空间是从堆（HEAP）上分配（即动态分配）的，通过执行代码而为其分配存储空间，并由数据库自动释放内存。

动态数组的语法格式：

```
TYPE 数组名 IS ARRAY 数据类型[,…]
多维动态数组分配空间的语法格式:
数组名:= NEW 数据类型[常量表达式,…];
```

例如：

```
[执行语句1]:
declare
    TYPE array_type IS ARRAY INT[];
    myarray array_type;
begin
    myarray:= new int[5];
    for i in 1..5 loop
        myarray[i]:=i;
    end loop;
    for i in 1..5 loop
        print myarray[i];
    end loop;
end
执行成功，执行耗时0毫秒，执行号:810
1
2
3
4
5
影响了0条记录
1条语句执行成功
```

（5）集合类型。

DMSQL支持三种集合类型：VARRAY类型、索引表类型和嵌套表类型。

① VARRAY类型。

VARRAY是一种具有可伸缩性的数组，数组中的每个元素具有相同的数据类型。VARRAY在定义时由用户指定一个最大容量，其元素索引是从1开始的有序数字。

定义VARRAY的语法格式：

```
TYPE<数组名> IS VARRAY(<常量表达式>) OF <数据类型>;
```

数据类型可以是基本数据类型，也可以是自定义类型或对象、记录、其他变长数组类型等。

定义了一个VARRAY数组类型后，再声明一个该数组类型的变量，就可以对这个数组变量进行操作了。如下面的代码片段所示：

```
TYPE my_array_type IS VARRAY(10) OF INTEGER;
v MY_ARRAY_TYPE;
```

需要注意的是，VARRAY的元素索引总是连续的。VARRAY最初的实际大小为0，使用EXCTEND()方法可扩展VARRAY元素个数，COUNT()方法可以得到数组当前的实际大小，LIMIT()则可获得数组的最大容量。

例如：

```
[执行语句1]:
DECLARE
    TYPE array_type IS VARRAY(10) OF INT;
    myarray array_type;
    i,k int;
BEGIN
    myarray:=array_type(5,6,7,8); --直接赋值
    k:=myarray.COUNT();
    PRINT 'myarray.COUNT()=' || k;
    FOR i IN 1..myarray.COUNT() LOOP
        PRINT 'myarray(' || i || ')=' ||myarray(i);
    END LOOP;
END;
执行成功，执行耗时0毫秒，执行号:840
myarray.COUNT()=4
myarray(1)=5
myarray(2)=6
myarray(3)=7
myarray(4)=8
影响了0条记录
1条语句执行成功
```

下面给出一个VARRAY的简单使用示例，查询人员姓名并将其存入一个VARRAY变量中：

```
[执行语句1]:
DECLARE
    TYPE MY_ARRAY_TYPE IS VARRAY(10) OF VARCHAR(100);
    v MY_ARRAY_TYPE;
BEGIN
    v:=MY_ARRAY_TYPE();
    PRINT 'v.COUNT()=' || v.COUNT();
    FOR I IN 1..5 LOOP
        v.EXTEND();
        SELECT NAME INTO v(I) FROM PERSON.PERSON WHERE PERSON.PERSONID=I;
    END LOOP;
    PRINT 'v.COUNT()=' || v.COUNT();
    FOR I IN 1..v.COUNT() LOOP
        PRINT 'v(' || i || ')=' ||v(i);
    END LOOP;
END;
执行成功，执行耗时0毫秒，执行号:908
v.COUNT()=0
v.COUNT()=5
v(1)=李丽
v(2)=王刚
v(3)=李勇
v(4)=郭艳
v(5)=孙丽
影响了1条记录
1条语句执行成功
```

② 索引表类型。

索引表提供了一种快速、方便地管理一组相关数据的方法。索引表是一组数据的集合，它将数据按照一定规则组织起来，形成一个可操作的整体，是对大量数据进行有效组织和管理的手段。通过函数可以对大量性质相同的数据进行存储、排序、插入及删除等操作，从而有效地提高程序开发效率及改善程序的编写方式。

索引表不需要用户指定大小，其大小根据用户的操作自动增长。

定义索引表的语法格式：

```
TYPE <索引表名> IS TABLE OF<数据类型> INDEX BY <索引数据类型>;
```

"数据类型"指索引表存放的数据的类型，这个数据类型可以是常规数据类型，也可以是其他自定义类型或是对象、记录、静态数组，但不能是动态数组；"索引数据类型"则是索引表中元素索引的数据类型，达梦数据库目前仅支持INTEGER/INT和VARCHAR两种类型，分别代表整数索引和字符串索引。对于VARCHAR类型，长度不能超过1024。

用户可使用"索引-数据"向索引表插入数据，之后可通过"索引"修改和查询这个数据，而不需要知道数据在索引表中实际的位置。

例如，整数索引：

```
[执行语句1]:
DECLARE
    TYPE Arr IS TABLE OF VARCHAR(100) INDEX BY INT;
    x Arr;
BEGIN
    x(1) := 'TEST1';
    x(2) := 'TEST2';
    x(3) := x(1) ||', ' || x(2);
    PRINT x(3);
END;
执行成功，执行耗时0毫秒，执行号：1009
TEST1, TEST2
影响了0条记录
1条语句执行成功
```

字符串索引：

```
[执行语句1]:
DECLARE
    TYPE Arr IS TABLE OF VARCHAR(100) INDEX BY varchar(20);
    x Arr;
BEGIN
    x('one') := 'TEST1';
    x('two') := 'TEST2';
    x('three') := x('one') ||', ' || x('two');
    PRINT x('three');
END;
执行成功，执行耗时0毫秒，执行号：1011
TEST1, TEST2
影响了0条记录
1条语句执行成功
```

③ 嵌套表类型。

嵌套表类似于一维数组，但与数组不同的是，嵌套表不需要指定元素的个数，其大小可自动扩展。嵌套表元素的下标从1开始。

定义嵌套表的语法格式：

```
TYPE <嵌套表名> IS TABLE OF <元素数据类型>;
```

元素数据类型用来指明嵌套表元素的数据类型，当元素数据类型为一个定义了某个表记录的对象类型时，嵌套表就是某些行的集合，实现了表的嵌套功能。

例如：

```
[执行语句1]:
DECLARE
    TYPE Info_t IS TABLE OF SALES.SALESPERSON%ROWTYPE;
    info Info_t;
BEGIN
    SELECT * BULK COLLECT INTO info FROM SALES.SALESPERSON ;
    print '记录数量: ' || info.count();
END;
执行成功, 执行耗时0毫秒, 执行号:1117
记录数量: 2
影响了1条记录
1条语句执行成功
```

④ 集合的属性和方法。

DMSQL为VARRAY、索引表和嵌套表提供了一些方法，用户可以使用这些方法访问和修改集合与集合元素：

● COUNT

语法：

```
<集合变量名>.COUNT
```

功能：返回集合中元素的个数。

● LIMIT

语法：

```
<VARRAY变量名>.LIMIT
```

功能：返回VARRAY集合的最大的元素个数，对索引表和嵌套表不适用。

● FIRST

语法：

```
<集合变量名>.FIRST
```

功能：返回集合中的第一个元素的下标号，对于VARRAY集合始终返回1。

● LAST

语法：

```
<集合变量名>.LAST
```

功能：返回集合中最后一个元素的下标号，对于VARRAY返回值始终等于COUNT。

● NEXT

语法：

```
<集合变量名>.NEXT(<下标>)
```

参数：指定的元素下标。

功能：返回在指定元素i之后紧挨着它的元素的下标号，如果指定元素是最后一个元素，则返回NULL。

● PRIOR

语法：

```
<集合变量名>.PRIOR(<下标>)
```

参数：指定的元素下标。

功能：返回在指定元素i之前紧挨着它的元素的下标号，如果指定元素是第一个元素，则返回NULL。

● EXISTS

语法：

```
<集合变量名>.EXISTS(<下标>)
```

参数：指定的元素下标。

功能：如果指定下标对应的元素已经初始化，则返回TRUE，否则返回FALSE。

● DELETE

语法：

```
<集合变量名>.DELETE([<下标>])
```

参数：待删除元素的下标。

功能：下标参数省略时删除集合中所有元素，否则删除指定下标对应的元素，如果指定下标为NULL，则集合保持不变。

● DELETE

语法：

```
<集合变量名>.DELETE(<下标1>, <下标2>)
```

参数：

下标1：要删除的第一个元素的下标。

下标2：要删除的最后一个元素的下标。

功能：删除集合中下标从下标1到下标2的所有元素。

● TRIM

语法：

<集合变量名>.TRIM([<n>])

参数：删除元素的个数。

功能：n参数省略时从集合末尾删除一个元素，否则从集合末尾开始删除n个元素。本方法不适用于索引表。

- EXTEND

语法：

<集合变量名>.EXTEND([<n>])

参数：扩展元素的个数。

功能：n参数省略时在集合末尾扩展一个空元素，否则在集合末尾扩展n个空元素。本方法不适用于索引表。

- EXTEND

语法：

<集合变量名>.EXTEND(<n>,<下标>])

参数：

　　n：扩展元素的个数。

　　下标：待复制元素的下标。

功能：在集合末尾扩展n个与指定下标元素相同的元素。本方法不适用于索引表。

9.1.3　异常处理

程序运行过程中经常会出现异常，如果程序设计中没有考虑对异常的处理，会导致程序异常终止，严重的还会影响整个系统的运行。

DMSQL程序块的EXCEPTION部分是专门用来处理异常的。当程序块的可执行部分发生异常时，程序会自动跳转到EXCEPTION，发生异常的位置后续的代码将不再执行。

异常处理的语法格式：

```
EXCEPTION {<异常处理语句>;}
<异常处理语句> ::= WHEN <异常处理器>
<异常处理器> ::= <异常名>{ OR <异常名>} THEN <执行部分>;
```

1. 预定义异常

DMSQL对常见的错误提供了预定义的异常，如表9-1。

表9-1　预定义异常

异常名	错误号	错误描述
INVALID_CURSOR	-4535	无效的游标操作

（续表）

异常名	错误号	错误描述
ZERO_DIVIDE	-6103	除0错误
DUP_VAL_ON_INDEX	-6602	违反唯一性约束
TOO_MANY_ROWS	-7046	SELECT INTO中包含多行数据
NO_DATA_FOUND	-7065	数据未找到

此外，还有一个特殊的异常名OTHERS，可以处理所有没有明确列出的异常。OTHERS对应的异常处理语句必须放在其他异常处理语句之后。例如：

```
EXCEPTION
when   TOO_MANY_ROWS then
    statement1;
    statement2;
when   OTHERS then
    statement1;
    statement2;
```

2. 自定义异常

除了预定义的异常，用户还可以在DMSQL程序中自定义异常，把一些特定的状态定义为异常，在一定的条件下抛出，然后利用DMSQL程序的异常机制进行处理。

（1）使用EXCEPTION FOR将异常变量与错误号绑定。

语法格式：

```
<异常变量名> EXCEPTION [FOR <错误号> [, <错误描述>]];
```

在DMSQL程序的声明部分使用该语法声明一个异常变量。其中，FOR子句用来为异常变量绑定错误号（SQLCODE值）及错误描述。<错误号>必须是-30000～-20000的负数值，<错误描述>则为字符串类型。如果未显式指定错误号，则系统在运行中在-15000～-10001为其绑定错误值。

例如：

```
CREATE OR REPLACE PROCEDURE proc_exception (v_personid INT)
IS
    v_name VARCHAR(50);
    v_email VARCHAR(50);
    e1 EXCEPTION FOR -20001, 'EMAIL为空';
BEGIN
    SELECT NAME,EMAIL INTO v_name,v_email FROM PERSON.PERSON WHERE
PERSONID=v_personid;
    IF v_email='' THEN
```

```
        RAISE e1;
    ELSE
        PRINT v_name || v_email;
    END IF;
EXCEPTION
    WHEN E1 THEN
        PRINT v_name ||' '||SQLCODE||' '||SQLERRM;
END;
```

（2）使用EXCEPTION_INIT将一个特定的错误号与程序中所声明的异常标示符关联起来。
语法格式：

```
<异常变量名> EXCEPTION;
PRAGMA EXCEPTION_INIT(<异常变量名>，<错误号>);
```

在DMSQL程序的声明部分使用这个语法先声明一个异常变量，再使用EXCEPTION_INIT将
一个特定的错误号与这个异常变量关联起来。这样可以通过名字引用任意的达梦数据库服务器
内部异常，并且可以通过名字为异常编写适当的异常处理。如果希望使用RAISE语句抛出一个
用户自定义异常，则与异常关联的错误号必须是-30000～-20000的负数值。

例如：

```
CREATE OR REPLACE PROCEDURE proc_exception3 (v_personid INT)
IS
    TYPE Rec_type IS RECORD (V_NAME VARCHAR(50),V_EMAIL VARCHAR(50));
    v_col Rec_type;
    e2 EXCEPTION;
    PRAGMA EXCEPTION_INIT(e2, -25000);
BEGIN
    SELECT NAME,EMAIL INTO v_col FROM PERSON.PERSON WHERE PERSONID=v_personid;
    IF v_col.V_EMAIL='' THEN
        RAISE e2;
    ELSE
        PRINT v_col.V_NAME || v_col.V_EMAIL;
    END IF;
EXCEPTION
    WHEN e2 THEN
        PRINT v_col.V_NAME ||'的邮箱为空';
END;
```

3. 异常抛出

DMSQL程序运行时如果发生错误，系统会自动抛出一个异常。此外，程序员还可以使用
RAISE主动抛出一个异常。例如，当程序运行并不违反数据库规则，但是不满足应用的业务逻

辑时，可以主动抛出一个异常并进行处理。

使用RAISE抛出异常分为有异常名和无异常名两种情况。

（1）有异常名。

语法格式：

```
RAISE <异常名>
```

（2）无异常名。

如果没有在声明部分定义异常变量，也可以在执行部分使用达梦数据库提供的系统过程直接抛出自定义异常，语法如下：

```
RAISE_APPLICATION_ERROR (
ERR_CODE IN INT,
ERR_MSG IN VARCHAR(2000)
);
```

ERR_CODE：错误码，取值范围为-30000～-20000。

ERR_MSG：用户自定义的错误信息，长度不能超过2000字节。

例如：

```
CREATE OR REPLACE PROCEDURE proc_exception4 (v_personid INT)
IS
    TYPE Rec_type IS RECORD (V_NAME VARCHAR(50),V_EMAIL VARCHAR(50));
    v_col Rec_type;
BEGIN
    SELECT NAME,EMAIL INTO v_col FROM PERSON.PERSON WHERE PERSONID=v_personid;
    IF v_col.V_EMAIL='' THEN
        RAISE_APPLICATION_ERROR(-20001, '邮箱为空');
    ELSE
        PRINT v_col.V_NAME || v_col.V_EMAIL;
    END IF;
EXCEPTION
    WHEN OTHERS THEN
        PRINT SQLCODE ||' '||v_col.V_NAME ||':' ||SQLERRM;
END;
```

4. 内置函数 SQLCODE 和 SQLERRM

DMSQL程序提供了内置函数SQLCODE和SQLERRM，通过这两个函数可以获取异常对应的错误码和描述信息。SQLCODE返回错误码，为一个负数。SQLERRM返回异常的描述信息，为字符串类型。

若异常为服务器错误，则SQLERRM返回该错误的描述信息，否则SQLERRM的返回值遵循以下规则：

如果错误码在-19999～-15000，返回 'User-Defined Exception'；

如果错误码在-30000～-20000，返回 'DM-\<错误码绝对值\>'；

如果错误码大于0或小于-65535，返回 '-\<错误码绝对值\>: non-DM exception'；

否则，返回 'DM-\<错误码绝对值\>: Message \<错误码绝对值\> not found'；

例如：

```
DECLARE
    e1 EXCEPTION FOR -20001, 'EMAIL为空';
BEGIN
    RAISE e1;
EXCEPTION
    WHEN e1 THEN
        PRINT SQLCODE ||' '|| SQLERRM;
END;
```

9.2 程序结构

根据结构化程序设计理论，任何程序都可以由三种结构组成：顺序结构、选择结构、循环结构。

9.2.1 顺序结构

顺序结构表示程序中的各语句按照它们出现的先后顺序执行。

1. GOTO

GOTO语句可以无条件地跳转到一个标号所在的位置。

语法格式：

```
GOTO <标号>;
```

标号的定义在一个语句块中必须是唯一的，且必须指向一条可执行语句或语句块。

为了保证GOTO语句的使用不会引起程序的混乱，对GOTO语句的使用有如下限制。

（1）GOTO语句不能跳入一个IF语句、CASE语句、循环语句或下层语句块中。

（2）GOTO语句不能从一个异常处理器跳回当前块，但是可以跳转到包含当前块的上层语句块。

2. NULL

NULL语句不做任何事情，只是用于保证语法的正确性，或增加程序的可读性。例如：

```
declare
    x int:=5;
```

```
begin
    if x>10 then
        print 'big';
    elseif x=5 then
        print 'equal';
    else
        null;
    end if;
end;
```

▶9.2.2 选择结构

选择结构先执行一个判断条件，根据判断条件的执行结果执行对应的一系列语句。

1. IF

语法格式：

```
IF <条件表达式>
THEN <执行部分>;
[<ELSEIF_OR_ELSIF><条件表达式> THEN <执行部分>;{<ELSEIF_OR_ELSIF><条件表达式>
THEN <执行部分>;}]
[ELSE <执行部分>;]
END IF;
<ELSEIF_OR_ELSIF> ::= ELSEIF | ELSIF
```

为了兼容Oracle数据库的语法，ELSEIF也可以写成ELSIF。

条件表达式中的因子可以是布尔类型的参数、变量，也可以是条件谓词。存储模块的控制语句中支持的条件谓词有比较谓词、BETWEEN、IN、LIKE和IS NULL。

2. CASE

CASE语句从系列条件中进行选择，并且执行相应的语句块，主要有两种形式。

（1）简单形式：将一个表达式与多个值进行比较。

语法格式：

```
CASE <条件表达式>
WHEN <条件> THEN <执行部分>;
{WHEN <条件> THEN <执行部分>;}
[ ELSE <执行部分> ]
END [CASE];
```

例如：

```
declare
```

```
    x int:=3;
 begin
     case x
     when 1 then print 'first';
     when 2 then print 'second';
     when 3 then print 'third';
     else print 'over';
     end case;
 end;
```

（2）搜索形式：对多个条件进行计算，取第一个结果为真的条件。
语法格式：

```
CASE
WHEN <条件表达式> THEN <执行部分>;
{ WHEN <条件表达式> THEN <执行部分>;}
[ ELSE <执行部分> ]
END [CASE];
```

例如：

```
declare
    x int:=3;
begin
    case
    when x=1 then print 'first';
    when x=2 then print 'second';
    when x=3 then print 'third';
    else print 'over';
    end case;
end;
```

3. SWITCH

DMSQL程序支持C语法风格的SWITCH分支结构语句。

SWITCH语句的功能与简单形式的CASE语句类似，用于将一个表达式与多个值进行比较，并执行相应的语句块。

语法格式：

```
SWITCH (<条件表达式>)
{
CASE <常量表达式> : <执行部分>; BREAK;
{ CASE <常量表达式> : <执行部分>; BREAK;}
```

```
[DEFAULT : <执行部分>; ]
}
```

每个CASE分支的执行部分后应有BREAK语句，否则SWITCH语句在执行了对应分支的执行部分后会继续执行后续分支的执行部分。

如果没有符合的CASE分支，会执行DEFAULT子句中的执行部分，如果DEFAULT子句不存在，则不会执行任何语句。

例如：

```
[执行语句1]:
{
    int x=2;
    switch (x)
    {
    case 1: print 'first'; break;
    case 2: print 'second'; break;
    case 3: print 'third'; break;
    default: print'over';
    }
}
执行成功，执行耗时0毫秒，执行号:625
second
影响了0条记录
1条语句执行成功
```

不写"break"：

```
[执行语句1]:
{
    int x=2;
    switch (x)
    {
    case 1: print 'first';
    case 2: print 'second';
    case 3: print 'third';
    default: print'over';
    }
}
执行成功，执行耗时0毫秒，执行号:626
second
third
```

```
over
影响了0条记录
1条语句执行成功
```

9.2.3　循环结构

DMSQL程序支持五种类型的循环语句：LOOP语句、WHILE语句、FOR语句、REPEAT语句和FORALL语句。其中前四种为基本类型的循环语句：LOOP语句循环重复执行一系列语句，直到EXIT语句终止循环为止；WHILE语句循环检测一个条件表达式，当表达式的值为TRUE时就执行循环体的语句序列；FOR语句对一系列的语句重复执行指定次数的循环；REPEAT语句重复执行一系列语句直至达到条件表达式的限制要求。FORALL语句对一条DML语句执行多次，当DML语句中使用数组或嵌套表时可进行优化处理，能大幅度地提升性能。

1. LOOP

语法格式：

```
LOOP
<执行部分>;
END LOOP ;
```

LOOP语句实现对一语句系列的重复执行，是循环语句的最简单形式。LOOP和END LOOP之间的执行部分将无限次地执行，必须借助EXIT、GOTO或RAISE语句来跳出循环。

例如：

```
BEGIN
    LOOP
        IF a<=0 THEN
            EXIT;
        END IF;
        PRINT a;
        a:=a-1;
    END LOOP;
END;
```

2. WHILE

语法格式：

```
WHILE <条件表达式> LOOP
<执行部分>;
END LOOP ;
```

WHILE循环语句在每次循环开始之前，先计算条件表达式，若该条件为TRUE，执行部分被执行一次，然后控制重新回到循环顶部。若条件表达式的值为FALSE，则结束循环。当然，也可以通过EXIT语句来终止循环。

例如：

```
BEGIN
    WHILE a>0 LOOP
        PRINT a;
        a:=a-1;
    END LOOP;
END;
```

3. FOR

语法格式：

```
FOR <循环计数器> IN [REVERSE] <下限表达式> .. <上限表达式> LOOP
<执行部分>;
END LOOP ;
```

循环计数器是一个标识符，类似于一个变量，但是不能被赋值，且作用域限于FOR语句内部。下限表达式和上限表达式用来确定循环的范围，它们的类型必须和整型兼容。循环次数是在循环开始之前确定的，即使在循环过程中下限表达式或上限表达式的值发生了改变，也不会引起循环次数的变化。

执行FOR语句时，首先检查下限表达式的值是否小于上限表达式的值，如果下限数值大于上限数值，则不执行循环体。否则，将下限数值赋给循环计数器（语句中使用了REVERSE关键字时，则把上限数值赋给循环计数器）；然后执行循环体内的语句序列；执行完后，循环计数器值加1（如果有REVERSE关键字，则减1）；检查循环计数器的值，若仍在循环范围内，则重新继续执行循环体；如此循环，直到循环计数器的值超出循环范围。同样，也可以通过EXIT语句来终止循环。

例如：

```
BEGIN
    FOR I IN REVERSE 1 .. a LOOP
        PRINT I;
        a:=I-1;
    END LOOP;
END;
```

4. REPEAT

语法格式：

```
REPEAT
<执行部分>;
```

```
UNIT <条件表达式>;
```

REPEAT语句先执行执行部分，然后判断条件表达式，若为TRUE则控制重新回到循环顶部，若为FALSE则退出循环。因此，REPEAT语句的执行部分至少会执行一次。

例如：

```
DECLARE
    a INT;
BEGIN
    a := 0;
    REPEAT
        a := a+1;
        PRINT a;
    UNTIL a>10;
END;
```

5. FORALL

语法格式：

```
FORALL<循环计数器> IN <bounds_clause> [SAVE EXCEPTIONS] <forall_dml_stmt>;
<bounds_clause> ::= <下限表达式>..<上限表达式>
| INDICES OF <集合> [BETWEEN ] <下限表达式> AND <上限表达式>
| VALUES OF <集合>
<forall_dml_stmt> ::= <INSERT语句> | <UPDATE语句> | <DELETE语句> |
<MERGE INTO语句>
```

例如：

```
BEGIN
    FORALL I IN 1..10
    INSERT INTO t1_forall SELECT TOP 1 EMPLOYEEID, TITLE FROM RESOURCES.
EMPLOYEE;
END;
```

6. EXIT

EXIT语句与循环语句一起使用，用于终止其所在循环语句的执行，将控制转移到该循环语句外的下一个语句继续执行。

语法格式：

```
EXIT [<标号名>] [WHEN <条件表达式>];
```

EXIT语句必须出现在一个循环语句中，否则将报错。

当EXIT后面的标号名省略时，该语句将终止直接包含它的那条循环语句；当EXIT后面带有

标号名时，该语句用于终止标号名所标识的那条循环语句。需要注意的是，该标号名所标识的
语句必须是循环语句，并且EXIT语句必须出现在此循环语句中。当EXIT语句位于多重循环中
时，可以用该功能来终止其中的任何一重循环。

例如：

```
DECLARE
    a,b INT;
BEGIN
    a := 0;
    LOOP
        FOR b in 1 .. 2 LOOP
            PRINT '内层循环' ||b;
            EXIT WHEN a > 3;
        END LOOP;
        a := a + 2;
        PRINT '---外层循环' ||a;
        EXIT WHEN a> 5;
    END LOOP;
END;
```

7. CONTINUE

CONTINUE语句的作用是退出当前循环，并且将语句控制转移到这次循环的下一次循环迭
代或者是一个指定标签的循环的开始位置并继续执行。

语法格式：

```
CONTINUE [[标号名] WHEN <条件表达式>];
```

若CONTINUE后没有跟WHEN子句，则无条件立即退出当前循环，并且将语句控制转移到
这次循环的下一次循环迭代或者是一个指定标号名的循环的开始位置并继续执行。

例如：

```
DECLARE
    x INT:= 0;
BEGIN
    <<flag1>> -- CONTINUE跳出之后，回到这里
    FOR I IN 1..4 LOOP
        DBMS_OUTPUT.PUT_LINE ('循环内部，CONTINUE之前: x = ' || TO_CHAR(x));
        x := x + 1;
        CONTINUE flag1;
        DBMS_OUTPUT.PUT_LINE ('循环内部，CONTINUE之后: x = ' || TO_CHAR(x));
    END LOOP;
    DBMS_OUTPUT.PUT_LINE (' 循环外部: x = ' || TO_CHAR(x));
END;
```

9.3 游标

DMSQL程序中可以使用SELECT…INTO语句将查询结果存放到变量中进行处理，但这种方法只能返回一条记录（返回多条就会产生TOO_MANY_ROWS错误）。为了解决这个问题，DMSQL程序引入了游标，允许程序对多行数据进行逐条处理。

▶9.3.1 静态游标

静态游标是只读游标，是按照打开游标时的原样显示结果集，在编译时就能确定静态游标使用的查询。

静态游标又分为两种：隐式游标和显式游标。

1. 隐式游标

隐式游标无须用户进行定义，每当用户在DMSQL程序中执行一个DML语句（INSERT、UPDATE、DELETE）或者SELECT…INTO语句时，DMSQL程序都会自动声明一个隐式游标并管理这个游标。

隐式游标的名称为"SQL"，用户可以通过隐式游标获取语句执行的一些信息。DMSQL程序中的每个游标都有%FOUND、%NOTFOUND、%ISOPEN和%ROWCOUNT四个属性，对于隐式游标，这四个属性的意义如下。

- **%FOUND**：语句是否修改或查询到了记录，是返回TRUE，否则返回FALSE。
- **%NOTFOUND**：语句是否未能成功修改或删除记录，是返回TRUE，否则返回FALSE。
- **%ISOPEN**：游标是否打开。是返回TRUE，否则返回FALSE。由于系统在语句执行完成后会自动关闭隐式游标，因此隐式游标的%ISOPEN属性永远为FALSE。
- **%ROWCOUNT**：DML语句执行影响的行数。

隐式游标主要用来判断SQL语句执行的情况，例如：

```
begin
    delete from fuqiang.t1 where id=100;
    if sql%notfound then
        print 'not found';
    end if;
end;
```

注意 如果是SELECT…INTO…语句没有找到记录，sql%notfound不会发生作用，系统会直接报错"数据未找到"或跳转到EXCEPTION部分。因为这类错误系统已经定义。

2. 显式游标

显式游标指向一个查询语句执行后的结果集区域。当需要处理返回多条记录的查询时，应显式地定义游标以处理结果集的每一行。

使用显式游标一般包括四个步骤：

（1）定义游标：在程序的声明部分定义游标，声明游标及其关联的查询语句。

语法格式：

```
CURSOR <游标名> [FAST | NO FAST] <cursor选项>;
或
<游标名> CURSOR [FAST | NO FAST] <cursor选项>;
<cursor选项> :=<cursor选项1>|<cursor选项2>|<cursor选项3>|<cursor选项4>
<cursor选项1>:= <IS|FOR> {<查询表达式>|<连接表>}
<cursor选项2>:= <IS|FOR> TABLE <表名>
<cursor选项3>:= (<参数声明> {,<参数声明>})IS <查询表达式>
<cursor选项4>:= [(<参数声明> {,<参数声明>})] RETURN <DMSQL数据类型> IS <查询表达式>
<参数声明> ::= <参数名> [IN] <参数类型> [ DEFAULT|:= <默认值> ]
<DMSQL数据类型> ::= <普通数据类型>
                 | <变量名> %TYPE
                 | <表名> %ROWTYPE
                 | CURSOR
                 | REF <游标名>
```

例如：

```
DECLARE
    CURSOR c1 IS SELECT TITLE FROM RESOURCES.EMPLOYEE WHERE MANAGERID = 3;
    CURSOR c2 RETURN RESOURCES.EMPLOYEE%ROWTYPE IS SELECT * FROM
RESOURCES.EMPLOYEE;
    c3 CURSOR IS TABLE RESOURCES.EMPLOYEE;
......
```

（2）打开游标：执行游标关联的语句，将查询结果装入游标工作区，将游标定位到结果集的第一行之前。

语法格式：

```
OPEN <游标名>;
```

指定打开的游标必须是已定义的游标，此时系统执行这个游标所关联的查询语句，获得结果集，并将游标定位到结果集的第一行之前。

当再次打开一个已打开的游标时，游标会被重新初始化，游标属性数据可能会发生变化。

（3）拨动游标：根据应用需要将游标位置移动到结果集的合适位置。

语法格式：

```
FETCH [<fetch选项> [FROM]] <游标名> [ [BULK COLLECT] INTO <主变量名>{,<主变量名>} ] [LIMIT <rows>];
<fetch选项>::= NEXT|PRIOR|FIRST|LAST|ABSOLUTE n|RELATIVE n
```

被拨动的游标必须是已打开的游标。

fetch选项指定将游标移动到结果集的某个位置。

- **NEXT**：游标下移一行。
- **PRIOR**：游标前移一行。
- **FIRST**：游标移动到第一行。
- **LAST**：游标移动到最后一行。
- **ABSOLUTE n**：游标移动到第n行。
- **RELATIVE n**：游标移动到当前指示行后的第n行。

FETCH语句每次只获取一条记录，除非指定了"BULK COLLECT"。若不指定FETCH选项，则第一次执行FETCH语句时，游标下移，指向结果集的第一行，以后每执行一次FETCH语句，游标均顺序下移一行，使这一行成为当前行。

INTO子句中的变量个数、类型必须与游标关联的查询语句中各SELECT项的个数、类型一一对应。典型的使用方式是在LOOP循环中使用FETCH语句将每一条记录数据赋给变量，并进行处理，使用%FOUND或%NOTFOUND来判断是否处理完数据并退出循环。

例如：

```
declare
    result1 fuqiang.t1.id%type;
    result2 fuqiang.t1.demo1%type;
    c1 cursor for select id,demo1 from fuqiang.t1 where id<5;
begin
    open c1;
    loop
        fetch c1 into result1,result2;
        print result1;
        print result2;
        exit when c1%notfound;
    end loop;
    close c1;
end;
```

使用FETCH BULK COLLECTINTO可以将查询结果批量地、一次性地赋给集合变量。FETCH BULK COLLECTINTO和LIMIT rows配合使用，可以限制每次获取数据的行数。BULK COLLECT之后INTO的变量必须是集合类型。

例如：

```
declare
    type t1_row is record(id fuqiang.t1.id%type,demo1 fuqiang.t1.demo1%type);
    type t1_tab is table of t1_row index by int;
    t1_result t1_tab;
```

```
        c1 cursor for select id,demo1 from fuqiang.t1 where id<5;
begin
    open c1;
    fetch c1 bulk collect into t1_result;
    close c1;
    for i in 1..t1_result.count loop
        print t1_result(i).id;
        print t1_result(i).demo1;
    end loop;
end;
```

（4）关闭游标：游标使用完后应关闭，以释放其占有的资源。
语法格式：

```
CLOSE <游标名>;
```

每一个显示游标也有%FOUND、%NOTFOUND、%ISOPEN和%ROWCOUNT四个属性，但这些属性的意义与隐式游标的有一些区别。

- **%FOUND**：如果游标未打开，产生一个异常。否则，在第一次拨动游标之前，其值为NULL。如果最近一次拨动游标时取到了数据，其值为TRUE，否则为FALSE。
- **%NOTFOUND**：如果游标未打开，产生一个异常。否则，在第一次拨动游标之前，其值为NULL。如果最近一次拨动游标时取到了数据，其值为FALSE，否则为TRUE。
- **%ISOPEN**：游标打开时为TRUE，否则为FALSE。
- **%ROWCOUNT**：如果游标未打开，产生一个异常。如游标已打开，在第一次拨动游标之前其值为0，否则为最近一次拨动后已经取到的元组数。

9.3.2 动态游标

动态游标在声明部分只是先声明一个游标类型的变量，并不指定其关联的查询语句，在执行部分打开游标时才指定查询语句。

例如上面的例子可以写成：

```
declare
    ……
    c1 cursor;
begin
    open c1 for select id,demo1 from fuqiang.t1 where id<5;
    ……
end;
```

9.3.3　使用静态游标更新、删除数据

使用游标更新或删除数据需要在游标关联的查询语句中使用"FOR UPDATE选项"。FOR UPDATE选项出现在查询语句中，用于对要修改的行上锁，以防止用户在同一行上进行修改操作。

当游标拨动到需要更新或删除的行时，就可以使用UPDATE/DELETE语句进行数据更新/删除。此时必须在UPDATE/DELETE语句结尾使用"WHERE CURRENT OF子句"，以限定删除/更新游标当前所指的行。

语法格式：

```
< WHERE CURRENT OF子句> ::=WHERE CURRENT OF <游标名>
```

例如：

```
declare
    result1 fuqiang.t1.id%type;
    result2 fuqiang.t1.demo1%type;
    c1 cursor for select id,demo1 from fuqiang.t1 for update;
begin
    open c1;
    loop
        fetch c1 into result1,result2;
        exit when c1%notfound;
        if result1>2 then
            update fuqiang.t1 set demo1=result2||'ok' where current of c1;
        end if;
    end loop;
    commit;
    close c1;
end;
```

9.3.4　使用游标 FOR 循环

游标FOR循环自动依次读取结果集中的数据。当FOR循环开始时，游标会自动打开（不需要使用OPEN方法）；每循环一次系统自动读取游标当前行的数据（不需要使用FETCH）；当数据遍历完毕退出FOR循环时，游标被自动关闭（不需要使用CLOSE），大大降低了应用程序的复杂度。

1. 隐式游标 FOR 循环

语法格式：

```
FOR <cursor_record> IN (<查询语句>)
LOOP
<执行部分>
```

```
END LOOP;
```

例如:

```
begin
    for cur_result in (select id,demo1 from fuqiang.t1)
    loop
        print cur_result.id;
        print cur_result.demo1;
    end loop;
end;
```

2. 显式游标 FOR 循环

语法格式:

```
FOR <cursor_record> IN <游标名>
LOOP
<执行部分>
END LOOP;
```

例如:

```
declare
    c1 cursor for select id,demo1 from fuqiang.t1;
begin
    for cur_result in c1
    loop
        print cur_result.id;
        print cur_result.demo1;
    end loop;
end;
```

9.4 动态 SQL

前面介绍的大都是DMSQL程序中的静态SQL。静态SQL在DMSQL程序进行编译时是明确的SQL语句,处理的数据库对象也是明确的,这些语句在编译时就可进行语法和语义分析处理。

动态SQL指在DMSQL程序进行编译时不确定的SQL,编译时对动态SQL不进行处理,在DMSQL程序运行时才动态地生成并执行这些SQL。

在应用中,有时需要根据用户的选择(如表名、列名、排序方式等)来生成SQL语句并执行,这些SQL不能在应用开发时确定,此时就需要使用动态SQL。此外,在DMSQL程序中,DDL语句只能通过动态SQL执行。

语法格式:

```
EXECUTE IMMEDIATE <SQL动态语句文本> [USING <参数> {,<参数>}];
```

注意 CLOSE、DECLARE、FETCH、OPEN等不能作为动态语句。

动态SQL中可以使用参数,并支持两种指定参数的方式:用"?"表示参数和用":VARIABLE"表示参数。

当用"?"表示参数时,在指定参数值时可以是任意的值,但参数值个数一定要与"?"的个数相同,数据类型也一定要匹配或者能够自动转换(例如数字转换成字符串),不然会报数据类型不匹配的错误。

9.5 存储过程

存储过程是存放在数据库中的经过编译的过程化SQL代码。与其他高级程序设计语言相比,存储过程最大的优点是执行效率非常高,数据处理的整个过程都在数据库中,无须将数据读取到客户端,节省了数据传输的资源消耗。

创建存储过程的语法格式:

```
CREATE [OR REPLACE ] PROCEDURE <模式名.存储过程名> [WITH ENCRYPTION]
[(<参数名> <参数模式> <参数数据类型> [<默认值表达式>]
{,<参数名> <参数模式> <参数数据类型> [<默认值表达式>] })]
AS | IS
    [<说明语句段>]
BEGIN
    <执行语句段>
    [EXCEPTION
    <异常处理语句段>]
END;
```

说明:

(1)<模式名.存储过程名>:指明被创建的存储过程名称。

(2)<参数名>:指明存储过程参数的名称。

(3)WITH ENCRYPTION:可选项,如果指定WITH ENCRYPTION选项,则对BEGIN到END之间的程序块进行加密,防止非法用户查看其具体内容,加密后的存储过程定义可在SYS. SYSTEXTS系统表中查询。

(4)<参数模式>:指明存储过程参数的输入/输出方式。参数模式可设置为IN、OUT或IN OUT(OUT IN),默认为IN。IN表示向存储过程传递参数,OUT表示从存储过程返回参数,而IN OUT表示传递参数和返回参数。

(5)<参数数据类型>:指明存储过程参数的数据类型。

（6）<说明语句段>：由变量、游标和子程序等对象的声明构成。

（7）<执行语句段>：由SQL语句和过程控制语句构成的执行代码。

（8）<异常处理语句段>：各种异常的处理程序，存储过程执行异常处理时调用。

调用存储过程的语法格式：

```
[CALL] [<模式名>.]<存储过程名> [(<参数值1>{, <参数值2>})];
```

重新编译存储过程的语法格式：

```
ALTER PROCEDURE <存储过程名> COMPILE [DEBUG];
```

删除存储过程的语法格式：

```
DROP PROCEDURE <存储过程名>;
```

9.6 存储函数

存储函数与存储过程在结构和功能上十分相似，区别如下。

（1）存储过程没有返回值，调用者只能通过访问OUT或IN OUT参数来获得返回值，而存储函数有返回值，它把执行结果直接返回给调用者。

（2）存储过程中可以没有返回语句，而存储函数必须通过返回语句结束。

（3）不能在存储过程的返回语句中带表达式，而存储函数必须带表达式。

（4）存储过程不能出现在表达式中，而存储函数只能出现在表达式中。

创建存储函数的语法格式：

```
CREATE OR REPLACE FUNCTION
存储函数名 [WITH ENCRYPTION] [FOR CALCULATE] (参数1参数模式 参数类型，参数2参
数模式 参数类型，…) RETURN 返回数据类型 [PIPELINED]
AS
    声明部分
BEGIN
    可执行部分
    RETURN 表达式;
EXCEPTION
    异常处理部分
END;
```

使用说明：

（1）存储函数名：指明被创建的存储函数的名称。

（2）WITH ENCRYPTION：可选项，如果指定WITH ENCRYPTION选项，则对BEGIN到END之间的程序块进行加密，防止非法用户查看其具体内容，加密后的存储函数的定义可在

SYS.SYSTEXTS系统表中查询。

（3）FOR CALCULATE：指定存储函数为计算函数。计算函数中不支持：对表进行INSERT、DELETE、UPDATE、SELECT、上锁、设置自增列属性；对游标的DECLARE、OPEN、FETCH、CLOSE；对事务的COMMIT、ROLLBACK、SAVEPOINT，设置事务的隔离级别和读写属性；动态SQL语句的执行EXEC、创建INDEX、创建子过程。计算函数体内的函数调用必须是系统函数或计算函数。计算函数可以被指定为表列的默认值。

（4）参数模式：指明存储函数参数的输入/输出方式。参数模式可设置为IN、OUT或IN OUT（OUT IN），默认为IN，其中，IN表示向存储函数传递参数，OUT表示从存储函数返回参数，IN OUT表示传递参数和返回参数。

（5）参数类型：指明存储函数参数的数据类型，只能指定变量类型，不能指定长度。

（6）RETURN返回数据类型：指明函数返回值的数据类型。

（7）PIPELINED：指明函数为管道表函数。

（8）声明部分：由变量、游标和子程序等对象的声明构成。

（9）可执行部分：由SQL语句和过程控制语句构成的执行代码。

（10）异常处理部分：各种异常的处理程序，存储函数执行异常时调用。

重新编译函数的语法格式：

```
ALTER FUNCTION <存储函数名> COMPILE [DEBUG];
```

删除函数的语法格式：

```
DROP FUCTION <存储函数名定义>;
```

9.7　触发器

触发器是一段存储在数据库中执行某种功能的DMSQL程序。当特定事件发生时，由系统自动调用执行，但不能由应用程序显式地调用执行。

▶ 9.7.1　创建和使用触发器

创建触发器的语法格式：

```
CREATE [OR REPLACE] TRIGGER 触发器名[WITH ENCRYPTION]
    BEFORE|AFTER|INSTEAD OF
    DELETE|INSERT|UPDATE [OF 列名]
    ON 表名
    [FOR EACH ROW [WHEN 条件]]
    BEGIN
        DMSQL程序语句
    END;
```

触发器可以是前激发的（BEFORE），也可以是后激发的（AFTER）。如果是前激发的，则触发器在DML语句执行之前激发。如果是后激发的，则触发器在DML语句执行之后激发。用BEFORE关键字创建的触发器是前激发的，用AFTER关键字创建的触发器是后激发的，这两个关键字只能使用其一。INSTEAD OF子句仅用于视图上的触发器，表示用触发器体内定义的操作代替原操作。

触发器可以被任何DML命令激发，包括INSERT、DELETE、UPDATE。如果希望其中的一种、两种或者三种命令能够激发该触发器，则可以指定它们之间的任意组合，两种不同的命令之间用OR分开。如果指定了UPDATE命令，还可以进一步指定当表中的哪个列受到UPDATE命令的影响时激发该触发器。

FOR EACH ROW子句的作用是指定创建的触发器为元组级触发器。如果没有这样的子句，创建的触发器为语句级触发器。INSTEAD OF触发器固定为元组级触发器。

由关键字BEGIN和END限定的部分是触发器的代码，也就是触发器被激发时所执行的代码。代码的编写方法与普通的语句块的编写方法相同。

在触发器中可以定义变量，但必须以DECLARE开头。触发器也可以进行异常处理，如果发生异常，就执行相应的异常处理程序。

删除触发器的语法格式：

```
DROP TRIGGER [IF EXISTS] 触发器名;
```

如果只是想暂时停止触发器，可以使其失效，语法格式：

```
ALTER TRIGGER 触发器名 DISABLE;
```

重新启用触发器的语法格式：

```
ALTER TRIGGER 触发器 ENABLE;
```

▶ 9.7.2 表级触发器

表级触发器是基于表中数据的触发器，它通过针对相应表对象的插入/删除/修改等DML语句触发。

创建表级触发器的详细语法：

```
CREATE [OR REPLACE] TRIGGER [<模式名>.]<触发器名> [WITH ENCRYPTION]
<触发限制描述> [REFERENCING ][REFERENCING <trig_referencing_list>][FOR EACH
{ROW | STATEMENT}][WHEN (<条件表达式>)]<触发器体>
<trig_referencing_list>::= <referencing_1>|<referencing_2>
<referencing_1>::=OLD [ROW] [AS] <引用变量名> [ NEW [ROW] [AS] <引用变量名>]
<referencing_2>::=NEW [ROW] [AS] <引用变量名>
<触发限制描述>::=<触发限制描述1> | <触发限制描述2>
<触发限制描述1>::= <BEFORE|AFTER> <触发事件列表> [LOCAL] ON <触发表名>
<触发限制描述2>::= INSTEAD OF <触发事件列表> [LOCAL] ON <触发视图名>
```

```
<触发表名>::=[<模式名>.]<基表名>
<触发事件>::=INSERT|DELETE|{UPDATE|{UPDATE OF<触发列清单>}}
<触发事件列表>::=<触发事件> | {<触发事件列表> OR <触发事件>}
```

参数说明：

（1）<触发器名>：指明被创建的触发器的名称。

（2）BEFORE：指明触发器在执行触发语句之前激发。

（3）AFTER：指明触发器在执行触发语句之后激发。

（4）INSTEAD OF：指明触发器执行时替换原始操作。

（5）<触发事件>：指明激发触发器的事件。INSTEAD OF中不支持{UPDATE OF <触发列清单>}。

（6）<基表名>：指明被创建触发器的基表的名称。

（7）WITH ENCRYPTION选项：指定是否对触发器定义进行加密。

（8）REFERENCING子句：指明相关名称可以在元组级触发器的触发器体和WHEN子句中利用相关名称来访问当前行的新值或旧值，默认的相关名称为OLD和NEW。

（9）<引用变量名>：标识符，指明行的新值或旧值的相关名称。

（10）FOR EACH子句：指明触发器为元组级或语句级触发器。FOR EACH ROW表示为元组级触发器，它受被触发命令影响，且WHEN子句的表达式计算为真的，每条记录激发一次。FOR EACH STATEMENT为语句级触发器，它对每个触发命令执行一次。FOR EACH子句默认为语句级触发器。

（11）WHEN子句：表触发器中只允许为元组级触发器指定WHEN子句，它包含一个布尔表达式，当表达式的值为TRUE时，执行触发器；否则，跳过该触发器。

（12）<触发器体>：触发器被触发时执行的SQL过程语句块。

激发表级触发器的触发动作是三种数据操作命令，即INSERT、DELETE和UPDATE操作。在触发器定义语句中用关键字INSERT、DELETE和UPDATE指明构成一个触发器事件的数据操作的类型，其中UPDATE触发器会依赖于所修改的列，在定义中可通过UPDATE OF <触发列清单>的形式来指定所修改的列，<触发列清单>指定的字段数不能超过128个。

根据触发器的级别可分为元组级（也称行级）和语句级。

元组级触发器，对触发命令所影响的每一条记录都激发一次。假如一个DELETE命令从表中删除了1000行记录，那么这个表上的元组级DELETE触发器将被执行1000次。元组级触发器常用于数据审计、完整性检查等应用中。元组级触发器是在触发器定义语句中通过FOR EACH ROW子句创建的。对于元组级触发器，可以用一个WHEN子句来限制针对当前记录是否执行该触发器。WHEN子句包含一条布尔表达式，当它的值为TRUE时，执行触发器；否则，跳过该触发器。

语句级触发器，对每个触发命令执行一次。例如，一条将500行记录插入表中的INSERT语句，这个表上的语句级INSERT触发器只执行一次。语句级触发器一般用于对表上执行的操作类型引入附加的安全措施。语句级触发器是在触发器定义语句中通过FOR EACH STATEMENT子句创建的，该子句可默认。

触发时机有两种方式：一是通过指定BEFORE或AFTER关键字，选择在触发动作之前或之后运行触发器；二是通过指定INSTEAD OF关键字，选择在动作触发时，替换原始操作，INSTEAD OF允许建立在视图上，并且只支持行级触发。

在元组级触发器中可以引用当前修改的记录在修改前后的值，修改前的值称为旧值，修改后的值称为新值。对于插入操作不存在旧值，而对于删除操作则不存在新值。

对于新、旧值的访问请求常常决定一个触发器是BEFORE类型还是AFTER类型。如果需要通过触发器对插入的行设置列值，那么为了能设置新值，需要使用一个BEFORE触发器，因为在AFTER触发器中不允许用户设置已插入的值。在审计应用中则经常使用AFTER触发器，因为元组修改成功后才有必要运行触发器，而成功地完成修改意味着成功地通过了该表的引用完整性约束。

例如：

创建触发器，将对表t1的UPDATE操作记录到表t1_bak：

```
create or replace trigger t1_trigger after update on t1 for each row
begin
    insert into t1_bak(id,old_demo,new_demo) values(:old.id,:old.demo,:new.
demo);
end;
```

查看表t1_bak的内容：

```
SQL> select * from t1_bak;
未选定行
```

查看表t1中数据：

```
SQL> select * from t1 where id=1;
行号        ID              DEMO
1          1               Aok
```

更新表t1中的部分数据：

```
SQL> update t1 set demo='test' where id=1;
影响行数 1
SQL> select * from t1 where id=1;
行号        ID              DEMO
1          1               test
```

查看表t1_bak中的数据：

```
SQL> select * from t1_bak;
```

行号	ID	OLD_DEMO	NEW_DEMO
1	1	Aok	test

▶9.7.3 事件触发器

事件触发器包括库级和模式级触发器，这类触发器并不依赖于某个表，而是基于特定系统事件触发，通过指定DATABASE或某个SCHEMA表示事件触发器的作用区域。

创建事件触发器的详细语法：

```
CREATE [OR REPLACE] TRIGGER [<模式名>.]<触发器名> [WITH ENCRYPTION]
<BEFORE| AFTER> <触发事件子句> ON <触发对象名>[WHEN <条件表达式>]<触发器体>
<触发事件子句>:=<DDL事件子句>| <系统事件子句>
<DDL事件子句>:=<DDL事件>{OR <DDL事件>}
<DDL事件>:=DDL| <CREATE|ALTER|DROP|GRANT|REVOKE|TRUNCATE|COMMENT>
<系统事件子句>:=<系统事件>{OR <系统事件>}
<系统事件>:= LOGIN|LOGOUT|SERERR|<BACKUP DATABASE>|<RESTORE DATABASE>|AUD
IT|NOAUDIT|TIMER|STARTUP|SHUTDOWN
<触发对象名>:=[<模式名>.]SCHEMA| DATABASE
```

参数说明：

（1）<模式名>：指明被创建的触发器的所在的模式名称或触发事件发生的对象所在的模式名，默认为当前模式。

（2）<触发器名>：指明被创建的触发器的名称。

（3）BEFORE：指明触发器在执行触发语句之前激发。

（4）AFTER：指明触发器在执行触发语句之后激发。

（5）<触发的RAFT组名>：专门用于DMDPC，用于指定在RAFT组中的节点触发，不涉及的节点上不触发。其中，多副本的MP RAFT只在主库触发。默认为<触发的RAFT组名>时，由于TIMER触发器数量与复杂程度均不可控，默认选择id最小的SP执行，以减小对MP自身事务管理任务的干扰。对确定在MP执行的触发器（如DDL）忽略指定的RAFT。BP模式的节点上不触发任何触发器。

（6）<DDL触发事件子句>：指明激发触发器的DDL事件，可以是DDL或CREATE、ALTER、DROP、GRANT、REVOKE、TRUNCATE、COMMENT等。

（7）<系统事件子句>：LOGIN/LOGON、LOGOUT/LOGOFF、SERERR、BACKUP DATABASE、RESTORE DATABASE、AUDIT、NOAUDIT、TIMER、STARTUP、SHUTDOWN。

（8）WITH ENCRYPTION选项：指定是否对触发器定义进行加密。

（9）WHEN子句：包含一个布尔表达式，当表达式的值为TRUE时，执行触发器；否则，跳过该触发器。

（10）<触发器体>：触发器被触发时执行的SQL过程语句块。

可以触发的事件包含以下两类。

（1）DDL事件，包括CREATE、ALTER、DROP、GRANT、REVOKE以及TRUNCATE。

（2）系统事件，包括LOGIN/LOGON、LOGOUT/LOGOFF、AUDIT、NOAUDIT、BACKUP DATABASE、RESTORE DATABASE、TIMER、STARTUP、SHUTDOWN以及SERERR（即执行错误事件）。

所有DDL事件触发器都可以设置BEFORE或AFTER的触发时机，但系统事件中LOGOUT、SHUTDOWN仅能设置为BEFORE，其他则只能设置为AFTER。模式级触发器不能是LOGIN/LOGON、LOGOUT/LOGOFF、SERERR、BACKUP DATABASE、RESTORE DATABASE、STARTUP和SHUTDOWN事件触发器。

事件触发器不会影响对应触发事件的执行，它的主要作用是帮助管理员监控系统运行发生的各类事件，进行一定程度的审计和监视工作。

例如，创建触发器记录用户的TRUNCATE操作：

```
create or replace trigger fuqiang_trigger after truncate on schema
begin
    insert into ddl_t(sj,operation) values(sysdate,'truncate');
end;
SQL> select * from ddl_t;
未选定行
```

截断表t1_bak：

```
SQL> truncate table t1_bak;
操作已执行
```

查看表ddl_t中的记录：

```
SQL> select * from ddl_t;
行号        SJ                           OPERATION
1          2022-11-05 17:59:20.000000 truncate
```

▶9.7.4 时间触发器

时间触发器是一种特殊的事件触发器，用户可以定义在任何时间点、时间区域、每隔多长时间等方式来激发触发器。

创建时间触发器的语法格式：

```
CREATE [OR REPLACE] TRIGGER [<模式名>.]<触发器名>[WITH ENCRYPTION]
    AFTER TIMER ON DATABASE[EXECUTE AT <触发的RAFT组名>] <{FOR ONCE AT
DATETIME [<时间表达式>] <exec_ep_seqno>}| {{<month_rate>|<week_rate>|<day_
rate>} {<once_in_day>|<times_in_day>} {<during_date>}<exec_ep_seqno>}>
[WHEN <条件表达式>] <触发器体>
    <month_rate>:= {FOR EACH <整型变量> MONTH {<day_in_month>}}| {FOR EACH <整
```

```
型变量> MONTH { <day_in_month_week>}}
    <day_in_month>:= DAY <整型变量>
    <day_in_month_week>:= {DAY <整型变量> OF WEEK<整型变量>}|{DAY <整型变量> OF
WEEK LAST}
    <week_rate>:=FOR EACH <整型变量> WEEK {<day_of_week_list>}
    <day_of_week_list >:= {<整型变量>}|{, <整型变量>}
    <day_rate>: =FOR EACH <整型变量> DAY
    <once_in_day >:= AT TIME <时间表达式>
    <times_in_day >:={ <duaring_time> } FOR EACH <整型变量> <freq_sub_type>
    <freq_sub_type>:= MINUTE | SECOND
    <duaring_time>:={NULL}|{FROM TIME <时间表达式>}|{FROM TIME <时间表达式> TO
TIME <时间表达式>}
    <duaring_date>:={NULL}|{FROM DATETIME <日期时间表达式>}|{FROM DATETIME <日
期时间表达式> TO DATETIME <日期时间表达式>}
    <exec_ep_seqno>:=EXECUTE AT <整型变量>
```

参数说明：

（1）<模式名>：指明被创建的触发器的所在的模式名称或触发事件发生的对象所在的模式名，默认为当前模式。

（2）<触发器名>：指明被创建的触发器的名称。

（3）<触发的RAFT组名>：专门用于DMDPC，用于指定在RAFT组中的节点触发，不涉及的节点上不触发。其中，多副本的MP RAFT只在主库触发。默认为<触发的RAFT组名>时，由于TIMER触发器数量与复杂程度均不可控，默认选择id最小的SP执行，以减小对MP自身事务管理任务的干扰。对确定在MP执行的触发器（如DDL）忽略指定的RAFT。BP模式的节点上不触发任何触发器。

（4）WHEN子句：包含一个布尔表达式，当表达式的值为TRUE时，执行触发器；否则，跳过该触发器。

（5）<触发器体>：触发器被触发时执行的SQL过程语句块。

（6）<exec_ep_seqno>：指定DMDSC环境下触发器执行所在的节点号。

（7）<freq_sub_type>：指定触发器按分钟间隔或者秒间隔触发。其中，按秒间隔触发需设置INI参数TIMER_TRIG_CHECK_INTERVAL为1。

使用说明：

时间触发器的最低时间频率精确到秒级，定义很灵活，完全可以实现数据库中的代理功能，只要通过定义一个相应的时间触发器即可。在触发器体中定义要做的工作，可以定义操作的包括执行一段SQL语句、执行数据库备份、执行重组B+树、执行更新统计信息、执行数据迁移（DTS）。

例如，要在22点执行某项数据库操作，可以这样定义触发器：

```
CREATE OR REPLACE TRIGGER timer2
```

```
AFTER TIMER on database
for each 1 day at time '22:00'
BEGIN
    ......
END;
```

注意 达梦数据库的时间触发器的时间间隔默认是1分钟，因此本例中的触发器真实的执行时间不一定是在22:00:00。如果业务需要按秒间隔触发，可以设置INI配置文件中的参数TIMER_TRIG_CHECK_INTERVAL为1（单位秒，默认值为60）。

▶9.7.5 触发器小结

表级触发器的触发事件包括某个基表上的INSERT、DELETE和UPDATE操作，无论对于哪种操作，都能够为其创建BEFORE触发器和AFTER触发器。如果触发器的动作代码不取决于受影响的数据，语句级触发器就非常有用。例如，可以在表上创建一个BEFORE INSERT语句触发器，以防止在某些特定期限以外的时间对一个表进行插入。

每张基表上可创建的触发器的个数没有限制，但是触发器的个数越多，处理DML语句所需的时间就越长，这是显而易见的。创建触发器的用户必须是基表的创建者，或者拥有DBA权限。注意，不存在触发器的执行权限，因为用户不能主动"调用"某个触发器，是否激发一个触发器是由系统来决定的。

对于语句级和元组级的触发器来说，都是在DML语句运行时激发的。在执行DML语句的过程中，基表上所创建的触发器按照下面的次序依次执行。

（1）如果有语句级前触发器，先运行该触发器。

（2）对于受语句影响的每一行则按下面的次序执行。

● 如果有行级前触发器，运行该触发器。

● 执行该语句本身。

● 如果有行级后触发器，运行该触发器。

（3）如果有语句级后触发器，运行该触发器。

需要注意的是，同类触发器的激发顺序没有明确的定义。如果顺序非常重要，应该把所有的操作组合在一个触发器中。

另外，在定义触发器的语法中，OR REPLACE选项用于替换一个已存在的同名触发器。当触发器替换是以下情况之一时，数据库会报错"替换触发器属性不一致"。

（1）表触发器和事件触发器之间的替换。

（2）表触发器所基于的表或视图发生变化时。

（3）事件触发器的触发对象名（SCHEMA或DATABASE）发生变化时。

（4）事件触发器的可触发的模式发生变化时。

（5）事件触发器对应激发触发器的事件类型发生变化时，事件类型分为以下几类：

● **DDL**：CREATE、ALTER、DROP、GRANT、REVOKE、TRUNCATE等。

- **AUDIT**：AUDIT、NOAUDIT。
- **PRIV**：GRANT、REVOKE。
- **LOGIN**：LOGIN/LOGON、LOGOUT/LOGOFF。
- **SERVER**：SERERR。
- **BACK**：BACKUP DATABASE、RESTORE DATABASE。
- **TIMER**：TIMER。
- **STARTUP**：STARTUP、SHUTDOWN。

使用触发器功能时，应遵循以下设计原则，以确保程序的正确和高效。

（1）如果期望一个操作能引起一系列相关动作的执行，可以使用触发器。

（2）不要用触发器来重复实现数据库中已有的功能。例如，如果用约束机制能完成期望的完整性检查，就不要使用触发器。

（3）避免递归触发。所谓递归触发，就是触发器体内的语句又会激发该触发器，导致语句的执行无法终止。例如，在表t1上创建BEFORE UPDATE触发器，而该触发器中又有对表t1的UPDATE语句。

（4）合理地控制触发器的大小和数目。过多的触发器和复杂的触发器过程脚本会降低数据库的运行效率。

第 *10* 章
备份和恢复

备份和恢复是数据库管理员（DBA）的主要工作和基本技能。了解数据库的备份、恢复原理可以更好地理解数据库的运行机制，对数据迁移和数据安全工作也有很大的帮助。

10.1 逻辑备份

逻辑备份是指利用dexp/dexpdp导出工具，将指定对象（库级、模式级、表级）的数据导出到文件的备份方式。逻辑备份针对的是数据内容，与数据在文件的存放位置无关。

exp和imp是Oracle数据库提供的数据导出、导入工具，在客户端和服务端均可运行，通常用来做数据库的逻辑备份和数据迁移。Oracle数据库从10G开始推出了服务端的数据导出、导入工具：expdp、impdp。

达梦数据库也推出了自己的逻辑备份工具：dexp/dexpdp，以及逻辑导入工具：dimp/dimdp。其中，dexp、dimp在服务端和客户端均能运行，dexpdb、dimpdp则只能在服务端运行。两者的使用方法完全一致。

逻辑备份操作简单，通常作为物理备份的补充。

▶ 10.1.1 逻辑导出

dexp工具可以对本地或者远程数据库进行数据库级、用户级、模式级和表级的逻辑备份。备份的内容非常灵活，可以选择是否备份索引、数据行和权限，是否忽略各种约束（外键约束、非空约束、唯一约束等），在备份前还可以选择生成日志文件，记录备份的过程以供查看。

dexp工具存放位置在安装目录/dmdbms/bin下面。

dexp的参数如表10-1所示。

表 10-1

参　　数	含　　义	备　　注
USERID	数据库的连接信息	必选
FILE	明确指定导出文件名称	可选。如果默认该参数，则导出文件名为dexp.dmp
DIRECTORY	导出文件所在目录	可选
FULL	导出整个数据库(N)	可选，四者中选其一。默认为SCHEMAS
OWNER	用户名列表，导出一个或多个用户所拥有的所有对象	
SCHEMAS	模式列表，导出一个或多个模式下的所有对象	
TABLES	表名列表，导出一个或多个指定的表或表分区	
FUZZY_MATCH	TABLES选项是否支持模糊匹配(N)	可选
QUERY	用于指定对导出表的数据进行过滤的条件	可选
PARALLEL	用于指定导出的过程中所使用的线程数目	可选
TABLE_PARALLEL	用于指定导出每张表所使用的线程数，在MPP模式下会转换成单线程	可选
TABLE_POOL	用于设置导出过程中存储表的缓冲区个数	可选

（续表）

参　数	含　义	备　注
EXCLUDE	（1）导出内容中忽略指定的对象。对象有CONSTRAINTS、INDEXES、ROWS、TRIGGERS和GRANTS。例如，EXCLUDE=(CONSTRAINTS,INDEXES) （2）忽略指定的表，使用TABLES:INFO格式，如果使用表级导出方式导出，则使用TABLES:INFO格式的EXCLUDE无效。例如：EXCLUDE=TABLES：table1,table2 （3）忽略指定的模式，使用SCHEMAS:INFO格式，如果使用表级，模式级导出方式导出，则使用SCHEMAS:INFO格式的EXCLUDE无效。例如：EXCLUDE=SCHEMAS：SCH1,SCH2	可选
INCLUDE	导出内容中包含指定的对象 例如，INCLUDE=(CONSTRAINTS,INDEXES) 或者INCLUDE=TABLES:table1,table2	可选
CONSTRAINTS	导出约束 (Y)	可选
TABLESPACE	导出的对象定义是否包含表空间(N)	此处单独设置与EXCLUDE/INCLUDE中批量设置功能一样。设置一个即可
GRANTS	导出权限 (Y)	
INDEXES	导出索引 (Y)	
TRIGGERS	导出触发器（Y）	
ROWS	导出数据行 (Y)	
LOG	明确指定日志文件名称	可选，如果默认该参数，则导出文件名为dexp.log
NOLOGFILE	不使用日志文件(N)	可选
NOLOG	屏幕上不显示日志信息(N)	可选
LOG_WRITE	日志信息实时写入文件 (N)	可选
DUMMY	交互信息处理：打印(P)，所有交互都按YES处理(Y)，NO(N)。默认为NO，不打印交互信息	可选
PARFILE	参数文件名，如果dexp的参数很多，可以存成参数文件	可选
FEEDBACK	每x行显示进度(0)	可选
COMPRESS	是否压缩导出数据文件(N)	可选
ENCRYPT	导出数据是否加密(N)	可选
ENCRYPT_PASSWORD	导出数据的加密密钥	和ENCRYPT同时使用

（续表）

参　　数	含　　义	备　　注
ENCRYPT_NAME	导出数据的加密算法	可选 和ENCRYPT、ENCRYPT_PASSWORD同时使用。默认为RC4
FILESIZE	用于指定单个导出文件大小的上限。可以按字B、KB、MB、GB的方式指定大小	可选
FILENUM	多文件导出时，一个模板可以生成文件数，范围为1～99，默认为99	可选
DROP	导出后删除原表，但不级联删除(N)	可选
DESCRIBE	导出数据文件的描述信息，记录在数据文件中	可选
HELP	显示帮助信息	可选

dexp的参数较多，常用的主要有USERID（用户名）、FILE（导出文件名）、LOG（导出日志文件路径及文件名）、DIRECTORY（导出文件所在目录），以及导出方式，有FULL、OWNER、SCHEMAS、TABLES四种导出方式可供选择，使用时只能指定一种方式，默认为SCHEMAS。

例如，使用sysdba用户导出SCHEMAS为test下的所有数据对象到/bak目录下，文件名为test.bak，日志文件名test.log：

```
./dexp sysdba/password@ip:port file=test.bak schemas=test log=test.log
directory=/bak
```

10.1.2　逻辑导入

逻辑导入工具dimp与dexp的使用方法类似。

例如，使用sysdba用户导入/bak目录下的备份文件名为test.bak，日志文件名test_imp.log：

```
./dimp sysdba/password@ip:port file=test.bak schemas=test log=test_imp.log
directory=/bak
```

10.2 物理备份和恢复

物理备份的本质就是从数据文件中复制有效的数据页保存到备份集中，包括数据文件的描述页和被分配使用的数据页。在备份的过程中，如果数据库系统还在继续运行，这期间的数据库操作并不是都会立即体现到数据文件中，而是首先以日志的形式写到联机日志和归档日志中。因此，为了保证用户可以通过备份集将数据恢复到备份结束时间点的状态，还需要将备份过程中产生的归档日志也保存到备份集中。

还原与恢复是备份的逆过程。还原是将备份集中的有效数据页重新写入目标数据文件的过程。恢复则是指通过重做归档日志,将数据库状态恢复到备份结束时的状态;也可以恢复到指定时间点和指定的LSN。恢复结束以后,数据库中可能存在处于未提交状态的活动事务,这些活动事务在恢复结束后的第一次数据库系统启动时,会由数据库自动进行回滚(实例恢复)。

▶ 10.2.1 联机备份和恢复

联机备份是指在数据库运行时进行备份。联机备份时会有大量的事务处于活动状态,为确保备份数据的一致性,需要将备份期间产生的redo日志也同时备份,因此要求数据库必须配置本地归档,且归档必须处于开启状态。

1. 数据库备份

数据库备份命令语法格式:

```
BACKUP DATABASE [[[FULL] [DDL_CLONE]]| INCREMENT [CUMULATIVE][WITH
BACKUPDIR '<基备份搜索目录>'{,'<基备份搜索目录>'}]|[BASE ON BACKUPSET '<基备份目
录>']][TO <备份名>][BACKUPSET '<备份集路径>']
     [DEVICE TYPE <介质类型> [PARMS '<介质参数>']]
     [BACKUPINFO '<备份描述>'] [MAXPIECESIZE <备份片限制大小>]
     [IDENTIFIED BY <密码>|"<密码>" [WITH ENCRYPTION <TYPE>][ENCRYPT WITH <加密算法>]]
     [COMPRESSED [LEVEL <压缩级别>]] [WITHOUT LOG]
     [TRACE FILE '<TRACE文件名>'] [TRACE LEVEL <TRACE日志级别>]
     [TASK THREAD <线程数>][PARALLEL [<并行数>] [READ SIZE <拆分块大小>]];
```

参数说明:

(1)FULL:备份类型。FULL表示完全备份,可不指定,默认为完全备份。

(2)INCREMENT:备份类型。INCREMENT表示增量备份,若要执行增量备份必须指定该参数。

(3)CUMULATIVE:用于增量备份中,指明为累积增量备份类型,若不指定则默认为差异增量备份类型。

(4)WITH BACKUPDIR:用于增量备份中,指定基备份的搜索目录,最大长度为256B。若不指定,自动在默认备份目录和当前备份目录下搜索基备份。如果基备份不在默认的备份目录或当前备份目录下,增量备份必须指定该参数。

(5)BASE ON BACKUPSET:用于增量备份中,指定基备份集路径。

(6)TO:指定生成备份名称。若未指定,系统随机生成,默认备份名格式为DB_库名_备份类型_备份时间。其中,备份时间为开始备份时的系统时间。

(7)BACKUPSET:指定当前备份集生成路径。若指定为相对路径,则在默认备份路径中生成备份集。若不指定,则在默认备份路径中按约定规则,生成默认备份集目录。库级备份默认备份集目录名生成规则:DB_库名_备份类型_备份时间,如DB_DAMENG_FULL_20180518_143057_123456。表明该备份集为2018年5月18日14时30分57秒23456毫秒时生成的库名为DAMENG的数据库完全备份集。若库名超长使备份集目录完整名称长度大于128B将直接报错路径过长。

（8）DEVICE TYPE：指存储备份集的介质类型，支持DISK和TAPE，默认为DISK。

（9）PARMS：只对介质类型为TAPE时有效。

（10）BACKUPINFO：备份的描述信息。最大不超过256B。

（11）MAXPIECESIZE：最大备份片文件大小上限，以MB为单位，最小为32MB，32位系统最大为2GB，64位系统最大为128GB。

（12）IDENTIFIED BY：指定备份时的加密密码。密码可以用双引号括起来，这样可以避免一些特殊字符通不过语法检测。密码的设置规则遵行ini参数pwd_policy指定的口令策略。

（13）WITH ENCRYPTION：指定加密类型，0表示不加密，不对备份文件进行加密处理；1表示简单加密，对备份文件设置口令，但文件内容仍以明文方式存储；2表示完全数据加密，对备份文件进行完全的加密，备份文件以密文方式存储。当不指定WITH ENCRYPTION子句时，采用简单加密。

（14）ENCRYPT WITH：指定加密算法。当不指定ENCRYPT WITH子句时，使用AES256_CFB加密算法。

（15）COMPRESSED：是否对备份数据进行压缩处理。LEVEL表示压缩等级，取值范围为0～9：0表示不压缩；1表示1级压缩；9表示9级压缩。压缩级别越高，压缩速度越慢，但压缩比越高。若指定COMPRESSED，但未指定LEVEL，则压缩等级默认为1；若未指定COMPRESSED，则默认不进行压缩处理。

（16）WITHOUT LOG：联机数据库备份是否备份日志。如果使用，则表示不备份，否则表示备份。如果使用了WITHOUT LOG参数，则使用DMRMAN工具还原时，必须指定WITH ARCHIVEDIR参数。

（17）TRACE FILE：指定生成的TRACE文件。启用TRACE，但不指定TRACE FILE时，默认在达梦数据库系统的log目录下生成"DM_SBTTRACE_年月.log"文件；若使用相对路径，则生成在执行码同级目录下；若用户指定TRACE FILE，则指定的文件不能为已经存在的文件，否则报错。TRACE FILE不可以为ASM文件。

（18）TRACE LEVEL：是否启用TRACE。有效值为1、2，默认为1表示不启用TRACE，此时若指定了TRACE FILE，会生成TRACE文件，但不写入TRACE信息；为2启用TRACE并在TRACE文件中写入TRACE相关内容。

（19）TASK THREAD：备份过程中数据处理过程线程的个数，取值范围为0～64，默认为4。若指定为0，则调整为1；若指定超过当前系统主机核数，则调整为主机核数。线程数（TASK THREAD）×并行数（PARALLEL）不得超过512。

（20）PARALLEL：指定并行备份的并行数和拆分块大小。并行数取值范围为0～128。若不指定并行数，则默认为4，若指定为0或者1，均认为非并行备份。若未指定关键字PARALLEL，则认为非并行备份。并行备份不支持存在介质为TAPE的备份。线程数（TASK THREAD）×并行数（PARALLEL）不得超过512。READ SIZE指定并行备份大数据量的数据文件时的拆分块大小，默认为1GB，最小为512MB，当指定的拆分块大小小于512MB时，系统会自动调整为512MB。若指定并行备份，但未指定拆分块大小，则直接使用默认拆分块大小进行拆分。当数据文件的大小小于拆分块大小时，不执行拆分；当数据文件的大小大于拆分块大小时，执行拆分。并行数不能大于拆分之后的总块数。

最简单的备份语句：

```
SQL> backup database;
```

该语句将数据库做了一次完全备份（FULL），备份在默认路径下（数据库默认备份路径在ini配置文件中由参数BAK_PATH设置），备份集命名为DB_库名_备份类型_备份时间。备份集可以在系统视图V$BACKUPSET中查到。

可以为备份指定名称：

```
SQL>backup database to abc;
```

注意 这个"abc"是备份名称，不是备份集名称。在系统视图V$BACKUPSET的字段backup_name，可以查看到备份名称。

如果要指定备份集名称，可以使用BACKUPSET：

```
SQL> backup database backupset 'aaa';
```

默认备份路径下就生成了"aaa"命名的备份集（文件夹）。

如果不想在默认路径下存放备份，可以在BACKUPSET后指定路径：

```
SQL> backup database backupset '/abc';
```

这次备份集存放的位置在根目录下，文件夹为"abc"。由于备份没有存放在默认路径下，所以系统视图V$BACKUPSET中查不到。

如果要进行增量备份，必须先进行一次完全备份。增量备份时会自动在默认备份路径下寻找最近一次数据库备份，如果备份没有存放在默认路径下，增量备份时需要增加选项BASE ON BACKUPSET指定基备份集，或者使用选项WITH BACKUPDIR指定基备份集所在的文件夹。

因为达梦数据库并没有对备份情况进行记录，只是在默认路径或指定路径下寻找备份。因此，为了避免麻烦，备份时尽量使用默认路径。

2. 表空间备份

语法格式：

```
BACKUP TABLESPACE <表空间名> [FULL | INCREMENT [CUMULATIVE][WITH BACKUPDIR
'<基备份搜索目录>'{,'<基备份搜索目录>'}] | [BASE ON BACKUPSET '<基备份集目录>']][TO
<备份名>] [BACKUPSET '<备份集路径>']
   [DEVICE TYPE <介质类型> [PARMS '<介质参数>']]
   [BACKUPINFO '<备份描述>'] [MAXPIECESIZE <备份片限制大小>]
   [IDENTIFIED BY <密码>|"<密码>" [WITH ENCRYPTION<TYPE>][ENCRYPT WITH <加密
算法>]] [COMPRESSED [LEVEL <压缩级别>]]
   [TRACE FILE '<TRACE文件名>'] [TRACE LEVEL <TRACE日志级别>]
   [TASK THREAD <线程数>][PARALLEL [<并行数>][READ SIZE <拆分块大小>] ];
```

参数说明：

表空间名：指定备份的表空间名称（除了temp表空间）。

3. 表备份

语法格式：

```
BACKUP TABLE <表名>
[TO <备份名>] [BACKUPSET '<备份集路径>'] [DEVICE TYPE <介质类型> [PARMS '<介
质参数>']]
[BACKUPINFO '<备份描述>']
[MAXPIECESIZE <备份片限制大小>]
[IDENTIFIED BY <密码>|"<密码>" [WITH ENCRYPTION <TYPE>][ENCRYPT WITH <加密
算法>]]
[COMPRESSED [LEVEL <压缩级别>]]
[TRACE FILE '<TRACE文件名>'] [TRACE LEVEL <TRACE日志级别>];
```

参数说明：

TABLE：指定备份的表，只能备份用户表。

4. 归档日志备份

在DISQL工具中使用BACKUP语句备份归档日志的前提如下。

（1）归档文件的DB_MAGIC、PERMANENT_MAGIC值和库的DB_MAGIC、PERMANENT_MAGIC值必须一样。

（2）服务器必须配置归档。

（3）归档日志必须连续，如果出现不连续的情况，前面的连续部分会被忽略，仅备份最新的连续部分。

如果未收集到指定范围内的归档，则不会备份。联机备份时经常会切换归档文件，最后一个归档总是空的，所以最后一个归档不会被备份。

语法格式：

```
BACKUP <ARCHIVE LOG |ARCHIVELOG>
[ALL | [FROM LSN <lsn>]| [UNTIL LSN <lsn>]|[LSN BETWEEN <lsn> AND <lsn>]
| [FROM TIME '<time>']|[UNTIL TIME '<time>']|[TIME BETWEEN'<time>'> AND
'<time>' ]][<notBackedUpSpec>][DELETE INPUT] [TO <备份名>][<备份集子句>];
<备份集子句>：：=BACKUPSET ['<备份集路径>'][DEVICE TYPE <介质类型> [PARMS '<介
质参数>']]
[BACKUPINFO '<备份描述>']
[MAXPIECESIZE <备份片限制大小>]
[IDENTIFIED BY <密码>|"<密码>" [WITH ENCRYPTION <TYPE>][ENCRYPT WITH <加密
算法>]]
[COMPRESSED [LEVEL <压缩级别>]]
[WITHOUT LOG]
```

```
[TRACE FILE '<TRACE文件名>'] [TRACE LEVEL <TRACE日志级别>]
[TASK THREAD <线程数>][PARALLEL [<并行数>][READ SIZE <拆分块大小>]]
<notBackedUpSpec>::=NOT BACKED UP [<num> TIMES]|[SINCE TIME '<datetime_
string>']
```

参数说明：

（1）ALL：备份所有的归档。默认为ALL。

（2）FROM LSN：指定备份的起始LSN。

（3）UNTIL LSN：指定备份的截止LSN。

（4）FROM TIME：指定备份开始的时间点。

（5）UNTIL TIME：指定备份截止的时间点。

（6）BETWEEN…AND…：指定备份的区间。指定区间后，只会备份指定区间内的归档文件。

（7）\<notBackedUpSpec\>：搜索过滤。搜索过滤仅限于根据备份指定条件能找到的所有归档备份集。

- **num TIMES**：num取值范围为0～2147483647，指若归档文件已经备份了num次，则不再备份；否则备份。如num=3，则认为已经备份了3次的归档文件就不再备份。若num=0，则认为所有归档文件都不需要备份。

- **SINCE TIME 'datetime_string'**：对指定时间datetime_string开始没有备份的归档文件进行备份。

- 若以上两个参数均未指定，则备份所有未备份过的归档日志文件。

（8）DELETE INPUT：用于指定备份完成之后，是否删除归档操作。

（9）TO：指定生成备份名称。若未指定，系统随机生成，默认备份名格式为ARCH_备份时间。其中，备份时间为开始备份的系统时间。

（10）BACKUPSET：指定当前备份集生成路径，若指定为相对路径，则在默认备份路径中生成备份集。若不指定具体备份集路径，则在默认备份路径下，以约定归档备份集命名规则生成默认的归档备份集目录。归档备份默认备份集目录名生成规则：ARCH_LOG_时间，如ARCH_LOG_20180518_143057_123456。表明该备份集为2018年5月18日14时30分57秒123456毫秒时生成的归档备份集。

（11）DEVICE TYPE：指存储备份集的介质类型，支持DISK和TAPE，默认为DISK。

（12）PARMS：只对介质类型为TAPE时有效。

（13）BACKUPINFO：备份的描述信息。最大不超过256B。

（14）MAXPIECESIZE：最大备份片文件大小上限，以MB为单位，最小为32MB，32位系统最大为2GB，64位系统最大为128GB。

（15）IDENTIFIED BY：指定备份时的加密密码。密码可以使用双引号括起来，这样可以避免一些特殊字符通不过语法检测。密码的设置规则遵行ini参数PWD_POLICY指定的口令策略。

（16）WITH ENCRYPTION：指定加密类型，0表示不加密，不对备份文件进行加密处理；

1表示简单加密，对备份文件设置口令，但文件内容仍以明文方式存储；2表示完全数据加密，对备份文件进行完全加密，备份文件以密文方式存储。当不指定WITH ENCRYPTION子句时，采用简单加密。

（17）ENCRYPT WITH：指定加密算法。当不指定ENCRYPT WITH子句时，使用AES256_CFB加密算法。

（18）COMPRESSED：是否对备份数据进行压缩处理。LEVEL表示压缩等级，取值范围为0～9：0表示不压缩；1表示1级压缩；9表示9级压缩。压缩级别越高，压缩速度越慢，但压缩比越高。若指定COMPRESSED，但未指定LEVEL，则压缩等级默认为1；若未指定COMPRESSED，则默认不进行压缩处理。

（19）WITHOUT LOG：只是语法支持，不起任何作用。

（20）TRACE FILE：指定生成的TRACE文件。启用TRACE，但不指定TRACE FILE时，默认在达梦数据库系统的log目录下生成"DM_SBTTRACE_年月.LOG"文件；若使用相对路径，则生成在执行码同级目录下；若用户指定TRACE FILE，则指定的文件不能为已经存在的文件，否则报错。TRACE FILE不可以为ASM文件。

（21）TRACE LEVEL：是否启用TRACE。有效值为1、2，默认为1表示不启用TRACE，此时若指定了TRACE FILE，会生成TRACE文件，但不写入TRACE信息；为2启用TRACE，并在TRACE文件中写入TRACE相关内容。

（22）TASK THREAD：备份过程中数据处理过程线程的个数，取值范围为0～64，默认为4。若指定为0，则调整为1；若指定超过当前系统主机核数，则调整为当前主机核数。线程数（TASK THREAD）×并行数（PARALLEL）不得超过512。

（23）PARALLEL：指定并行备份的并行数和拆分块大小。

5. 表还原

联机恢复数据只能对表进行还原恢复，数据库、表空间和归档日志的还原必须通过脱机工具DMRMAN执行。因为表的数据恢复过程无须归档日志，所以只有还原过程，没有恢复步骤。

还原表的操作如下：

```
SQL> select * from t1;
行号        ID           DEMO
1         1            test
2         3            Xok
3         4            Dok
4         2            Bok
SQL> backup table t1 backupset 't1';
操作已执行
SQL> truncate table t1;
操作已执行
SQL> select * from t1;
未选定行
```

```
SQL> restore table t1 from backupset 't1';
操作已执行
SQL> select * from t1;
行号        ID              DEMO
1          1               test
2          3               Xok
3          4               Dok
4          2               Bok
```

注意 表还原的是表中的数据，如果表被drop掉，必须先创建好表，然后才能还原。否则会因为找不到表报错"无效的表或视图名"。

例如：

```
SQL> drop table t1;
操作已执行
SQL> restore table t1 from backupset 't1';
restore table t1 from backupset 't1';
第1 行附近出现错误[-2106]:无效的表或视图名[T1]
SQL> create table t1(id int,demo varchar(20));
操作已执行
SQL> restore table t1 from backupset 't1';
操作已执行
SQL> select * from t1;
行号        ID              DEMO
1          1               test
2          3               Xok
3          4               Dok
4          2               Bok
```

表备份时会默认备份表中的索引和约束，还原时使用RESTORE TABLE… WITHOUT INDEX…语句可选择不还原索引；使用RESTORE TABLE… WITHOUT CONSTRAINT…语句可选择还原时不重建约束。

6. 备份管理

管理备份一个重要的目的是删除不再需要的备份，达梦数据库没有提供自动删除过期备份的功能，删除备份需要手动执行。

备份管理相关系统过程与函数如下：

SF_BAKSET_BACKUP_DIR_ADD：添加备份目录。

函数定义：

```
INT SF_BAKSET_BACKUP_DIR_ADD(
```

```
    device_type varchar,
    backup_dir varchar(256)
)
```

参数说明：

（1）device_type：待添加的备份目录对应存储介质类型，DISK或者TAPE。目前，无论指定介质类型为DISK或者TAPE，都会同时搜索两种类型的备份集。

（2）backup_dir：待添加的备份目录。

（3）返回值：1：目录添加成功；其他情况下报错。

注意 添加的备份目录只是对当前会话有效，会话结束后消失。

SF_BAKSET_BACKUP_DIR_REMOVE：删除内存中指定的备份目录。

函数定义：

```
INT SF_BAKSET_BACKUP_DIR_REMOVE (
    device_type varchar,
    backup_dir varchar(256)
)
```

参数说明：

（1）device_type：待删除的备份目录对应存储介质类型，DISK或者TAPE。

（2）backup_dir：待删除的备份目录。

（3）返回值：1：目录删除成功、目录不存在或者目录为空；0：目录为库默认备份路径；其他情况下报错。

SF_BAKSET_BACKUP_DIR_REMOVE_ALL：删除内存中全部的备份目录。

函数定义：

```
INT SF_BAKSET_BACKUP_DIR_REMOVE_ALL ()
```

参数说明：

返回值：1：目录全部清理成功；其他情况下报错。

SF_BAKSET_CHECK：对备份集进行校验。

函数定义：

```
INT SF_BAKSET_CHECK(
    device_type varchar,
    bakset_path varchar(256)
)
```

参数说明：

（1）device_type：设备类型，DISK或TAPE。

（2）bakset_path：待校验的备份集目录。

（3）返回值：1：备份集目录存在且合法；否则报错。

SF_BAKSET_REMOVE：删除指定设备类型和指定备份集目录的备份集。

函数定义：

```
INT SF_BAKSET_REMOVE (
    device_type varchar,
    backsetpath varchar(256),
    option integer
)
```

参数说明：

（1）device_type：设备类型，DISK或TAPE。

（2）backsetpath：待删除的备份集目录。

（3）option：删除备份集选项。0：单独删除，1：级联删除。可选参数，默认为0。并行备份集中子备份集不允许单独删除。单独删除时，若目标备份集被其他备份集引用为基备份，则报错；级联删除时，递归将相关的增量备份也删除。

（4）返回值：1：备份集目录删除成功，其他情况下报错。

SF_BAKSET_REMOVE_BATCH：批量删除满足指定条件的所有备份集。

函数定义：

```
INT SF_BAKSET_REMOVE_BATCH (
    device_type varchar,
    end_time datetime,
    range int,
    obj_name varchar(257)
)
```

参数说明：

（1）device_type：设备类型，DISK或TAPE。若指定为NULL，则忽略存储设备的区分。

（2）end_time：删除备份集生成的结束时间，仅删除end_time之前的备份集，必须指定。

（3）range：指定删除备份的级别。1代表库级，2代表表空间级，3代表表级，4代表归档备份。若指定为NULL，则忽略备份集备份级别的区分。

（4）obj_name：待删除备份集中备份对象的名称，仅表空间级和表级有效。若为表级备份删除，则需指定完整的表名（模式.表名），否则，将认为删除会话当前模式下的表备份。若指定为NULL，则忽略备份集中备份对象名称区分。

（5）返回值：1：备份集目录删除成功，其他情况下报错。

SP_DB_BAKSET_REMOVE_BATCH：批量删除指定时间之前的数据库备份集。

函数定义：

```
SP_DB_BAKSET_REMOVE_BATCH (
    device_type varchar,
    end_time datetime
)
```

参数说明：

（1）device_type：设备类型，DISK或TAPE。若指定为NULL，则忽略存储设备的区分。

（2）end_time：删除备份集生成的结束时间，仅删除end_time之前的备份集，必须指定。

SP_TS_BAKSET_REMOVE_BATCH：批量删除指定表空间对象及指定时间之前的表空间备份集。

函数定义：

```
SP_TS_BAKSET_REMOVE_BATCH (
    device_type varchar,
    end_time datetime,
    ts_name varchar(128)
)
```

参数说明：

（1）device_type：设备类型，DISK或TAPE。若指定为NULL，则忽略存储设备的区分。

（2）end_time：删除备份集生成的结束时间，仅删除end_time之前的备份集，必须指定。

（3）ts_name：表空间名，若未指定删除所有满足条件的表空间备份集。

SP_TAB_BAKSET_REMOVE_BATCH：批量删除指定表对象及指定时间之前的表备份集。

函数定义：

```
SP_TAB_BAKSET_REMOVE_BATCH (
    device_type varchar,
    end_time datetime,
    sch_name varchar(128),
    tab_name varchar(128)
)
```

参数说明：

（1）device_type：设备类型，DISK或TAPE。若指定为NULL，则忽略存储设备的区分。

（2）end_time：删除备份集生成的结束时间，仅删除end_time之前的备份集，必须指定。

（3）sch_name：表所属的模式名。

（4）tab_name：表名，只要模式名和表名有一个指定，就认为需要匹配目标；若均指定为NULL，则认为删除满足条件的所有表备份。

SP_ARCH_BAKSET_REMOVE_BATCH：批量删除指定条件的归档备份集。

函数定义：

```
SP_ARCH_BAKSET_REMOVE_BATCH (
    device_type varchar,
    end_time datetime
)
```

参数说明：

（1）device_type：设备类型，DISK或TAPE。若指定为NULL，则忽略存储设备的区分。

（2）end_time：删除备份集生成的结束时间，仅删除end_time之前的备份集，必须指定。

备份管理的相关动态视图如下。

● **V\$BACKUPSET**：显示备份集基本信息。

● **V\$BACKUPSET_DBINFO**：显示备份集的数据库相关信息。

● **V\$BACKUPSET_DBF**：显示备份集中数据文件的相关信息。

● **V\$BACKUPSET_ARCH**：显示备份集的归档信息。

● **V\$BACKUPSET_BKP**：显示备份集的备份片信息。

● **V\$BACKUPSET_SEARCH_DIRS**：显示备份集搜索目录。

● **V\$BACKUPSET_TABLE**：显示表备份集中备份表信息。

● **V\$BACKUPSET_SUBS**：显示并行备份中生成的子备份集信息。

● **V\$BACKUP_MONITOR**：显示当前备份任务实时监控信息。

● **V\$BACKUP_HISTORY**：显示最近100条备份监控信息。

● **V\$BACKUP_FILES**：显示当前备份任务待备份数据文件列表。

▶10.2.2 脱机备份和恢复

Oracle数据库的RMAN（Recovery Manager）是一款功能非常强大的备份和恢复工具。DMRMAN（DM Recovery Manager）是达梦数据库的脱机备份还原管理工具，可以完成库级脱机备份、脱机还原、脱机恢复等相关操作，该工具支持命令行指定参数方式和控制台交互方式执行，降低用户的操作难度。虽然DMRMAN目前只做到了脱机备份，但功能也很不错，使用起来很方便。

1. 启动和配置 DMRMAN

DMRMAN可执行程序位于安装路径的执行码目录/bin下面，命令行模式下可以直接输入命令启动。

进入DMRMAN后使用CONFIGURE命令可以进行默认参数配置，包括存储介质类型、跟踪日志文件、备份集搜集目录、归档日志搜集目录等。

语法格式：

```
CONFIGURE |
CONFIGURE CLEAR |
CONFIGURE DEFAULT <sub_conf_stmt>
```

```
<sub_conf_stmt>::=
DEVICE [[TYPE <介质类型> [PARMS '<介质参数>']]|CLEAR] |
TRACE [[FILE '<跟踪日志文件路径>'][TRACE LEVEL <跟踪日志等级>]|CLEAR] |
BACKUPDIR [[ADD|DELETE] '<基备份搜索目录>'{,'<基备份搜索目录>' }|CLEAR] |
ARCHIVEDIR [[ADD|DELETE] '<归档日志目录>'{,'<归档日志目录>'}|CLEAR]
```

参数说明：

（1）CONFIGURE：查看设置的默认值。

（2）CLEAR：清理参数的默认值。

（3）DEVICE TYPE：备份集存储的介质类型，DISK或者TAPE，默认为DISK。

（4）PARMS：介质参数，供第三方存储介质（TAPE类型）管理使用。

（5）TRACE：介质存储过程中使用的跟踪日志配置，包括文件路径（TRACE FILE）和日志级别（TRACE LEVEL），其中日志级别有效值为1、2，默认为1表示不启用TRACE，此时若指定了TRACE FILE，会生成TRACE文件，但不写入TRACE信息；为2启用TRACE并在TRACE文件中写入TRACE相关内容。若用户指定，则指定的文件不能为已经存在的文件，否则报错；也不可以为ASM文件。

（6）BACKUPDIR：默认搜集备份的目录，可以设置为不存在但在系统中有效的路径。

（7）ARCHIVEDIR：默认搜集归档的目录，可以设置为不存在但在系统中有效的路径。

（8）ADD：添加或替换默认备份集搜索目录或归档日志目录。

（9）DELETE：删除指定默认备份集搜索目录或者归档日志目录。

注意 设置的参数仅在当前DMRMAN实例有效。

显示DMRMAN配置项的当前值：

```
RMAN> configure
THE DMRMAN DEFAULT SETTING:
DEFAULT DEVICE:
    MEDIA : DISK
DEFAULT TRACE :
    FILE  :
    LEVEL : 1
DEFAULT BACKUP DIRECTORY:
    TOTAL COUNT  :0
DEFAULT ARCHIVE DIRECTORY:
    TOTAL COUNT  :0
time used: 11.322(ms)
```

存储介质类型：DISK或TAPE。备份时如果没指定备份介质类型参数，则会使用CONFIGURE中配置的默认介质类型。DMRMAN默认配置的介质类型为DISK，不需要特别指定。

例如，修改备份介质类型为TAPE：

```
RMAN>CONFIGURE DEFAULT DEVICE TYPE TAPE PARMS 'command';
```

跟踪日志文件记录了SBT接口的调用过程，用户通过查看日志可跟踪备份还原过程。DMRMAN备份还原命令中不支持设置跟踪日志文件，只能用CONFIGURE命令配置，默认配置不记录跟踪日志。

显示TRACE文件的默认配置：

```
RMAN>CONFIGURE DEFAULT TRACE;
```

配置默认TRACE文件：

```
RMAN>CONFIGURE DEFAULT TRACE FILE '/home/dm_trace/trace.log';
```

配置默认TRACE级别：

```
RMAN>CONFIGURE DEFAULT TRACE LEVEL 2;
```

配置备份集搜索目录步骤如下：

```
RMAN>CONFIGURE DEFAULT BACKUPDIR;
RMAN>CONFIGURE DEFAULT BACKUPDIR '/home/dm_bak1' , '/home/dm_bak2';
```

若要增加或删除部分备份集搜索目录，不需要对所有的目录重新进行配置，只要添加或删除指定的目录即可：

```
RMAN>CONFIGURE DEFAULT BACKUPDIR ADD '/home/dm_bak3';
RMAN>CONFIGURE DEFAULT BACKUPDIR DELETE '/home/dm_bak3';
```

配置归档日志搜集目录。

归档日志搜索目录用于增量备份还原中搜索归档日志。单个目录最大长度为256字节，可配置的归档日志搜索目录没有限制。

配置归档日志搜索目录步骤如下：

```
RMAN>CONFIGURE DEFAULT ARCHIVEDIR;
RMAN>CONFIGURE DEFAULT ARCHIVEDIR '/home/dm_arch1' , '/home/dm_arch2';
```

若要增加或删除部分归档日志搜索目录，不需要对所有的目录重新进行配置，只要添加或删除指定的目录即可：

```
RMAN>CONFIGURE DEFAULT ARCHIVEDIR ADD '/home/dm_arch3';
RMAN>CONFIGURE DEFAULT ARCHIVEDIR DELETE '/home/dm_arch3';
```

使用CONFIGURE DEFAULT…CLEAR命令可恢复任意一个配置项到默认值。例如，恢复备份介质的默认类型：

```
RMAN>CONFIGURE DEFAULT DEVICE CLEAR;
```

使用CONFIGURE CLEAR命令可以恢复所有配置项到默认值：

```
RMAN>CONFIGURE CLEAR;
```

2. 备份数据

DMRMAN的备份功能主要用来做数据库备份和归档日志备份。

（1）数据库备份。

使用DMRMAN备份数据库需要关闭数据库实例。若是正常退出的数据库，则脱机备份前不需要配置归档；若是因故障退出的数据库，则备份前，需先进行归档修复。

语法格式：

```
BACKUP DATABASE '<INI文件路径>' [[[FULL][DDL_CLONE]] |INCREMENT
[CUMULATIVE][WITH BACKUPDIR '<基备份搜索目录>'{,'<基备份搜索目录>'}]|[BASE ON
BACKUPSET '<基备份集目录>']]
    [TO <备份名>] [BACKUPSET '<备份集路径>'][DEVICE TYPE <介质类型>[PARMS '<介质
参数>'] [BACKUPINFO '<备份描述>'] [MAXPIECESIZE <备份片限制大小>]
    [IDENTIFIED BY <密码>|"<密码>"  [WITH ENCRYPTION<TYPE>][ENCRYPT WITH <加密
算法>]]
    [COMPRESSED [LEVEL <压缩级别>]][WITHOUT LOG]
    [TASK THREAD <线程数>][PARALLEL [<并行数>][READ SIZE <拆分块大小>]];
```

参数说明：

- **DATABASE**：必选参数。指定备份源库的INI文件路径。
- **FULL**：完全备份，默认值。
- **DDL_CLONE**：数据库克隆。该参数只能用于完全备份中，表示仅复制所有的元数据不复制数据。对于数据库中的表来说，只备份表的定义不备份表中数据。
- **INCREMENT**：增量备份。
- **CUMULATIVE**：用于增量备份中，指明为累积增量备份类型，若不指定则默认为差异增量备份类型。
- **WITH BACKUPDIR**：用于增量备份中，指定基备份的搜索目录，最大长度为256字节。若不指定，自动在默认备份目录和当前备份目录下搜索基备份。如果基备份不在默认的备份目录或当前备份目录下，增量备份必须指定该参数。
- **BASE ON BACKUPSET**：用于增量备份中，为增量备份指定基备份集路径。如果没有指定基备份集，则会自动搜索一个最近可用的备份集作为基备份集。
- **TO**：指定生成备份名称。若未指定，系统随机生成，默认备份名格式为DB_库名_备份类型_备份时间。其中，备份时间为开始备份时的系统时间。

- **BACKUPSET**：指定当前备份集生成路径。若指定为相对路径，则在默认备份路径中生成备份集。若不指定，则在默认备份路径中按约定规则，生成默认备份集目录。库级备份默认备份集目录名生成规则：DB_库名_备份类型_备份时间，如DB_DAMENG_FULL_20180518_143057_123456。表明该备份集为2018年5月18日14时30分57秒123456毫秒时生成的库名为DAMENG的数据库完全备份集。若库名超长使备份集目录完整名称长度大于128字节将直接报错"路径过长"。
- **DEVICE TYPE**：存储备份集的介质类型，支持DISK和TAPE，默认为DISK。
- **PARMS**：只对介质类型为TAPE时有效。
- **BACKUPINFO**：备份的描述信息，最大不超过256字节。
- **MAXPIECESIZE**：最大备份片文件大小上限，以MB为单位，最小为32MB，32位系统最大为2GB，64位系统最大为128GB。
- **IDENTIFIED BY**：指定备份时的加密密码。密码长度为9~48字节。密码可以用双引号括起来，这样可以避免一些特殊字符通不过语法检测。密码的设置规则遵循INI参数PWD_POLICY指定的口令策略。
- **WITH ENCRYPTION**：指定加密类型，0表示不加密，不对备份文件进行加密处理；1表示简单加密，对备份文件设置口令，但文件内容仍以明文方式存储；2表示完全数据加密，对备份文件进行完全的加密，备份文件以密文方式存储。当不指定WITH ENCRYPTION子句时，采用简单加密。
- **ENCRYPT WITH**：指定加密算法。默认情况下，算法为AES256_CFB。
- **COMPRESSED**：是否对备份数据进行压缩处理。LEVEL表示压缩等级，取值范围为0~9：0表示不压缩；1表示1级压缩；9表示9级压缩。压缩级别越高，压缩比越高，压缩速度越慢。若指定COMPRESSED，但未指定LEVEL，则压缩等级默认1；若未指定COMPRESSED，则不进行压缩处理。
- **WITHOUT LOG**：脱机数据库备份是否备份日志。如果使用，则表示不备份，否则表示备份。如果使用了WITHOUT LOG参数，则使用DMRMAN工具还原时，必须指定WITH ARCHIVEDIR参数。
- **TASK THREAD**：备份过程中数据处理过程线程的个数，取值范围为0~64，默认为4。若指定为0，则调整为1；若指定大于当前系统主机核数，则调整为当前主机核数。线程数（TASK THREAD）×并行数（PARALLEL）不得超过512。
- **PARALLEL**：指定并行备份的并行数和拆分块大小。

DMRMAN通过配置文件dm.ini获取数据库的信息，因此ini文件是备份命令的唯一必要参数。最简单的DMRMAN备份命令只有ini文件参数：

```
RMAN> backup database '/dmdbms/data/DAMENG/dm.ini';
```

默认的备份路径为dm.ini中BAK_PATH的配置值，若未配置，则备份到SYSTEM_PATH下的bak目录中。

（2）归档日志备份。

语法格式：

```
BACKUP<ARCHIVE LOG | ARCHIVELOG>
[ALL | [FROM LSN <lsn>]|[UNTIL LSN <lsn>] | [LSN BETWEEN < lsn> AND < lsn>]
| [FROM TIME '<time>'] | [UNTIL TIME '<time>'] | [TIME BETWEEN '<time>' AND
'<time>']] [<notBackedUpSpec>][DELETE INPUT]
DATABASE '<INI文件路径>'
[TO <备份名>] [<备份集子句>];
<备份集子句>: : = [BACKUPSET '<备份集路径>'] [DEVICE TYPE <介质类型>[PARMS
'<介质参数>'] [BACKUPINFO '<备份描述>'] [MAXPIECESIZE <备份片限制大小>]
[IDENTIFIED BY <密码>|"<密码>" [WITH ENCRYPTION <TYPE>][ENCRYPT WITH <加密
算法>]]
[COMPRESSED [LEVEL <压缩级别>]][TASK THREAD <线程数>][PARALLEL [<并行数>]
[READ SIZE <拆分块大小>]]
<notBackedUpSpec>
```

参数说明：

- **ALL**：备份所有的归档。若不指定，则默认为ALL。
- **FROM LSN，UNTIL LSN**：备份的起始和截止LSN。
- **FROM TIME**：指定备份的开始时间点。例如2018-12-10。
- **UNTIL TIME**：指定备份的截止时间点。
- **BETWEEN…AND…**：指定备份的区间。指定区间后，只会备份指定区间内的归档文件。
- **<notBackedUpSpec>**：搜索过滤。
- **DELETE INPUT**：用于指定备份完成后，是否删除归档操作。
- **DATABASE**：必选参数。指定备份源库的ini文件路径。

其余参数使用方法与备份数据库一致。

3. 管理备份

DMRMAN提供SHOW、CHECK、REMOVE、LOAD等命令，分别用来查看、校验、删除和导出备份集。

（1）备份集查看。

SHOW命令可以查看备份集的信息，包括备份集的数据库信息、备份集的元信息、备份集中文件信息（如备份数据文件DBF和备份片文件）、备份集中表信息（仅对表备份集有效）。

语法格式：

```
SHOW BACKUPSET '<备份集目录>' [<device_type_stmt>][RECURSIVE] [<database_
bakdir_lst_stmt>] [<info_type_stmt>] [<to_file_stmt>]; |
SHOW BACKUPSETS [<device_type_stmt>] <database_bakdir_lst_stmt>
[<info_type_stmt>] [<use_db_magic_stmt>] [<to_file_stmt>];
<device_type_stmt>::= DEVICE TYPE <介质类型> [PARMS '<介质参数>']
```

```
<database_bakdir_lst_stmt>::= DATABASE '<INI_PATH>' |
WITH BACKUPDIR '<备份集搜索目录>'{,'<备份集搜索目录>'} |
DATABASE '<INI_PATH>' WITH BACKUPDIR '<备份集搜索目录>'{, '<备份集搜索目录>'}
<info_type_stmt>::= INFO <信息类型>
<use_db_magic_stmt>::= USE DB_MAGIC <db_magic>
<to_file_stmt>::= TO '<输出文件路径>' [FORMAT TXT | XML]
```

参数说明：

- **BACKUPSET**：查看单个备份集信息，若该备份集为增量备份且同时指定RECURSIVE，则显示以该备份集为最新备份集递归显示完整的备份集链表；否则，仅显示指定备份集本身信息。
- **BACKUPSETS**：批量查看备份集信息。
- **DEVICE TYPE**：指存储备份集的介质类型，支持DISK和TAPE，默认为DISK。
- **PARMS**：只对介质类型为TAPE时有效。
- **DATABASE**：指定数据库dm.ini文件路径，若指定，则该数据库的默认备份目录将作为备份集搜索目录之一。
- **WITH BACKUPDIR**：备份集搜索目录，最大长度为256字节。在SHOW BACKUPSET语句中，WITH BACKUPDIR指定基备份集搜索目录，即当BACKUPSET指定的备份为增量备份时，WITH BACKUPDIR用于搜索该增量备份的基备份集。在SHOW BACKUPSETS语句中，WITH BACKUPDIR指定备份集搜索目录，即批量查看该目录下符合条件的所有备份集信息。
- **<info_type_stmt>**：指定显示备份集信息内容，可以组合指定，不同信息类型之间用逗号间隔，若未指定该项，则显示全部。信息类型如下。
  - **DB**：显示备份集的数据库信息。
  - **META**：显示备份集的元信息。
  - **FILE**：显示备份集中文件信息，如备份数据文件DBF和备份片文件。
  - **TABLE**：显示备份集中表信息，仅对表备份集有效。
- **<use_db_magic_stmt>**：SHOW BACKUPSETS可以指定仅显示指定DB_MAGIC即指定数据库的备份集信息。
- **<to_file_stmt>**：指定备份集信息输出的目标文件路径，若不指定，仅控制台打印。文件格式有TXT和XML，默认是TXT格式。不支持输出到DMASM文件系统中。指定的文件不能为已经存在的文件，否则报错。

（2）备份集校验。

CHECK命令对备份集进行校验，校验备份集的有效性。

语法如下：

```
CHECK BACKUPSET '<备份集目录>'
[DEVICE TYPE <介质类型> [PARMS '<介质参数>']][DATABASE '<INI_PATH>'];
```

258

参数说明:

- **BACKUPSET**:指定目标校验备份集目录。
- **DEVICE TYPE**:指存储备份集的介质类型,支持DISK和TAPE,默认为DISK。
- **PARMS**:只对介质类型为TAPE时有效。
- **DATABASE**:dm.ini文件路径。

例如:

```
RMAN> check backupset 'D:\dmdbms\data\DAMENG\bak\ARCH_LOG_20221107_220545_852000';
check backupset 'D:\dmdbms\data\DAMENG\bak\ARCH_LOG_20221107_220545_852000';
[Percent:100.00%][Speed:0.00M/s][Cost:00:00:00][Remaining:00:00:00]
check backupset successfully
time used: 708.980(毫秒)
```

(3)备份集删除。

删除过期备份时备份管理的主要工作。DMRMAN中使用REMOVE命令删除备份集,可删除单个备份集,也可批量删除备份集。

语法格式:

```
REMOVE BACKUPSET '<备份集目录>'
[<device_type_stmt>]
[<database_bakdir_1st_stmt>][CASCADE]; |
REMOVE [<备份集类型>] BACKUPSETS [<device_type_stmt>] <database_bakdir_
1st_stmt>
[[UNTIL TIME '<截止时间串>'] | [BEFORE <n_day>]];
<device_type_stmt>::= DEVICE TYPE <介质类型> [PARMS '<介质参数>']
<database_bakdir_1st_stmt>::=
    DATABASE '<INI_PATH>' |
    WITH BACKUPDIR '<备份集搜索目录>' {, '<备份集搜索目录>' } |
    DATABASE '<INI_PATH>' WITH BACKUPDIR '<备份集搜索目录>' {, '<备份集搜索
目录>' }
<备份集类型>::=
    DATABASE |
    TABLESPACE[ <ts_name>] |
    TABLE ["<schema_name>"."<tab_name>"] |
    ARCHIVELOG|
    ARCHIVE LOG
```

参数说明:

- **BACKUPSET**:指定待删除的备份集目录。
- **DEVICE TYPE**:指存储备份集的介质类型,支持DISK和TAPE,默认为DISK。目前达梦数据库的介质管理不支持TAPE类型介质的备份集删除,若使用支持此操作的第三方

介质管理，则可指定DEVICE TYPE TAPE子句。

- **PARMS**：只对介质类型为TAPE时有效。
- **DATABASE**：指定数据库dm.ini文件路径，若指定，则该数据库的默认备份目录作为备份集搜索目录之一。
- **WITH BACKUPDIR**：备份集搜索目录，用于搜索指定目录下的所有备份集。
- **CASCADE**：当目标备份集已经被其他增量备份引用为基备份集，默认不允许删除，若指定CASCADE，则递归删除所有引用的增量备份。
- **DATABASE|TABLESPACE|TABLE|ARCHIVELOG|ARCHIVE LOG**：指定待删除备份集的类型，分别为库级备份、表空间级备份、表级备份以及归档级备份，其中ARCHIVELOG和ARCHIVE LOG等价。若不指定备份集类型，则全部删除。指定TABLESPACE时，若指定目标表空间名，则仅会删除满足条件的指定表空间名称的表空间备份集，否则，删除所有满足条件的表空间备份集。指定TABLE时，若指定目标表名，则仅会删除满足条件的指定表名的表备份集，否则，删除所有满足条件的表备份集。
- **UNTIL TIME**：删除备份集生成的最大时间，即删除指定时间之前的备份集，若未指定，则删除所有备份集。
- **BEFORE**：删除距离当前时间前n_day天产生的备份集；n_day取值范围为0～365。

例如，删除2天前的所有备份集：

```
RMAN> remove backupsets database 'D:\dmdbms\data\DAMENG\dm.ini' before 2;
remove backupsets database 'D:\dmdbms\data\DAMENG\dm.ini' before 2;
remove backupsets successfully.
time used: 388.951(ms)
```

（4）备份集导出。

DMRMAN使用LOAD命令导出备份集。

语法格式：

```
LOAD BACKUPSETS FROM <device_type_stmt> [WITH BACKUPDIR '<备份集搜索目录>'
{,'<备份集搜索目录>'}]TO BACKUPDIR '<备份集存放目录>';
<device_type_stmt>::= DEVICE TYPE <介质类型> [PARMS '<介质参数>']
```

参数说明：

- **DEVICE TYPE**：指存储备份集的介质类型，包括DISK和TAPE，目前只支持TAPE。
- **PARMS**：只对介质类型为TAPE时有效。
- **WITH BACKUPDIR**：备份集搜索目录，用于搜索指定目录下的所有备份集。
- **TO BACKUPDIR**：从TAPE上导出的备份集meta文件存放到本地磁盘的目标目录，要求为空或不存在。

4. 还原和恢复

还原是使用备份将数据文件进行覆盖，恢复则是将数据库恢复到最新或指定时刻的可用（一致）状态。

（1）数据库还原。

使用RESTORE命令完成脱机还原操作，在还原语句中指定的库级备份集可以是脱机库级备份集，也可以是联机库级备份集。

语法格式：

```
RESTORE DATABASE <restore_type> FROM BACKUPSET '<备份集路径>'
[<device_type_stmt>]
[IDENTIFIED BY <密码>|"<密码>" [ENCRYPT WITH <加密算法>]]
[WITH BACKUPDIR '<基备份搜索目录>'{,'<基备份搜索目录>'}]
[MAPPED FILE '<映射文件路径>'][TASK THREAD <任务线程数>]
[RENAME TO '<数据库名>'];
<restore_type>::=<type1>|<type2>
<type1>::='<ini_path>' [WITH CHECK] [REUSE DMINI][OVERWRITE] [FORCE]
<type2>::= TO '<system_dbf_dir>' [WITH CHECK] [OVERWRITE]
<device_type_stmt>::= DEVICE TYPE <介质类型> [PARMS '<介质参数>']
```

参数说明：

- **DATABASE**：指定还原目标库的dm.ini文件路径或system.dbf文件路径。
- **BACKUPSET**：指定用于还原目标数据库的备份集路径。若指定为相对路径，会在默认备份目录下搜索备份集。
- **DEVICE TYPE**：指存储备份集的介质类型，包括DISK和TAPE，默认为DISK。
- **PARMS**：介质参数，只对介质类型为TAPE时有效。
- **IDENTIFIED BY**：指定备份时使用的加密密码，供还原过程解密使用。密码可以用双引号括起来，这样可以避免一些特殊字符通不过语法检测。
- **ENCRYPT WITH**：指定备份时使用的加密算法，供还原过程解密使用，若未指定，则使用默认算法AES256_CFB。
- **WITH BACKUPDIR**：用于增量备份的还原中，指定基备份的搜索目录，最大长度为256字节。若不指定，自动在默认备份目录和当前备份目录下搜索基备份。如果基备份不在默认的备份目录或当前备份目录下，增量备份的还原必须指定该参数。
- **MAPPED FILE**：指定存放还原目标路径的映射文件路径。当参数BACKUPSET指定的路径和MAPPED FILE中指定的路径不一致时，以MAPPED FILE中指定的路径为主。
- **TASK THREAD**：指定还原过程中用于处理解压缩和解密任务的线程个数。若未指定，则默认为4；若指定为0，则调整为1；若指定超过当前系统主机核数，则调整为主机核数。
- **RENAME TO**：指定还原数据库后是否更改库的名字，若指定该参数则将还原后的库改为指定的数据库名，默认使用备份集中的db_name作为还原后库的名称。

- **WITH CHECK**：指定还原前校验备份集数据完整性。默认不校验。
- **OVERWRITE**：还原数据库时，存在重名的数据文件时，是否覆盖重建，不指定则默认报错。

（2）数据库恢复。

如果RESTORE的是脱机备份集，数据已经处于一致性状态，可以不用进行RECOVER操作，直接更新db_magic后即可启动数据库。

如果RESTORE的是联机备份集，还原后的数据库还不能直接使用，需进一步执行RECOVER命令，通过归档日志将数据库恢复到备份结束时的状态或指定时刻的数据库状态。

使用RECOVER命令进行数据库恢复可以是基于备份集，也可以是使用本地归档日志。

语法格式：

```
RECOVER DATABASE '<ini_path>'[FORCE] WITH ARCHIVEDIR '<归档日志目录>'{,
'<归档日志目录>'} [USE DB_MAGIC <db_magic>] [UNTIL TIME '<时间串>'] [UNTIL LSN
<LSN>]; |
RECOVER DATABASE '<ini_path>' [FORCE] FROM BACKUPSET '<备份集路径>'
[<device_type_stmt>] [IDENTIFIED BY <密码>|"<密码>" [ENCRYPT WITH <加密算法>]];
<device_type_stmt>::= DEVICE TYPE <介质类型> [PARMS '<介质参数>']
```

参数说明：

- **DATABASE**：指定还原库目标的dm.ini文件路径。
- **FORCE**：若恢复到DMTDD前端库，且恢复的redo日志中包含创建表空间的记录，则可以指定该选项来强制创建表空间而忽略redo日志中对该表空间的副本数和区块策略的严格限制。
- **WITH ARCHIVEDIR**：本地归档日志搜索目录。
- **USE DB_MAGIC**：指定本地归档日志对应数据库的DB_MAGIC，若不指定，则默认使用目标数据库的DB_MAGIC。
- **UNTIL TIME**：恢复数据库到指定的时间点。如果指定的结束时间早于备份结束时间，忽略UNTIL TIME参数，重做所有小于备份结束LSN（END_LSN）的redo日志，将系统恢复到备份结束时间点的状态，此时并不能精确恢复到END_LSN，只能保证重演到END_LSN之后的第一个时间戳日志，该日志对应的LSN值略大于END_LSN。
- **UNTIL LSN**：恢复数据库到指定的LSN。如果指定的UNTIL LSN小于备份结束LSN（END_LSN），则报错。
- **BACKUPSET**：指定用于恢复目标数据库的备份集目录。
- **DEVICE TYPE**：指存储备份集的介质类型，包括DISK和TAPE，默认为DISK。
- **PARMS**：介质参数，只对介质类型为TAPE时有效。
- **IDENTIFIED BY**：指定备份时使用的加密密码，供恢复过程解密使用。密码可以用双引号括起来，这样可以避免一些特殊字符通不过语法检测。
- **ENCRYPT WITH**：指定备份时使用的加密算法，供恢复过程解密使用，若未指定，则使用默认算法AES256_CFB。

（3）数据库更新。

数据库更新是指更新数据库的DB_MAGIC，并将数据库调整为可正常工作状态，与数据库恢复一样使用RECOVER命令完成。数据库更新发生在重做redo日志恢复数据库后，或者目标库不需要执行重做日志已经处于一致状态的情况。

语法格式：

```
RECOVER DATABASE '<ini_path>' UPDATE DB_MAGIC;
```

参数说明：

DATABASE：指定还原目标库的dm.ini文件路径。

若还原后，立即执行恢复，可以不用指定DB_MAGIC。

（4）归档还原。

RESTORE命令在还原语句中指定归档备份集可以脱机还原归档日志。备份集可以是脱机归档备份集，也可以是联机归档备份集。

语法格式：

```
RESTORE <ARCHIVE LOG | ARCHIVELOG> [WITH CHECK] FROM BACKUPSET '<备份集路径>'
[<device_type_stmt>]
[IDENTIFIED BY <密码>|"<密码>" [ENCRYPT WITH <加密算法>]]
[TASK THREAD <任务线程数>] [NOT PARALLEL]
[ALL | [FROM LSN <lsn>] | [UNTIL LSN <lsn>] | [LSN BETWEEN <lsn> AND <lsn>]
| [FROM TIME '<time>'] | [UNTIL TIME '<time>'] | [TIME BETWEEN '<time>' AND
'<time>'] ]
TO <还原目录> [OVERWRITE <level>];
<device_type_stmt>::= DEVICE TYPE <介质类型> [PARMS '<介质参数>']
<还原目录>::= ARCHIVEDIR '<归档日志目录>' | DATABASE '<ini_path>'
```

参数说明：

- **WITH CHECK**：指定还原前校验备份集数据完整性。默认不校验。
- **BACKUPSET**：指定用于还原目标数据库的备份集路径。若指定为相对路径，会在默认备份目录下搜索备份集。
- **DEVICE TYPE**：指存储备份集的介质类型，支持DISK和TAPE，默认为DISK。
- **PARMS**：介质参数，只对介质类型为TAPE时有效。
- **IDENTIFIED BY**：指定备份时使用的加密密码，供还原过程解密使用。密码可以用双引号括起来，这样可以避免一些特殊字符通不过语法检测。
- **ENCRYPT WITH**：指定备份时使用的加密算法，供还原过程解密使用，若未指定，则使用默认算法AES256_CFB。
- **TASK THREAD**：指定还原过程中用于处理解压缩和解密任务的线程个数。若未指定，则默认为4；若指定为0，则调整为1；若指定超过当前系统主机核数，则调整为当前核数。
- **NOT PARALLEL**：指定并行备份集使用非并行方式还原。对于非并行备份集，不论是否指定该关键字，均采用非并行还原。

- **ALL**：还原所有的归档。若不指定，则默认为ALL。
- **FROM LSN，FROM TIME**：指定还原的起始LSN或者开始的时间点。真正的起始点为该LSN或该时间点所在的整个归档日志文件作为起始点。例如，指定FROM 10001，而归档日志文件X的LSN为9000~12000，那么就会将该归档日志文件X作为起始归档日志文件。
- **UNTIL LSN，UNTIL TIME**：指定还原的截止LSN或者截止的时间点。真正的截止点为该LSN或该时间点所在的整个归档日志文件作为截止归档日志文件。
- **BETWEEN…AND…**：指定还原的区间。还原该区间内的所有归档日志文件。例如，指定还原区间为BETWEEN 100 AND 200，归档日志文件1的LSN范围为1~150，归档日志文件2的LSN范围为150~180，归档日志文件3的LSN范围为180~600，那么归档日志文件1、2和3都会被还原。
- **ARCHIVEDIR**：指定还原的目标归档日志目录。
- **DATABASE**：指定还原目标库的dm.ini文件路径，将归档日志还原到该库的归档日志目录中。
- **OVERWRITE**：还原归档时，指定归档日志已经存在时的处理方式。可取值为1、2、3。1为跳过已存在的归档日志，继续其他日志的还原。跳过的日志信息会生成一条日志记录在安装目录的log目录中的dm_BAKRES_年月.log日志文件中。2为直接报错返回。3为强制覆盖已存在的归档日志。默认为1。

（5）归档修复。

redo数据写入联机日志文件和归档日志文件是不同步的，写入联机日志文件的优先级高于写入归档日志文件。因此，当数据库发生故障异常终止时，会出现redo数据尚未写入归档日志文件的问题。没有完整的归档日志，就无法将数据库恢复到最后的时刻。归档修复就是在数据库发生故障后，将联机日志文件中的redo数据刷新到归档日志文件中。

语法格式：

```
REPAIR <ARCHIVE LOG | ARCHIVELOG> DATABASE '<ini_path>';
```

参数说明：

DATABASE：指定待修复归档的数据库对应的dm.ini文件路径。

例如：

```
RMAN> REPAIR ARCHIVELOG DATABASE '/dmdbms/data/dm.ini';
```

10.3 案例

DMRMAN虽然只能做脱机备份、脱机恢复，但可以使用联机备份集进行数据库恢复。通常数据库的备份都是联机备份（热备份），所以接下来几个例子都是使用的联机备份进行恢复。

▶10.3.1 完全恢复

完全恢复是指将数据库恢复到实例运行的最后时刻，需要用到最后一次完整的数据库备份、归档日志和联机日志文件。

（1）先对数据库进行一次完全备份，备份在默认路径下：

```
SQL> backup database backupset 'full';
操作已执行
```

（2）更改部分数据：

```
SQL> select * from fuqiang.t1;
行号        ID          DEMO
1          1           test
2          3           Xok
3          4           Dok
4          2           Bok
SQL> begin
2    for i in 1..5 loop
3    insert into fuqiang.t1 values(1,'ABC');
4    end loop;
5    commit;
6    end;
7    /
DMSQL 过程已成功完成
```

此刻数据库发生故障，处于停机状态。启动DMRMAN，准备进行恢复。

（3）如果联机日志文件和归档日志文件保存完整，先进行归档日志修复：

```
RMAN> repair archivelog database 'D:\dmdbms\data\DAMENG\dm.ini';
repair archivelog database 'D:\dmdbms\data\DAMENG\dm.ini';
file dm.key not found, use default license!
Database mode = 0, oguid = 0
Normal of FAST
Normal of DEFAULT
Normal of RECYCLE
Normal of KEEP
```

```
Normal of ROLL
EP[0]'s cur_lsn[703940636], file_lsn[703940636]
repair archive log successfully.
repair time used: 4834.207(毫秒)
time used: 00:00:04.840
```

（4）通过备份集还原数据库：

```
RMAN> restore database 'D:\dmdbms\data\DAMENG\dm.ini' from backupset 'D:\
dmdbms\data\DAMENG\bak\full';
  restore database 'D:\dmdbms\data\DAMENG\dm.ini' from backupset 'D:\dmdbms\
data\DAMENG\bak\full';
  Normal of FAST
  Normal of DEFAULT
  Normal of RECYCLE
  Normal of KEEP
  Normal of ROLL
  [Percent:100.00%][Speed:0.00M/s][Cost:00:00:14][Remaining:00:00:00]
  restore successfully.
  time used: 00:00:15.625
```

（5）通过备份集中的归档日志进行数据库恢复：

```
RMAN> recover database 'D:\dmdbms\data\DAMENG\dm.ini' from backupset 'D:\
dmdbms\data\DAMENG\bak\full';
  recover database 'D:\dmdbms\data\DAMENG\dm.ini' from backupset 'D:\dmdbms\
data\DAMENG\bak\full';
  Database mode = 0, oguid = 0
  Normal of FAST
  Normal of DEFAULT
  Normal of RECYCLE
  Normal of KEEP
  Normal of ROLL
  EP[0]'s cur_lsn[703938835], file_lsn[703938835]
  [Percent:100.00%][Speed:1229.36PKG/s][Cost:00:00:00][Remaining:00:00:00]
  recover successfully!
  time used: 00:00:03.120
```

（6）再通过本地归档日志将数据库恢复到最后时刻：

```
RMAN> recover database 'D:\dmdbms\data\DAMENG\dm.ini' with archivedir 'D:\
dmdbms\data\DAMENG\arch';
  recover database 'D:\dmdbms\data\DAMENG\dm.ini' with archivedir 'D:\
```

```
dmdbms\data\DAMENG\arch';
  Database mode = 0, oguid = 0
  Normal of FAST
  Normal of DEFAULT
  Normal of RECYCLE
  Normal of KEEP
  Normal of ROLL
  EP[0]'s cur_lsn[703940276], file_lsn[703940276]
  [Percent:100.00%][Speed:541.28PKG/s][Cost:00:00:00][Remaining:00:00:00]
  recover successfully!
  time used: 727.727(毫秒)
```

（7）更新db_magic：

```
RMAN> recover database 'D:\dmdbms\data\DAMENG\dm.ini' update db_magic;
recover database 'D:\dmdbms\data\DAMENG\dm.ini' update db_magic;
Database mode = 0, oguid = 0
Normal of FAST
Normal of DEFAULT
Normal of RECYCLE
Normal of KEEP
Normal of ROLL
EP[0]'s cur_lsn[703940636], file_lsn[703940636]
recover successfully!
time used: 00:00:01.163
```

（8）启动数据库，查看最后更新的数据：

```
SQL> select * from fuqiang.t1;
行号        ID          DEMO
1          1           test
2          3           Xok
3          4           Dok
4          2           Bok
5          1           ABC
6          1           ABC
7          1           ABC
8          1           ABC
9          1           ABC
9 rows got
```

注意 本次备份恢复测试过程没有进行归档日志备份。如果最近一次数据库备份后还进行了归档日志的备份，恢复数据库前还应进行归档日志的还原，以确保归档日志完整。

▶ 10.3.2 不完全恢复

不完全恢复是指将数据库恢复到指定的时间点，需要时间点前的数据库备份和备份至时间点之间的完整的归档日志。

（1）进行一次数据库完全备份，备份存放在默认路径下：

```
SQL> backup database backupset 'full';
操作已执行
```

（2）对数据进行变更：

```
SQL> select * from fuqiang.t2;
行号        ID          DEMO2
1          2           b
2          3           c
3          4           d
4          1           a
SQL> insert into fuqiang.t2 values(5,'A'),(6,'B');
影响行数 2
SQL> commit;
操作已执行
SQL> select sysdate;
行号        SYSDATE
1          2022-11-08 22:55:00
```

（3）对表t2进行截断，模拟数据被误删除的场景：

```
SQL> truncate table fuqiang.t2;
操作已执行
```

关闭数据库，启动DMRMAN，准备将数据库恢复到2022-11-08 22:55:00时的状态。

（4）为保证归档日志完整，先进行归档日志修复：

```
RMAN> repair archivelog database 'D:\dmdbms\data\DAMENG\dm.ini';
repair archivelog database 'D:\dmdbms\data\DAMENG\dm.ini';
file dm.key not found, use default license!
Database mode = 0, oguid = 0
Normal of FAST
Normal of DEFAULT
Normal of RECYCLE
Normal of KEEP
Normal of ROLL
EP[0]'s cur_lsn[703942420], file_lsn[703942420]
```

```
repair archive log successfully.
repair time used: 4658.681(ms)
time used: 00:00:04.662
```

（5）利用备份集还原数据库：

```
RMAN> restore database 'D:\dmdbms\data\DAMENG\dm.ini' from backupset 'D:\
dmdbms\data\DAMENG\bak\full';
restore database 'D:\dmdbms\data\DAMENG\dm.ini' from backupset 'D:\dmdbms\
data\DAMENG\bak\full';
Normal of FAST
Normal of DEFAULT
Normal of RECYCLE
Normal of KEEP
Normal of ROLL
[Percent:100.00%][Speed:0.00M/s][Cost:00:00:14][Remaining:00:00:00]
restore successfully.
time used: 00:00:14.533
```

（6）通过备份集中的归档日志进行数据库恢复：

```
RMAN> recover database 'D:\dmdbms\data\DAMENG\dm.ini' from backupset 'D:\
dmdbms\data\DAMENG\bak\full';
recover database 'D:\dmdbms\data\DAMENG\dm.ini' from backupset 'D:\dmdbms\
data\DAMENG\bak\full';
Database mode = 0, oguid = 0
Normal of FAST
Normal of DEFAULT
Normal of RECYCLE
Normal of KEEP
Normal of ROLL
EP[0]'s cur_lsn[703940502], file_lsn[703940502]
[Percent:100.00%][Speed:972.73PKG/s][Cost:00:00:00][Remaining:00:00:00]
recover successfully!
time used: 00:00:03.231
```

（7）利用本地归档日志将数据库恢复到2022-11-08 22:55:00时的状态：

```
RMAN> recover database 'D:\dmdbms\data\DAMENG\dm.ini' with archivedir 'D:\
dmdbms\data\DAMENG\arch' until time '2022-11-08 22:55:00';
recover database 'D:\dmdbms\data\DAMENG\dm.ini' with archivedir 'D:\
dmdbms\data\DAMENG\arch' until time '2022-11-08 22:55:00';
```

```
Database mode = 0, oguid = 0
Normal of FAST
Normal of DEFAULT
Normal of RECYCLE
Normal of KEEP
Normal of ROLL
EP[0]'s cur_lsn[703941985], file_lsn[703941985]
[Percent:47.78%][Speed:495.41PKG/s][Cost:00:00:00][Remaining:00:00:00]
recover successfully!
time used: 706.237(毫秒)
```

（8）更新db_magic：

```
RMAN> recover database 'D:\dmdbms\data\DAMENG\dm.ini' update db_magic;
recover database 'D:\dmdbms\data\DAMENG\dm.ini' update db_magic;
Database mode = 0, oguid = 0
Normal of FAST
Normal of DEFAULT
Normal of RECYCLE
Normal of KEEP
Normal of ROLL
EP[0]'s cur_lsn[703942087], file_lsn[703942087]
recover successfully!
time used: 00:00:01.156
```

（9）启动数据库，查看数据：

```
SQL> select * from fuqiang.t2;
行号          ID              DEMO2
1           2               b
2           3               c
3           4               d
4           1               a
5           5               A
6           6               B
6 rows got
```

数据库成功恢复到2022-11-08 22:55:00时的状态（表t2截断前的时刻）。

▶10.3.3 异机恢复

某些场景下需要利用备份将数据库恢复到新的服务器上。这时需要事先在新的服务器上创建好数据库，恢复过程中指定新库的INI配置文件即可，恢复过程与本地恢复没有差别。

10.4 使用图形化界面进行备份和还原

使用达梦数据库的图形化工具manager进行导出（逻辑备份）、导入（逻辑备份恢复），以及联机备份非常方便。

▶10.4.1 导出、导入

右击用户、表、表空间、模式等数据库对象，在弹出的快捷菜单中选择"导出""导入"选项即可进入相应的界面。

▶10.4.2 联机备份

单击"备份"下拉按钮，即可显示各选项，如图10-1所示。

根据需要选择相应的备份方式，右击，在弹出的快捷菜单中选择"新建备份"选项，如图10-2所示。

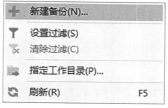

图 10-1   图 10-2

进入"新建库备份"界面，如图10-3所示，在"常规"页面填写备份名，选择备份路径、备份类型，单击"确定"按钮开始备份。

图 10-3

▶10.4.3 定时自动备份

单击"代理"下拉按钮,在弹出的菜单中右击"作业"选项,在弹出的快捷菜单中选择"新建作业"选项,如图10-4所示。

图 10-4

进入"新建作业"界面,如图10-5所示,在"常规"页面填写作业名等信息。

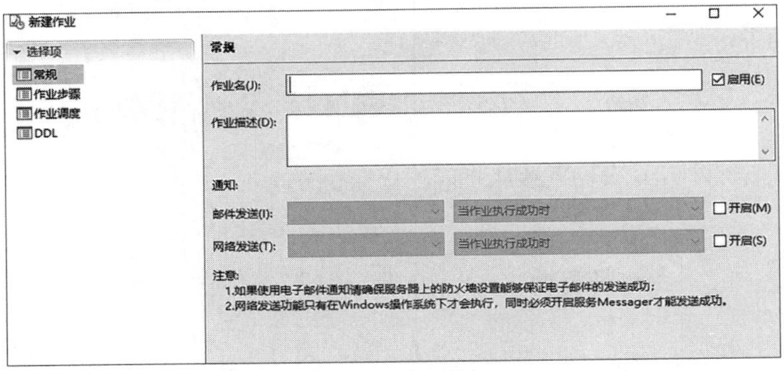

图 10-5

选择"作业步骤"选项,进入图10-6所示的"新建作业步骤"界面。

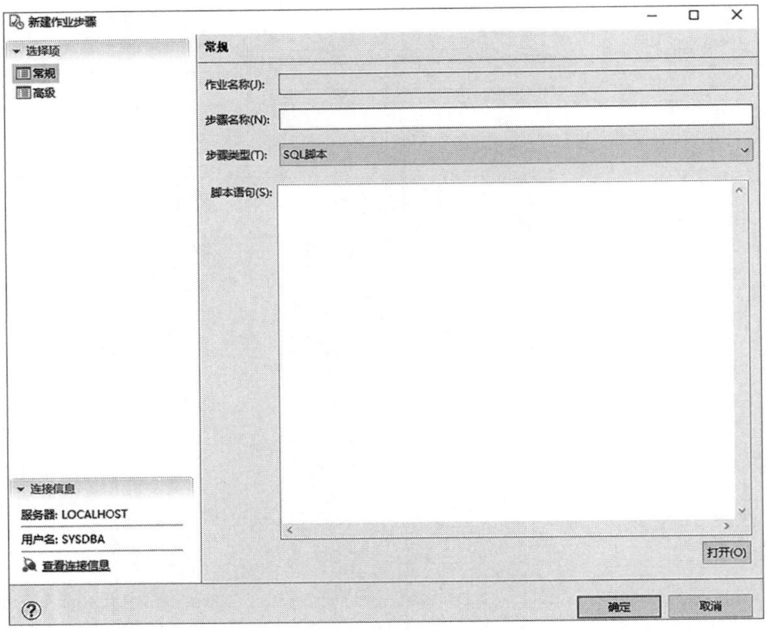

图 10-6

在"常规"页面输入步骤名称和脚本语句,单击"确定"按钮回到"新建作业"界面,如图10-7所示,选择"作业调度"选项。

图 10-7

单击"新建"按钮,进入"新建作业调度"界面,如图10-8所示,在"常规"页面填入作业名称,选择调度类型,选择执行频率,单击"确定"按钮,备份作业创建成功。

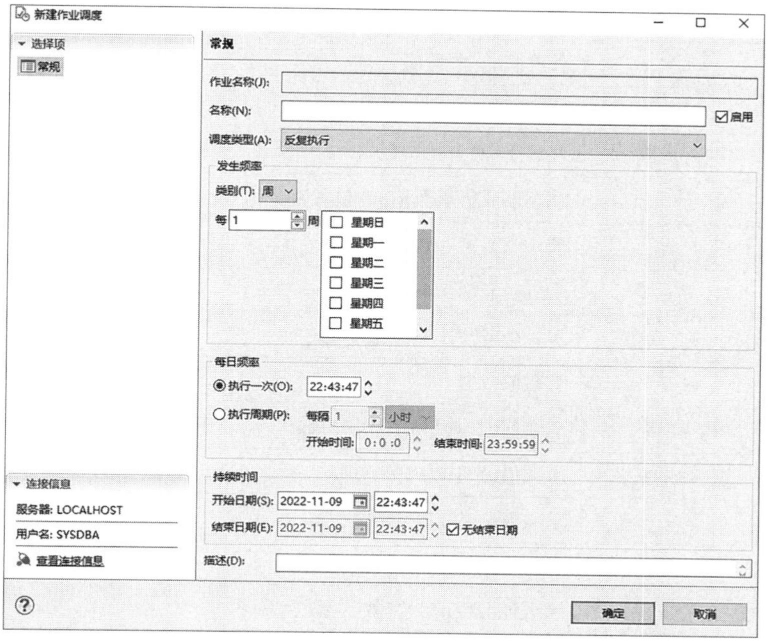

图 10-8

附 录

附录 A　常用函数

在值表达式中，除了可以使用常量、列名、集函数等之外，还可以使用函数作为组成成份。达梦数据库支持的函数分为数值函数、字符串函数、日期时间函数、空值判断函数、类型转换函数等。在这些函数中，对于字符串类型的参数或返回值，支持的最大长度为 $2^{15}-1$。

A.1　数值函数

表A-1

函数名	功能简要说明
ABS(n)	求数值n的绝对值
ACOS(n)	求数值n的反余弦值
ASIN(n)	求数值n的反正弦值
ATAN(n)	求数值n的反正切值
ATAN2(n1,n2)	求数值n1/n2的反正切值
CEIL(n)	求大于或等于数值n的最小整数
CEILING(n)	求大于或等于数值n的最小整数，等价于CEIL(n)
COS(n)	求数值n的余弦值
COSH(n)	求数值n的双曲余弦值
COT(n)	求数值n的余切值
DEGREES(n)	求弧度n对应的角度值
EXP(n)	求数值n的自然指数
FLOOR(n)	求小于或等于数值n的最大整数
GREATEST(n{,n})	求一个或多个数中最大的一个
GREAT(n1,n2)	求n1、n2两个数中最大的一个
LEAST(n{,n})	求一个或多个数中最小的一个
LN(n)	求数值n的自然对数
LOG(n1[,n2])	求数值n2以n1为底数的对数
LOG10(n)	求数值n以10为底的对数
MOD(m,n)	求数值m被数值n除的余数
PI()	得到常数 π
POWER(n1,n2)/POWER2(n1,n2)	求数值n2以n1为基数的指数
RADIANS(n)	求角度n对应的弧度值
RAND([n])	求一个0～1的随机浮点数
ROUND(n[,m])	求四舍五入值

（续表）

函数名	功能简要说明
SIGN(n)	判断数值的数学符号
SIN(n)	求数值n的正弦值
SINH(n)	求数值n的双曲正弦值
SQRT(n)	求数值n的平方根
TAN(n)	求数值n的正切值
TANH(n)	求数值n的双曲正切值
TO_NUMBER(char[,fmt])	将CHAR、VARCHAR、VARCHAR2等类型的字符串转换为DECIMAL类型的数值
TRUNC(n[,m])	截取数值函数
TRUNCATE(n[,m])	截取数值函数，等价于TRUNC(n[,m])
TO_CHAR(n[,fmt[,'nls']])	将数值类型的数据转换为VARCHAR类型输出
BITAND(n1,n2)	求两个数值型数值按位进行AND运算的结果
NANVL(n1,n2)	有一个参数为空则返回空，否则返回n1的值
REMAINDER(n1,n2)	计算n1除n2的余数，余数取绝对值更小的那一个
TO_BINARY_FLOAT(n)	将NUMBER、REAL或DOUBLE类型数值转换成BINARY FLOAT类型
TO_BINARY_DOUBLE(n)	将NUMBER、REAL或FLOAT类型数值转换成BINARY DOUBLE类型

A.2 字符串函数

表A-2

函数名	功能简要说明
ASCII(char)	返回字符对应的整数
ASCIISTR(char)	将字符串char中非ASCII的字符转成\XXXX（UTF-16）格式，ASCII字符保持不变
BIT_LENGTH(char)	求字符串的位长度
CHAR(n)	返回整数n对应的字符
CHAR_LENGTH(char)/ CHARACTER_LENGTH(char)	求字符串的串长度
CHR(n)	返回整数n对应的字符，等价于CHAR(n)
CONCAT(char1,char2,char3,…)	顺序联结多个字符串成为一个字符串
DIFFERENCE(char1,char2)	比较两个字符串的SOUNDEX值之差异，返回两个SOUNDEX值串同一位置出现相同字符的个数
INITCAP(char)	将字符串中单词的首字符转换成大写的字符
INS(char1,begin,n,char2)	删除在字符串char1中以begin参数所指位置开始的n个字符，再把char2插入到char1串的begin所指位置
INSERT(char1,n1,n2,char2)/ INSSTR(char1,n1,n2,char2)	将字符串char1从n1的位置开始删除n2个字符，并将char2插入到char1中n1的位置

函数名	功能简要说明
INSTR(char1,char2[,n,[m]])	从输入字符串char1的第n个字符开始查找字符串char2的第m次出现的位置，以字符计算
INSTRB(char1,char2[,n,[m]])	从char1的第n个字节开始查找字符串char2的第m次出现的位置，以字节计算
LCASE(char)	将大写的字符串转换为小写的字符串
LEFT(char,n)/LEFTSTR(char,n)	返回字符串最左边的n个字符组成的字符串
LEN(char)	返回给定字符串表达式的字符(而不是字节)个数（汉字为一个字符），其中不包含尾随空格
LENGTH(clob)	返回给定字符串表达式的字符(而不是字节)个数（汉字为一个字符），其中包含尾随空格
OCTET_LENGTH(char)	返回输入字符串的字节数
LOCATE(char1,char2[,n])	返回char1在char2中首次出现的位置
LOWER(char)	将大写的字符串转换为小写的字符串
LPAD(char1,n,char2)	在输入字符串的左边填充上char2指定的字符，将其拉伸至n字节长度
LTRIM(str[,set])	删除字符串str左边起，出现在set中的任何字符，当遇到不在set中的第一个字符时返回结果
POSITION(char1,/IN char2)	求串1在串2中第一次出现的位置
REPEAT(char,n)/REPEATSTR(char,n)	返回将字符串重复n次形成的字符串
REPLACE(STR,search[,replace])	将输入字符串STR中所有出现的字符串search都替换成字符串replace，其中STR为char、clob或text类型
REPLICATE(char,times)	把字符串char自己复制times份
REVERSE(char)	将字符串反序
RIGHT/RIGHTSTR(char,n)	返回字符串最右边n个字符组成的字符串
RPAD(char1,n,char2)	类似LPAD函数，只是向右拉伸该字符串使之达到n字节长度
RTRIM(str[,set])	删除字符串str右边起出现的set中的任何字符，当遇到不在set中的第一个字符时返回结果
SOUNDEX(char)	返回一个表示字符串发音的字符串
SPACE(n)	返回一个包含n个空格的字符串
STRPOSDEC(char)	把字符串char中最后一个字符的值减1
STRPOSDEC(char,pos)	把字符串 char 中指定位置 pos 上的字符值减1
STRPOSINC(char)	把字符串 char 中最后一个字符的值加1
STRPOSINC(char,pos)	把字符串 char 中指定位置 pos 上的字符值加1
STUFF(char1,begin,n,char2)	删除在字符串char1中以begin参数所指位置开始的n个字符，再把char2插入到char1串的begin所指位置
SUBSTR(char,m,n)/SUBSTRING(char FROM m [FOR n])	返回char中从字符位置m开始的n个字符
SUBSTRB(char,n,m)	SUBSTR函数等价的单字节形式

（续表）

函数名	功能简要说明
TO_CHAR(character)	将VARCHAR、CLOB、TEXT类型的数据转化为VARCHAR类型输出
TRANSLATE(char,from,to)	将所有出现在搜索字符集中的字符转换成字符集中的相应字符
TRIM([<<LEADING|TRAILING|BOTH>>[char]| char>FROM]str)	删去字符串str中由char指定的字符
UCASE(char)	将小写的字符串转换为大写的字符串
UPPER(char)	将小写的字符串转换为大写的字符串
NLS_UPPER(char)	将小写的字符串转换为大写的字符串
REGEXP	根据符合POSIX标准的正则表达式进行字符串匹配
OVERLAY(char1 PLACING char2 FROM int [FOR int])	字符串覆盖函数，用char2覆盖char1中指定的子串，返回修改后的char1
TEXT_EQUAL	返回两个LONGVARCHAR类型的值的比较结果，相同返回1，否则返回0
BLOB_EQUAL	返回两个LONGVARBINARY类型的值的比较结果，相同返回1，否则返回0
NLSSORT(str1 [,nls_sort=str2])	返回对自然语言排序的编码
GREATEST(char {,char})	求一个或多个字符串中最大的字符串
GREAT(char1,char2)	求char1、char2中最大的字符串
to_single_byte(char)	将多字节形式的字符（串）转换为对应的单字节形式
to_multi_byte(char)	将单字节形式的字符（串）转换为对应的多字节形式
EMPTY_CLOB()	初始化clob字段
EMPTY_BLOB()	初始化blob字段
UNISTR(char)	将字符串char中，ASCII编码或Unicode编码（"\XXXX"4个16进制字符格式）转成本地字符。对于其他字符保持不变
ISNULL(char)	判断表达式是否为NULL
CONCAT_WS(delim,char1,char2,char3,…)	顺序联结多个字符串成为一个字符串，并用delim分割
SUBSTRING_INDEX(char,delim,count)	按关键字截取字符串，截取到指定分隔符出现指定次数位置之前
COMPOSE(varchar str)	在UTF8库下，将str以本地编码的形式返回

A.3　日期时间函数

表A-3

函数名	功能简要说明
ADD_DAYS(date,n)	返回日期加上n天后的新日期
ADD_MONTHS(date,n)	在输入日期上加上指定的几个月返回一个新日期
ADD_WEEKS(date,n)	返回日期加上n个星期后的新日期
CURDATE()	返回系统当前日期
CURTIME(n)	返回系统当前时间

（续表）

函数名	功能简要说明
CURRENT_DATE()	返回系统当前日期
CURRENT_TIME(n)	返回系统当前时间
CURRENT_TIMESTAMP(n)	返回系统当前带会话时区信息的时间戳
DATEADD(datepart,n,date)	向指定的日期加上一段时间
DATEDIFF(datepart,date1,date2)	返回跨两个指定日期的日期和时间边界数
DATEPART(datepart,date)	返回代表日期的指定部分的整数
DAY(date)	返回日期中的天数
DAYNAME(date)	返回日期的星期名称
DAYOFMONTH(date)	返回日期为所在月份中的第几天
DAYOFWEEK(date)	返回日期为所在星期中的第几天
DAYOFYEAR(date)	返回日期为所在年中的第几天
DAYS_BETWEEN(date1,date2)	返回两个日期之间的天数
EXTRACT(时间字段FROM date)	抽取日期时间或时间间隔类型中某一个字段的值
GETDATE(n)	返回系统当前时间戳
GREATEST(date{,date})	求一个或多个日期中的最大日期
GREAT(date1,date2)	求date1、date2中的最大日期
HOUR(time)	返回时间中的小时分量
LAST_DAY(date)	返回输入日期所在月份最后一天的日期
LEAST(date{,date})	求一个或多个日期中的最小日期
MINUTE(time)	返回时间中的分钟分量
MONTH(date)	返回日期中的月份分量
MONTHNAME(date)	返回日期中月份分量的名称
MONTHS_BETWEEN(date1,date2)	返回两个日期之间的月份数
NEXT_DAY(date1,char2)	返回输入日期指定若干天后的日期
NOW(n)	返回系统当前时间戳
QUARTER(date)	返回日期在所处年中的季节数
SECOND(time)	返回时间中的秒分量
ROUND(date1[,fmt])	把日期四舍五入到最接近格式元素指定的形式
TIMESTAMPADD(datepart,n,timestamp)	返回时间戳timestamp加上n个datepart指定的时间段的结果
TIMESTAMPDIFF(datepart,timeStamp1, timestamp2)	返回一个表明timestamp2与timestamp1之间的指定datepart类型时间间隔的整数
SYSDATE()	返回系统的当前日期
TO_DATE(CHAR[,fmt[,'nls']]) /TO_TIMESTAMP(CHAR[,fmt[,'nls']]) / TO_TIMESTAMP_TZ(CHAR[,fmt])	字符串转换为日期时间数据类型

（续表）

函数名	功能简要说明
FROM_TZ(timestamp,timezone|tz_name])	将时间戳类型timestamp和时区类型timezone（或时区名称tz_name）转化为timestamp with timezone 类型
TZ_OFFSET(timezone| [tz_name])	返回给定的时区或时区名和标准时区(UTC)的偏移量
TRUNC(date[,fmt])	把日期截断到最接近格式元素指定的形式
WEEK(date)	返回日期为所在年中的第几周
WEEKDAY(date)	返回当前日期的星期值
WEEKS_BETWEEN(date1,date2)	返回两个日期之间相差周数
YEAR(date)	返回日期的年分量
YEARS_BETWEEN(date1,date2)	返回两个日期之间相差年数
LOCALTIME(n)	返回系统当前时间
LOCALTIMESTAMP(n)	返回系统当前时间戳
OVERLAPS	返回两个时间段是否存在重叠
TO_CHAR(date[,fmt[,nls]])	将日期数据类型DATE转换为一个在日期语法fmt中指定语法的VARCHAR类型字符串
SYSTIMESTAMP(n)	返回系统当前带数据库时区信息的时间戳
NUMTODSINTERVAL(dec,interval_unit)	转换一个指定的DEC类型到INTERVAL DAY TO SECOND
NUMTOYMINTERVAL (dec,interval_unit)	转换一个指定的DEC类型值到INTERVAL YEAR TO MONTH
WEEK(date,mode)	根据指定的mode计算日期为年中的第几周
UNIX_TIMESTAMP(datetime)	返回自标准时区的1970-01-01 00:00:00 +0:00到本地会话时区的指定时间的秒数差
from_unixtime(unixtime)	将自1970-01-01 00:00:00的秒数差转成本地会话时区的时间戳类型返回
from_unixtime(unixtime,fmt)	将自1970-01-01 00:00:00的秒数差转成本地会话时区的指定fmt格式的时间串返回
SESSIONTIMEZONE	返回当前会话的时区
DBTIMEZONE	返回当前数据库的时区
DATE_FORMAT(d,format)	以不同的格式显示日期/时间数据
TIME_TO_SEC(d)	将时间换算成秒
SEC_TO_TIME(sec)	将秒换算成时间
TO_DAYS(timestamp)	转换成与公元元年1月1日的天数差
DATE_ADD(datetime,interval)	返回一个日期或时间值加上一个时间间隔的时间值
DATE_SUB(datetime,interval)	返回一个日期或时间值减去一个时间间隔的时间值
SYS_EXTRACT_UTC(d timestamp)	将所给时区信息转换为 UTC时区信息
TO_DSINTERVAL(d timestamp)	将一个timestamp类型值转换为INTERVAL DAY TO SECOND
TO_YMINTERVAL(d timestamp)	将一个timestamp类型值转换为INTERVAL YEAR TO MONTH

A.4 空值判断函数

表A-4

函数名	功能简要说明
COALESCE(n1,n2,…nx)	返回第一个非空的值
IFNULL(n1,n2)	当n1为非空时，返回n1；若n1为空，则返回n2
ISNULL(n1,n2)	当n1为非空时，返回n1；若n1为空，则返回n2
NULLIF(n1,n2)	如果n1=n2返回NULL，否则返回n1
NVL(n1,n2)	如果n1为空，返回n2，否则返回n1
NULL_EQU	返回两个类型相同的值的比较，当n1=n2或n1、n2两个值中出现null时，返回1

A.5 数据类型转换函数

表A-5

函数名	功能简要说明
CAST(value AS 类型说明)	将value转换为指定的类型
CONVERT(类型说明,value)	用于ini参数ENABLE_CS_CVT=0时，将value转换为指定的类型
CONVERT(char, dest_char_set [,source_char_set])	用于ini参数ENABLE_CS_CVT=1时，将字符串从原串编码格式转换成目的编码格式
HEXTORAW(exp)	将exp转换为BLOB类型
RAWTOHEX(exp)	将exp转换为VARCHAR类型
BINTOCHAR(exp)	将exp转换为CHAR
TO_BLOB(value)	将value转换为blob
UNHEX(exp)	将十六进制的exp转换为格式字符串
HEX(exp)	将字符串的exp转换为十六进制字符串

A.6 杂项函数

表A-6

函数名	功能简要说明
DECODE(exp,search1, result1,…,searchn, resultn[,default])	查表译码
ISDATE(exp)	判断表达式是否为有效的日期
ISNUMERIC(exp)	判断表达式是否为有效的数值
DM_HASH(exp)	根据给定表达式生成哈希值
LNNVL(condition)	根据表达式计算结果返回布尔值
LENGTHB(value)	返回value的字节数
FIELD(value,e1,e2,e3, e4,...,en)	返回value在列表e1,e2,e3,e4,…,en中的位置序号，不在输入列表时则返回0
ORA_HASH(exp [,max_bucket [,seed_value]])	为表达式exp生成HASH桶值

附录 B SQL 算法优化实例

SQL代码中的算法逻辑对执行效率的影响非常大，是SQL优化首先应该考虑的问题。下面举例说明。

B.1 百钱买百鸡问题

问题描述：公鸡5文钱一只，母鸡3文钱一只，小鸡1文钱3只，用100文钱买100只鸡的方案有哪些？

先看一个最简单的穷举法：

```
SQL> select cock.n cock,hen.n hen,chick.n chick
2    from
3    (select rownum n from dual connect by rownum<100) cock,
4    (select rownum n from dual connect by rownum<100) hen,
5    (select rownum n from dual connect by rownum<100) chick
6    where (cock.n*5+hen.n*3+chick.n/3)=100
7    and (cock.n+hen.n+chick.n)=100;
行号        COCK                    HEN                    CHICK
1          3                      20                      77
2          4                      18                      78
3          7                      13                      80
4          8                      11                      81
5          11                     6                       83
6          12                     4                       84

6 rows got
已用时间：786.367(毫秒)，执行号:1400
```

算法如下：

（1）生成3个1～100的数字序列，分别代表公鸡、母鸡、小鸡。

（2）对这三个数据集合进行穷举（笛卡儿积），找到符合百钱百鸡条件的数据。

这个算法的思路很清晰，但效率也是很低的：

（1）无效的数据和计算太多。100文钱最多可以买20只公鸡、33只母鸡，公鸡和母鸡的数据集合只需到20、33即可。

（2）存在多余的运算。根据公鸡和母鸡的数量即可知道符合百鸡条件的小鸡数量，无须再单独增加一个小鸡的数据集合和判断。

优化后的代码如下：

```
SQL> select cock.n cock,hen.n hen,(100-cock.n-hen.n) chick
2    from
3    (select rownum n from dual connect by rownum<20) cock,
4    (select rownum n from dual connect by rownum<33) hen
5    where (cock.n*5+hen.n*3+(100-cock.n-hen.n)/3)=100;
```

行号	COCK	HEN	CHICK
1	3	20	77
2	4	18	78
3	7	13	80
4	8	11	81
5	11	6	83
6	12	4	84

```
6 rows got
```
已用时间：2.451(毫秒)，执行号：1401

代码简洁了，执行效率也明显提高了。

B.2 求质数问题

Oracle数据库技术专家杨廷琨先生举过一个算法优化的例子：用SQL生成10000以内的质数。算法很简单：把10000以内的合数从集合中减去（minus），剩下的就是质数。

这里把问题简化一下，改为求10000以内质数的个数，代码如下：

```
SQL> WITH T
  2   AS
  3   (SELECT ROWNUM RN FROM DUAL CONNECT BY LEVEL < 10000)
  4   select count(*) from (
  5   SELECT RN FROM T
  6   WHERE RN>1
  7   MINUS
  8   SELECT A.RN*B.RN FROM T A,T B
  9   WHERE A.RN <= B.RN
 10   AND A.RN>1
 11   AND B.RN>1);
   COUNT(*)
      1229
Executed in 54.593 seconds
```

杨廷琨先生对代码进行了优化：

```
SQL> WITH T
  2   AS
  3   (SELECT ROWNUM RN FROM DUAL CONNECT BY LEVEL < 10000)
  4   select count(*) from (
  5   SELECT RN FROM T
  6   WHERE RN > 1
  7   MINUS
  8   SELECT A.RN * B.RN FROM T A, T B
  9   WHERE A.RN <= B.RN
 10   AND A.RN > 1
 11   AND A.RN <= 100
```

```
12   AND B.RN > 1
13   AND B.RN <= 5000);
 COUNT(*)
     1229
Executed in 0.438 seconds
```

优化效果很明显，执行时间大大缩短。

笔者对这个代码再次进行了优化：

```
SQL> WITH T
  2  AS
  3  (SELECT ROWNUM RN FROM DUAL CONNECT BY LEVEL < 10000)
  4  select count(*) from (
  5  SELECT RN FROM T
  6  WHERE RN > 1
  7  MINUS
  8  SELECT A.RN * B.RN FROM T A, T B
  9  WHERE A.RN <= B.RN
 10  AND A.RN > 1
 11  AND A.RN <= 100
 12  AND B.RN > 1
 13  AND A.RN*B.RN<10000);
 COUNT(*)
     1229
Executed in 0.125 seconds
```

代码执行时间也有了明显缩短。

后来对代码进行了第二次优化：

```
SQL> WITH T
  2   AS
  3  (SELECT ROWNUM RN FROM DUAL CONNECT BY LEVEL < 10000) ,
  4  T1 as (select * from T where rn>2 and mod(rn,2)>0 union all select 2
from dual)
  5  select count(*) from (
  6  SELECT RN FROM T1
  7   MINUS
  8  SELECT A.RN*B.RN  FROM T1 A,T1 B
  9  WHERE A.RN <= B.RN
 10  AND A.RN>2
 11  AND A.RN<100
 12  AND A.RN*B.RN<10000);
 COUNT(*)
     1229
Executed in 0.063 seconds
```

执行时间缩短到上次优化结果的一半，效果明显。

杨廷琨先生的优化是通过限制A、B的值减少了合数记录的生成，但B值的上限确定到5000（因为A的最小值为2，10000/2=5000），生成的无效的合数（大于10000）还是太多。

笔者的第一次优化则是把B的值通过筛选条件A*B<10000限制到了10000/A，虽然条件筛选增加了数学计算，但没有无效合数产生，总体上执行时间还是缩短了。

笔者的第二次优化则是在第一次的基础上将基础数据集合中大于2的偶数先筛除掉，这样进行计算的基础数据就减少了一半，执行时间也减少了将近一半。

将质数范围扩大到100000，看看优化算法的效率如何：

```
SQL> WITH T
  2  AS
  3  (SELECT ROWNUM RN FROM DUAL CONNECT BY LEVEL < 100000) ,
  4  t1 as (select * from t where rn>2 and mod(rn,2)>0 union all select 2
from dual)
  5  select count(*) from (
  6  SELECT RN FROM T1
  7  MINUS
  8  SELECT A.RN*B.RN  FROM T1 A,T1 B
  9  WHERE A.RN <= B.RN
 10  and a.rn>2
 11  and a.rn<sqrt(100000)
 12  and a.rn*b.rn<100000);
  COUNT(*)
     9592
Executed in 0.968 seconds
```

仅仅只用了不到1秒的时间就完成了，可以看到算法优化对效率提升的重大意义。大家可以再想想：这段SQL代码还有没有再进一步优化的办法？

注意 本节案例的SQL执行环境为hyper_v虚拟机中安装的Oracle 19C数据库。达梦数据库兼容Oracle的SQL语法，所以这些代码也可以直接在达梦数据库中运行。两者的技术架构不同，执行时间也会不同。经过测试，本节的SQL代码在达梦数据库中的运行效率优于Oracle数据库。

B.3 算法优化的原则

算法优化虽然可以提高代码的执行效率，但也增加了代码的复杂度，为后期的维护增加了难度。因此，最简单、最直接的算法仍然是我们的首选。优化的重点应该放在那些涉及数据量较大、执行频率较高的代码上。优化后的代码一定要做好测试，防止错误的发生。

从上面举的例子可以看到，优化工作不是一蹴而就的，而是一个逐步迭代的过程。我们在开发过程中应遵循"先完成、再完美"的工作顺序，在保证开发进度按时完成的前提下开展优化工作。